Realschule Nordrhein-Westfalen

NATUR UND TECHNIK

Physik 5/6

Neue Ausgabe

Cornelsen

Natur und Technik
Physik für Realschulen
Klasse 5/6
Nordrhein-Westfalen

Erarbeitet von
Bernd Heepmann, Herford,
Dr. Heinz Muckenfuß, Ravensburg,
Wilhelm Schröder, Bielefeld,

unter Mitarbeit von
Siegfried Bresler, Bielefeld,
Gabriele Hirdes, Mülheim (Ruhr),
Dr. Matthias Pollmann, Recklinghausen,
Hanns-Peter Schier, Düsseldorf,
Dietwald Kipp, Werl

Redaktion und technische Umsetzung:
Helmut Dreißig, Thomas Gattermann,
Christa Greger, Simone Lambert,
Christian Wudel, Dierk Ullrich

Grafik:
Gabriele Heinisch (Cornelsen), Yvonne Koglin,
Marie-Annick Le Vaillant

Fotos:
Budde und Fotostudio Mahler
(Auftragsfotos Cornelsen)
Sonstige Fotos siehe Verzeichnis der
Bild- und Textquellen.

Cornelsen online http://www.cornelsen.de

1. Auflage € Druck 6 5 4 3 Jahr 07 06 05 04

Alle Drucke dieser Auflage sind inhaltlich unverändert
und können im Unterricht nebeneinander verwendet werden.

Druck: CS-Druck CornelsenStürtz, Berlin

ISBN 3-464-85102-8

Bestellnummer 851028

Gedruckt auf säurefreiem Papier, umweltschonend
hergestellt aus chlorfrei gebleichten Faserstoffen.

Inhaltsverzeichnis

00000

Lichtquellen und Lichtausbreitung

Die Bedeutung der Lichtquellen

1

2

„Die Natur ist ungerecht! Den Grottenolm lässt sie nach der Geburt erblinden, der Eule aber beschert sie Augen in Luxusausführung.“ – „Der Grottenolm lebt in dunklen Höhlen. Ihm wäre auch mit den besten Augen nicht zu helfen …“

Vorbereitende Aufträge

1. *Versuche ein Zimmer völlig abzudunkeln. Siehst du noch etwas? Überprüfe dann, ob wirklich kein Licht ins Zimmer dringt. Vielleicht siehst du etwas, wenn sich deine Augen an die Dunkelheit gewöhnt haben? …*

2. *Geht in einen Raum, der völlig verdunkelt ist (z. B. Fotolabor). Nehmt weißes Papier sowie Rückstrahler und Seitenreflektor eines Fahrrads mit. Könnt ihr nach einigen Minuten etwas in der Dunkelheit erkennen?*

Info: Lichtquellen und ihre Aufgaben

Lichtquellen sind Körper, die Licht erzeugen und aussenden.
Durch sie wird es hell – eine wichtige Voraussetzung für das Sehen.

Sonne – Licht und Wärme

Das Licht der Sonne ist die Voraussetzung für alles Leben auf der Erde. Ohne das Sonnenlicht wäre es dunkel und bitterkalt. Die Sonne erwärmt Wasser, Luft und Erdreich. Sie erzeugt Wolken und Wind und ermöglicht das Wachstum der Pflanzen (Bild 3).

Die Sonne ist unsere wichtigste Lichtquelle. Durch sie erhalten wir Licht und Wärme. Die Sonne hält Vorgänge auf der Erde in Gang.

3

Informationen durch Licht

Dunkelheit ist uns unheimlich. Im Dunkeln fehlt uns die Orientierung. Wir wissen nicht, was um uns herum geschieht. Ohne Licht fehlen uns wichtige Informationen.

Wir brauchen Lichtquellen, um Informationen über unsere Umgebung zu sammeln.

Manche Lichtquellen dienen *nur* zur Information. Beispiele sind Leuchtreklamen, Verkehrsampeln oder Kontrolllampen an Geräten.

63495

Aus der Umwelt: Lebendige Lichtquellen

Zusatzangebot

Mit dem Leuchten wird meistens ein Partner angelockt oder aber ein Beutetier …

4

Glühwürmchen oder *Johanniskäfer* (Bild 4) sind bei uns heimisch. In besonderen Körperzellen bilden sie einen Stoff aus, den sie zum Leuchten bringen können.

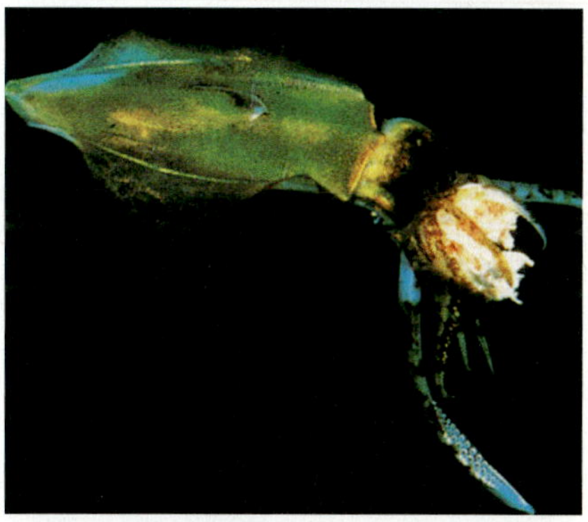
5

Der *Tintenfisch* von Bild 5 hat mehrere Leuchtorgane. Sie leuchten in verschiedenen Farben.

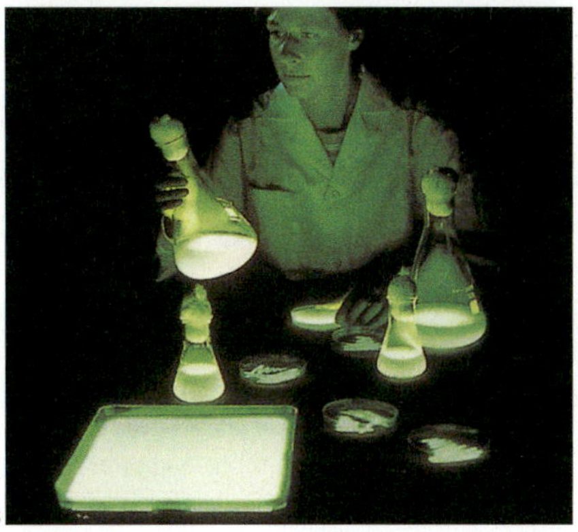
6

Hier wird Abwasser mit Hilfe von *Bakterien* untersucht (Bild 6). Ihr Leuchten zeigt an, dass das Wasser frei von Giftstoffen ist. Enthält es Gifte, werden die Bakterien geschädigt, das Leuchten hört auf.

7

Der *Anglerfisch* (Bild 7) kann in der Dunkelheit der Tiefsee seine Beute nicht sehen. Er sorgt aber dafür, dass *er* gesehen wird: Mit dem Leuchtorgan über seinem Kopf lockt er die Beute an – direkt vor sein aufgerissenes Maul …

Aus dem Alltag: Sehen und gesehen werden

In der Dämmerung oder auf beleuchteten Straßen kann man noch recht gut sehen. Beim Radfahren musst du aber trotzdem Scheinwerfer und Rücklicht anschalten. Sonst besteht Lebensgefahr!

Lichtquellen von Fahrzeugen sind nicht nur dazu da, die Straße zu beleuchten. Sie dienen auch der *Information* anderer Verkehrsteilnehmer. Es gilt nicht nur zu sehen, sondern auch *gesehen zu werden*!

Ein beleuchtetes Fahrzeug ist früher zu erkennen als ein unbeleuchtetes. Seine Lichter geben auch an, ob das Fahrzeug bremsen oder abbiegen wird (Bild 8).

8

9

Bei einem Fahrzeug mit Blaulicht gilt es, schnell Platz zu machen.

Auf der Straße dienen viele Lichtquellen der Information anderer Verkehrsteilnehmer. Das gilt nicht nur für die Lichtquellen an Fahrzeugen. Auch die leuchtenden Signale an Straßenrändern, z. B. die Ampelanlagen (Bild 9), haben diesen Zweck. Baustellenmarkierungen sind sogar vom Gesetzgeber vorgeschrieben.

A1 *Suche auf deinem Schulweg Beispiele für Lichtquellen, die der Information von Verkehrteilnehmern dienen.*

A1 *Wenn du in eine unbeleuchtete Höhle hineingehst, siehst du zunächst nichts. Nach einigen Minuten haben sich deine Augen „auf die Dunkelheit eingestellt". Was ist mit dieser Redewendung gemeint?*

A2 *Warum haben Tiere, die nachts jagen, meist besonders große Augen und Pupillen? Nenne Beispiele.*

A3 *Die Augen des Maulwurfs sind nur so groß wie ein Stecknadelkopf. Der Maulwurf kann nur hell und dunkel unterscheiden. Warum sind solche Augen für ihn ausreichend?*

A4 *Was haben Quellen gemeinsam? Vergleiche Ölquellen, Wasserquellen, Lärm- und Lichtquellen.*

A5 *Manche Lichtquellen sind sehr heiße Gegenstände (Körper). Andere erzeugen Licht ohne heiß zu werden. Die Bilder 1–8 zeigen einige Beispiele. Welche der Lichtquellen sind heiße Körper, welche nicht?*

1

2

3

4

5

6

7

8

Aus der Technik: Solarzellen und Sonnenkollektoren

Sonnenlicht kann nutzbar gemacht werden, um elektrische Geräte zu betreiben. Das Gerät läuft, sobald Licht auf die *Solarzellen* fällt (Bild 9).

Sonnenkollektoren (Bild 10) dienen zum Heizen und zur Warmwasser-Versorgung. Eine Flüssigkeit strömt durch Röhren und wird von der Sonne erwärmt.

9

10

63497

Die Ausbreitung des Lichts

11

12

Was sagen diese Bilder über die Lichtausbreitung?

13

Vorbereitende Aufträge

1. *Von einer Lampe fällt Licht durch ein Schlüsselloch – etwa so wie Bild 14 es zeigt. Übertrage die Skizze vergrößert in dein Heft. Zeichne dann ein, wie das Licht durch das Loch fällt.*

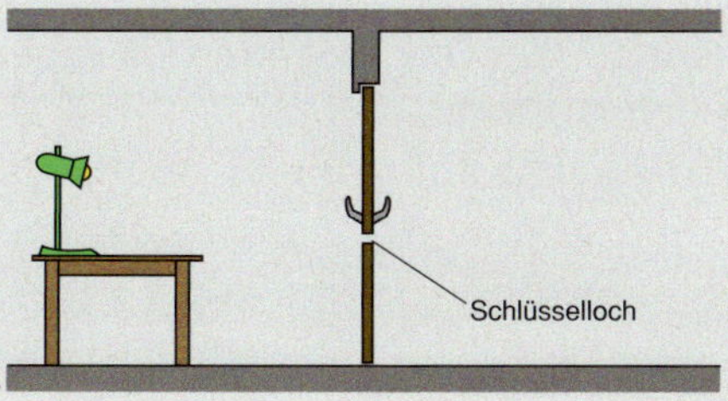

14

2. *Von einem Schiff aus ist das Licht eines Leuchtturms nur zu sehen, wenn der Leuchtturm weniger als 40 km entfernt ist. Vom Flugzeug aus kann man ihn noch aus größerer Entfernung sehen. Woran könnte das liegen?*

V1 *Bespanne ein Sieb außen mit Alufolie. Stülpe es dann über eine Glühlampe (6 V; 5 A). Stich einige Löcher in die Folie.*

a) *Wie kann man das austretende Licht sichtbar machen?*

b) *Was zeigt dir dieser Versuch über das Licht?*

V2 *Das Licht einer Experimentierleuchte fällt durch eine Lochblende (Bild 15).*

a) *Bewege den Schirm von der Blende weg. Was beobachtest du?*

b) *Übertrage Bild 16 groß in dein Heft. Zeichne den Lichtkegel, der den Fleck auf dem Karton erzeugt (von der Lampenmitte ausgehend).*

c) *Zum Zeichnen des Lichtwegs nehmen wir ein Lineal. Warum?*

d) *Stelle eine zweite Blende zwischen Karton und Blende (Lampe ausgeschaltet). Worauf musst du achten, wenn auf dem Karton wieder ein Lichtfleck erscheinen soll? Begründe!*

e) *Schalte die Lampe ein. Überprüfe so, ob du die zweite Blende richtig aufgestellt hast.*

V3 *Die Blende soll jetzt eine große Öffnung haben. Stelle die Lampe dicht hinter die Lochblende. Entferne diesmal die Lampe langsam von der Blende. Wie ändert sich dabei der Fleck?*

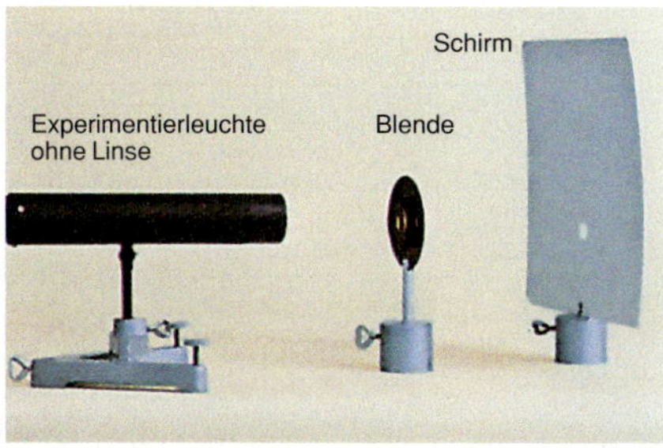

15

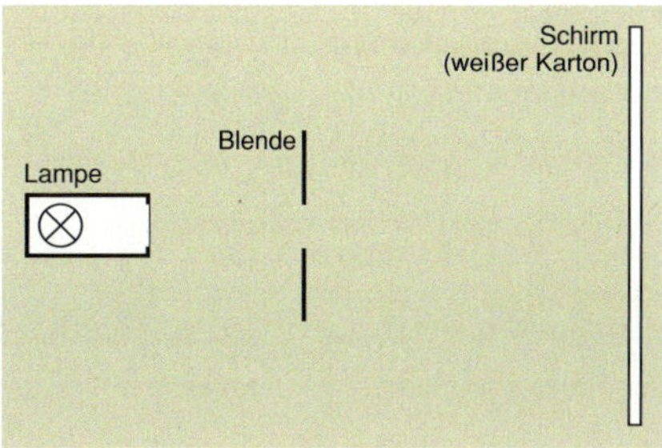

16

Info: Wie sich Licht ausbreitet

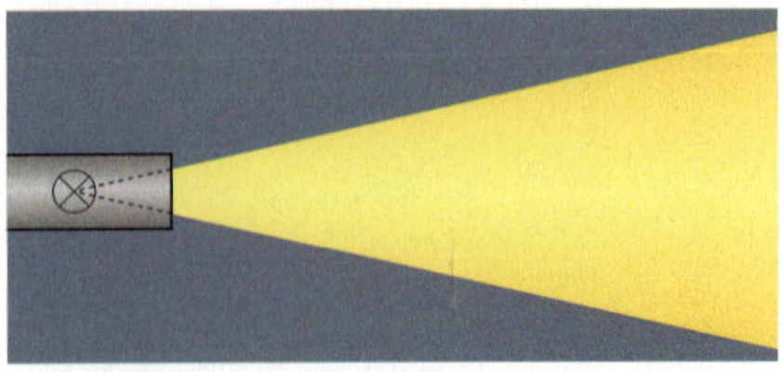

1

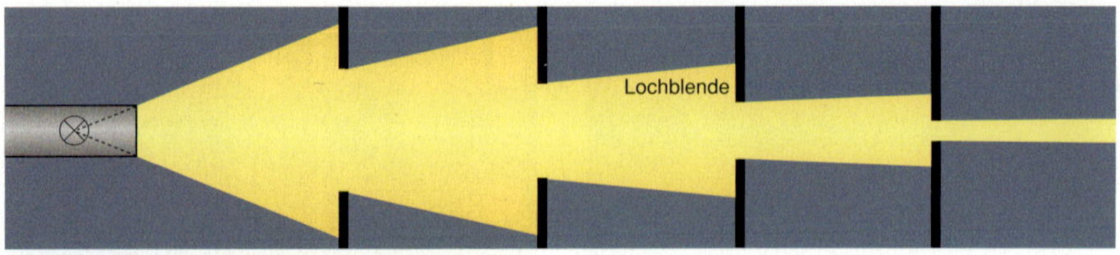

2

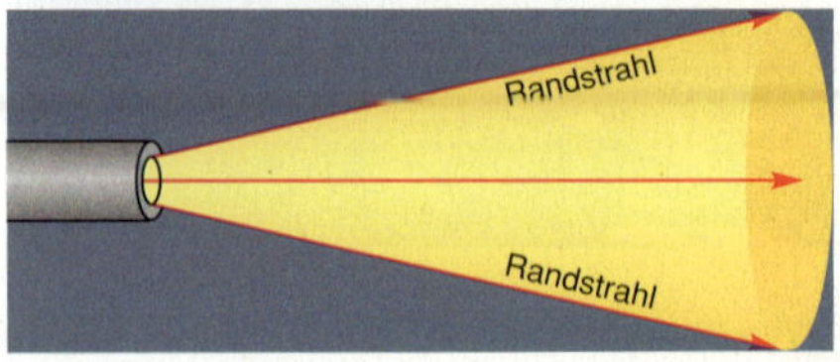

3

Das Licht breitet sich nach allen Seiten hin geradlinig aus.

Oft kann sich Licht nicht in alle Richtungen ausbreiten. Aus der Experimentierleuchte kann es nur nach vorne austreten (Bild 1). Es entsteht ein „Lichtkegel". Wenn das Licht von *einem* Punkt ausgeht, spricht man von einem *Lichtbündel.*

Mit Lochblenden kann man sehr feine Lichtbündel herstellen – es bleiben aber stets Lichtbündel (Bild 2). Macht man ein Lichtbündel in Gedanken immer feiner, so kommt man zu einer Linie, die keinen Durchmesser mehr hat. Diese Linie nennt man Lichtstrahl.

Lichtstrahlen sind gedachte Linien, mit denen wir den Verlauf von Lichtbündeln zeichnen (Bild 3).

A1 *Was versteht man unter einem Lichtstrahl?*

A2 *Hinter einer Lochblende steht in einigem Abstand eine kleine (punktförmige) Lichtquelle.*

a) *Fertige eine Zeichnung an und trage die Randstrahlen hinter der Blende ein.*

b) *Wie ändert sich der Verlauf der Randstrahlen, wenn eine Blendenöffnung kleiner gewählt wird? Stelle das Lichtbündel in einer zweiten Zeichnung dar.*

c) *Die kleine Blendenöffnung wird beibehalten, die Lampe aber weiter von der Blende entfernt. Zeichne wieder!*

Aus der Technik: So wird ein Tunnel „lichtgerade"

Zusatzangebot

In den Bergen und beim Bau von U-Bahnen müssen oft kilometerlange Tunnel gebaut werden. Riesige Maschinen (Bild 4) bohren den Tunnel in einem einzigen Arbeitsgang durch das Erdreich.

Um die Richtung des geplanten Tunnels genau einzuhalten, setzt man „Laserstrahlen" ein. Das sind sehr schmale und helle Lichtbündel.

Die Maschine wird so gesteuert, dass das Licht immer auf den Lichtempfänger vorn am Bohrer fällt. In Bild 5 wird eine Tunnelröhre mit Hilfe von Laserstrahlen vermessen.

4

5

63499

Licht fällt ins Auge

Das ist Marios „Supertrick“: Er lässt ganz ohne Leinwand ein Bild erscheinen. Er bewegt nur einen Zeigestock im Lichtkegel des Projektors.

6

Das Erstaunliche ist: Ohne den Zeigestock ist an dieser Stelle des Raumes *nichts* zu sehen – auch nicht der Lichtkegel des Projektors.

Durchschaust du Marios Trick?

Vorbereitende Aufträge

1. *Jemand stellt sich so vor ein helles Fenster, dass sein Gesicht vom Fenster weggewandt ist. Dann hält er sich ein Blatt weißes Papier vors Gesicht. Welche Veränderung erkennst du am Gesicht?*

2. *Diesen Versuch führst du am besten durch, wenn es draußen schon dunkel ist:*

a) *Lege bunte Gegenstände (z. B. Spielkarten) nebeneinander auf den Boden. Dazwischen legst du zerknittertes „Silberpapier“, einen schwarzen Gegenstand und einen blank geputzten Spiegel.*

b) *Leuchte mit einer Taschenlampe auf die Gegenstände. Was fällt dir auf? (Wie sieht der Spiegel im Vergleich zum schwarzen Gegenstand aus?)*

V1 *Die Experimentierleuchte steht so, dass wir sie von der Seite sehen (Bild 7). Der schmale Lichtkegel ist in die Dose gerichtet. Der Raum ist verdunkelt.*

a) *Kannst du von der Seite sehen, ob die Lampe leuchtet?*

b) *Auf welche Weise kann man sicher erkennen, dass die Lampe leuchtet?*

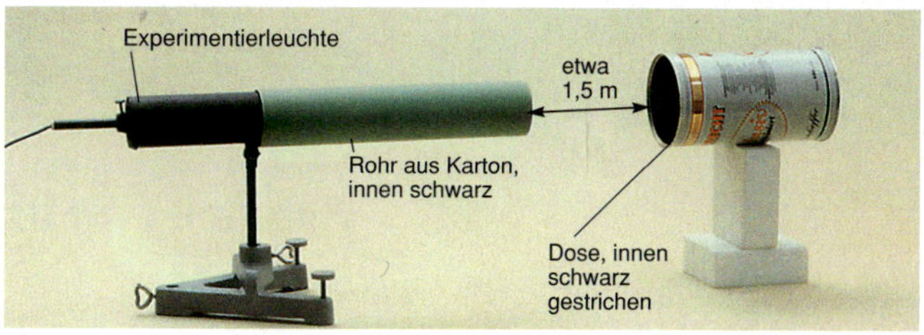

7

Praktikumsversuch

V2 *Wir untersuchen, was geschieht, wenn Licht auf unterschiedliche Gegenstände (Schirme) fällt.*

Versuchsmaterialien: *Experimentierleuchte, 2 Bücher, verschiedene Schirme (z. B. Fotokartons in unterschiedlichen Farben, Milchglasscheibe, klare Glasplatte)*

8

Versuchsaufbau u. -durchführung: *Prüft, ob ihr bei der Anordnung von Bild 8 die Schrift in den Büchern lesen könnt. (Raum verdunkeln!)*

Mustertabelle zum Eintragen der Beobachtungen

Material des Schirms	Lesbarkeit der Schrift im Buch *vor* dem Schirm	Lesbarkeit der Schrift im Buch *hinter* dem Schirm
schwarzer Karton	gut/schlecht zu lesen	gut/schlecht zu lesen
...	?	?

Info: Wie wir Gegenstände sehen

Damit wir etwas sehen, muss Licht ins Augeninnere fallen. Durch ein kleines Loch, die Pupille, kann Licht ins Auge gelangen. (Die Öffnung ist durch die lichtdurchlässige Hornhaut geschützt.)

Wenn z. B. das Licht einer Kerze ins Auge fällt, sehen wir die Kerze. Physikalisch gesehen ist unser Auge ein *Lichtempfänger*.

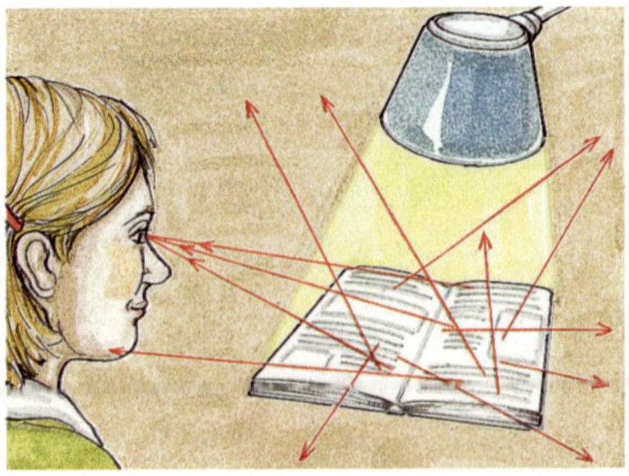
1

Du liest z. B. gerade den Text in diesem Buch. Dazu muss Licht vom Buch in dein Auge fallen. Das Buch erzeugt das Licht nicht selbst. Vielmehr wird es von der Sonne oder einer Lampe beleuchtet und leitet das auftreffende Licht weiter (Bild 1). Man sagt, das Licht wird vom Buch gestreut.

Die hellste Lichtquelle ist unsichtbar, wenn ihr Licht nicht ins Auge gelangt. Lichtquellen erzeugen ihr Licht selbst. Sie heißen *selbstleuchtende Körper*.

Wir sehen auch Gegenstände, die selber kein Licht erzeugen. (Dabei reicht es nicht „hinzusehen". Sonst müssten wir ja auch im Dunkeln sehen können.)

Wenn gestreutes Licht von einem beleuchteten Körper in unser Auge fällt, sehen wir den Körper.

Wenn Licht auf einen Körper fällt, wird es nicht in jedem Fall gestreut. Was dabei geschieht, hängt auch vom Körper ab. Die Bilder 2–4 zeigen dazu einige Beispiele.

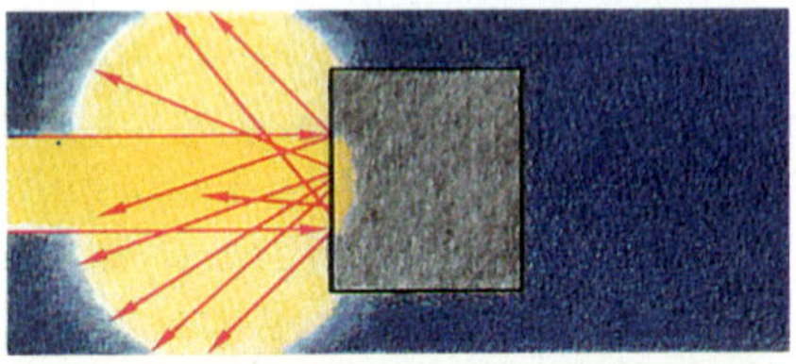
2 Ein undurchsichtiger Körper wirft auftreffendes Licht in viele Richtungen zurück. Man sagt dazu auch: Der Körper *streut* das Licht.

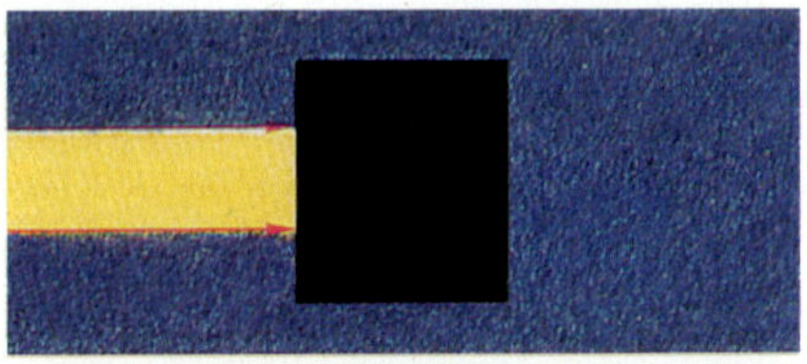
3 Schwarze Körper *absorbieren* („verschlucken") Licht; sie werfen fast kein Licht zurück. Wir sehen sie nur im Kontrast zu einer helleren Umgebung.

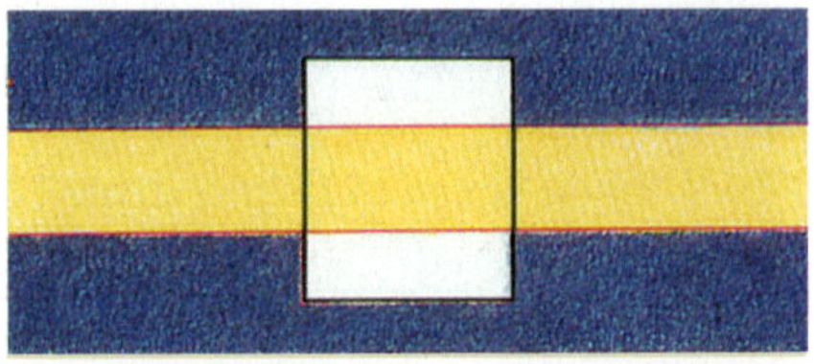
4 Durch klare Glasscheiben geht Licht fast ungehindert hindurch. Körper mit dieser Eigenschaft bezeichnet man als *lichtdurchlässig*.

Info: Sehen ist mehr als „Licht empfangen"

Hast du schon einmal versucht einen Frosch im Teich zu entdecken? Du erkennst ihn nur, wenn du genau „hinsiehst". Wer am Teich nur „Licht empfängt", wird vieles übersehen. Sehen ist nämlich eine Tätigkeit, die oft Konzentration und Anstrengung erfordert.

„Licht empfangen" ist nur der physikalische Teil des Sehens.

Die Informationen, die mit dem Licht aufgenommen werden, werden im Gehirn verarbeitet.

Beim Betrachten von Bild 5 z. B. wirst du vielleicht auf Anhieb nur helle und dunkle Flecken sehen. Wenn du aber das Buch drehst, werden dir die Muster auf einmal bekannt vorkommen …

An diesem Beispiel wird klar: Die mit dem Licht empfangenen Informationen müssen mit Hilfe des Gedächtnisses *gedeutet* werden. Erst dann *erkennen* wir, was wir sehen – und das hängt stark von unserem Vorwissen ab. *Das Sehen ist also eine geistige Tätigkeit.*

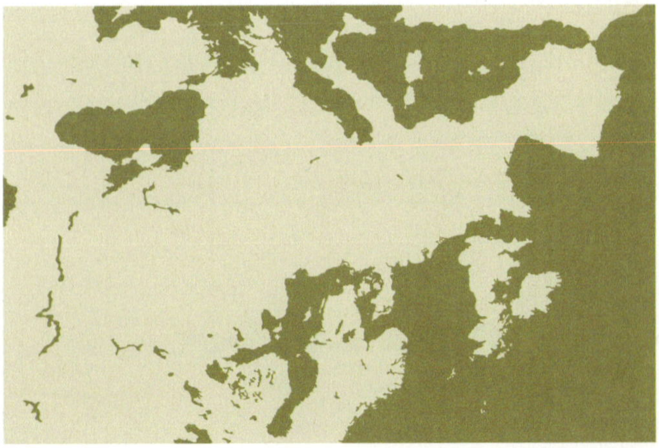
5

62166

A1 *Auf der vorhergehenden Doppelseite hast du im Bild 6 „Marios Supertrick" gesehen. Erkläre ihn.*

A2 *Eine Frage zu Bild 7 der vorhergehenden Doppelseite:*
Nimm an, es befindet sich kein Körper (keine Hand, kein Staub) in dem Lichtweg. Die Lampe wird eingeschaltet.
Was kannst du sehen? Warum?

A3 *Wenn die Sonne untergegangen ist, kann man manchmal noch Flugzeuge im Sonnenlicht sehen. Wie ist das möglich?*

A4 *Bild 6 zeigt einen Astronauten im Weltraum. Er wird von der Sonne beleuchtet. Die Lufthülle der Erde (unten im Bild) ist ebenfalls beleuchtet.*
Warum ist der Weltraum rechts und links tiefschwarz?

A5 *In Bild 7 werden farbige Gegenstände und ein Spiegel beleuchtet.*
Warum sieht der Spiegel schwarz aus? Was passiert mit dem Licht, das auf den Spiegel fällt?

A6 *Wir können einen Gegenstand sehen, wenn von ihm aus Licht in unsere Augen fällt. Bestimmte Redewendungen widersprechen dieser physikalischen Erklärung des Sehvorgangs (z. B.: „Er wirft einen prüfenden Blick auf ...").*
Schreibe dazu weitere Beispiele auf. Gib auch an, welche Vorstellung vom Sehen dahinter steckt.

A7 *Früher dachte man, dass die Augen „Sehstrahlen" aussenden und dass diese die Gegenstände abtasten (Bild 8). Heute weiß man, dass es keine Sehstrahlen gibt. Beschreibe den Sehvorgang.*
Warum erkennen wir nicht alle Gegenstände, von denen Licht in unser Auge fällt?

6

7

8

Aus Umwelt und Technik: Streulicht im Straßenverkehr

Im Straßenverkehr müssen Personen und Gegenstände gut zu sehen sein. Wenn sie nicht selbst eine Lichtquelle haben, ist zurückgeworfenes Licht wichtig.

9

Fußgänger sollten nachts helle Kleidung tragen. Helle Kleidung streut nämlich mehr Licht als dunkle. Autofahrer können sie von weitem erkennen (Bild 9).

Verkehrsschilder sind beim Autofahren nachts gut zu sehen. Die Schilder werfen das auftreffende Scheinwerferlicht zurück – vor allem in die Richtung, aus der sie beleuchtet werden. Auch Rück- und Seitenstrahler von Fahrrädern werfen das Licht zurück.

A8 *Welche Farben soll die Kleidung haben, wenn man bei Dunkelheit auf die Straße geht?*

A9 *Ein kleiner Versuch: Im verdunkelten Raum werden Personen mit hellen und dunklen Kleidungsstücke angeleuchtet. Vergleicht dabei, wie viel Streulicht auf die Wände des Raums fällt.*

Aus der Umwelt: Sonne, Mond und Sterne

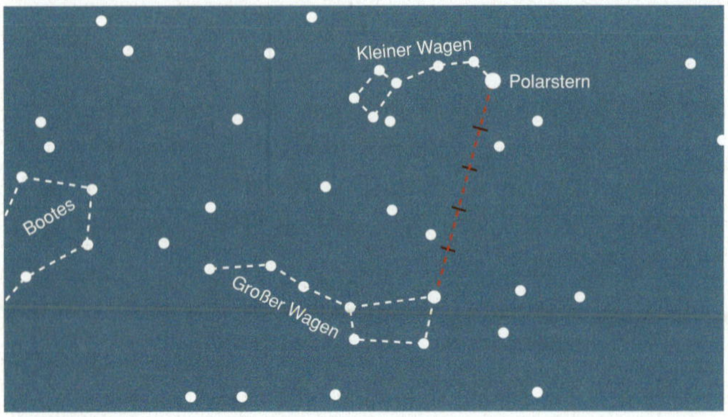

1

2

3

Die Sonne ist unsere wichtigste Lichtquelle. Sie erzeugt ihr Licht selbst.

Die Sterne, die wir am Himmel sehen, sind unserer Sonne ähnlich. Dass wir sie nur als leuchtende Punkte sehen, liegt an der unvorstellbar großen Entfernung. **Sterne erzeugen Licht, sie leuchten selbst. Sterne sind Lichtquellen.**

Die Stellung der Sterne zueinander ändert sich nicht. Die Astronomen haben sie zu Gruppen zusammengefasst und diesen „Sternbildern" Namen gegeben. Bild 1 zeigt das bekannteste Sternbild, den *Großen Wagen*. Wenn du die Strecke zwischen den beiden hinteren Sternen des Wagenkastens fünfmal verlängerst, findest du den *Polarstern*. Um ihn scheint sich der ganze Sternenhimmel zu drehen.

In der Dämmerung ist der Morgen- oder Abendstern über dem Horizont zu sehen. Dieser Himmelskörper ist eigentlich kein Stern, sondern der *Planet Venus*.

Die Planeten verändern langsam ihre Stellung zu den Sternen. Sie kreisen nämlich – ebenso wie die Erde – um die Sonne. Die Bilder 2 u. 3 zeigen den Planeten Jupiter im Abstand von zwei Monaten.

Es gibt neun Planeten (Bild 4): *Merkur, Venus, Erde, Mars, Jupiter, Saturn, Uranus, Neptun, Pluto* („Eselsbrücke" für die Anfangsbuchstaben: *M*ein *V*ater *e*rklärte *m*ir *j*eden *S*onntag *u*nsere *n*eun *P*laneten.)

Merkur befindet sich, von der Erde aus gesehen, stets dicht bei der Sonne. Er ist nur selten und für kurze Zeit mit bloßem Auge zu sehen. *Venus, Mars, Jupiter* und *Saturn* kannst du ohne Fernrohr beobachten.

Obwohl die Planeten oft sehr hell leuchten, erzeugen sie kein Licht. Sie streuen nur das Sonnenlicht.

Der *Mond* umkreist die Erde und mit ihr zusammen die Sonne. Auch der Mond streut lediglich das Sonnenlicht. Dass er so groß und hell aussieht, liegt an seiner verhältnismäßig geringen Entfernung zur Erde (ca. 380 000 km).

Die Planeten und der Mond sind keine Lichtquellen. Sie werden von der Sonne beleuchtet.

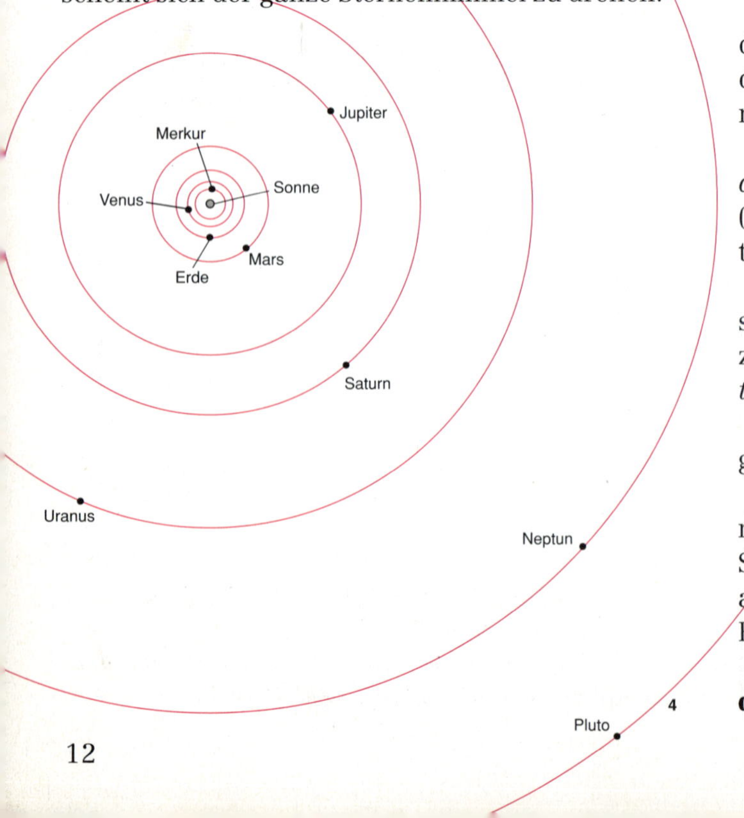

4

63501

Zusammenfassung

Lichtquellen und Lichtausbreitung

5

Lichtquellen erzeugen Licht und senden es nach allen Seiten hin aus (Bild 5).

Licht breitet sich geradlinig aus, solange es nicht auf Körper trifft.

Die Ausbreitung beschreibt man mit Lichtbündeln und Lichtstrahlen (Bild 6).

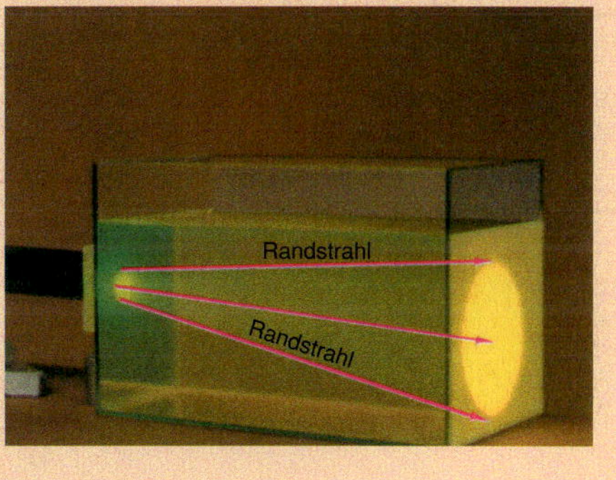

6

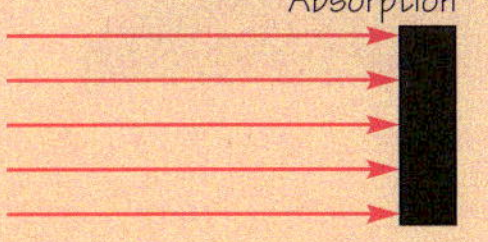

7

Wenn Licht auf Körper fällt, wird es durchgelassen, absorbiert (verschluckt) oder gestreut.

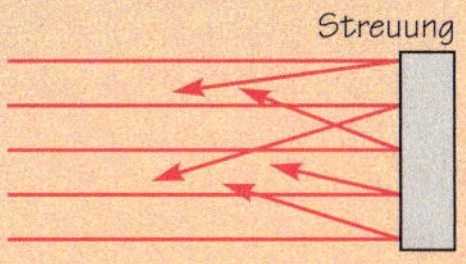

8

Der Sehvorgang

Wenn Licht in unsere Augen fällt, sehen wir den Körper, von dem das Licht herkommt.

Kommt das Licht direkt von einer Lichtquelle (Bild 9), so sehen wir die Lichtquelle selbst.

Beleuchtete Körper sehen wir dann, wenn das von ihnen gestreute Licht ins Auge gelangt (Bild 10).

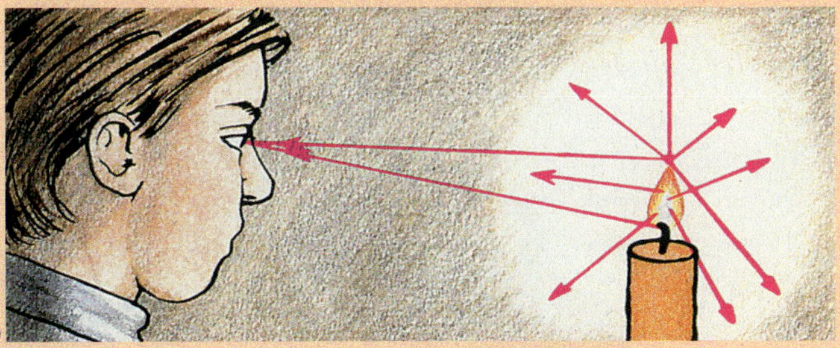

9

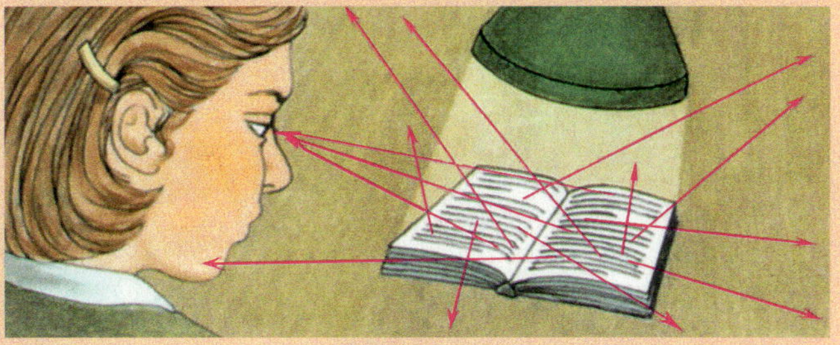

10

Alles klar?

Lösungen → Anhang

1. *„Der Tag wurde länger, als die Menschen begannen künstliche Lichtquellen zu nutzen.“ Erläutere!*

2. *Der Mond ist kein selbstleuchtender Körper. Wieso können wir ihn dennoch sehen?*
Der Mond beleuchtet in der Nacht die Erdoberfläche. Erkläre diese Aussage!

3. *Bild 11 zeigt ein Sieb, das mit Alufolie abgedeckt ist. Unter dem Sieb befindet sich eine Glühlampe. Die Alufolie wird mit einer Nadel durchstochen.*
Übertrage die Zeichnung in dein Heft. Zeichne dann mit einem einzigen Strahl ein, wie das Licht aus dem Loch austritt.

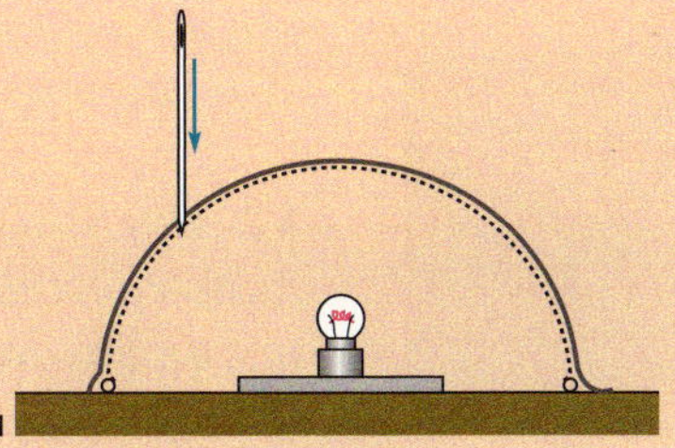

11

4. *Nimm ein 30 cm langes Stück Gartenschlauch. Versuche durch den Schlauch hindurch diese Zeilen zu lesen … Worauf musst du achten?*

5. *Wenn Licht durch ein Glasgefäß mit Wasser fällt, kann man es kaum sehen. Mit Badesalz im Wasser wird das Licht sichtbar. Erkläre!*

6. *Wie sollten nachts die Farben deiner Kleidung sein? Begründe!*

Wie Schatten entstehen

Die Silhouette eines Menschen zu zeichnen …

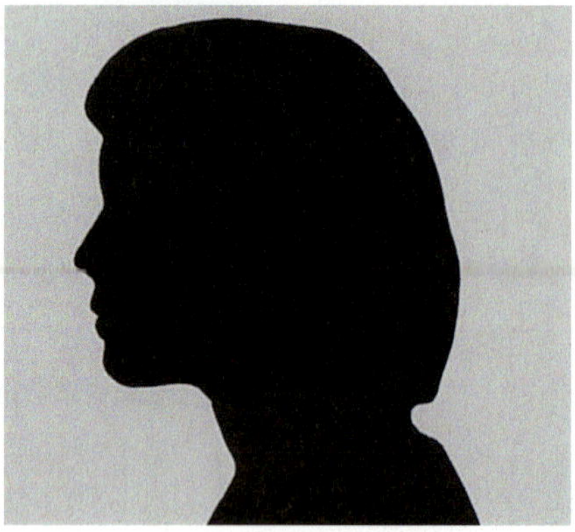

1

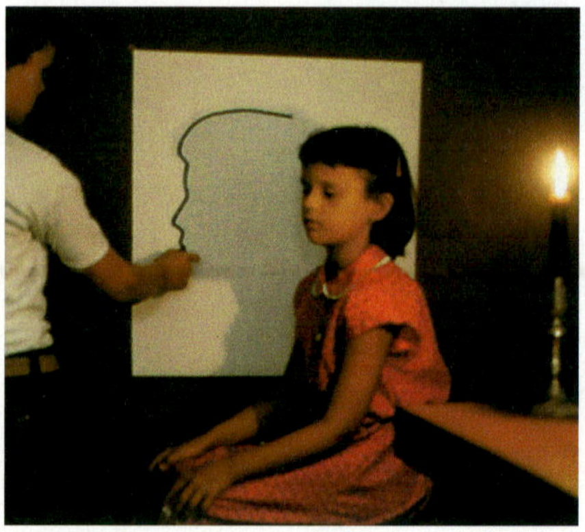

2

… ist gar nicht so schwierig.

Vorbereitende Aufträge

1. *Probiert aus, welche Lichtquellen Schatten mit scharfen Rändern erzeugen (z. B. Taschenlampen mit und ohne Reflektor, Schreibtischlampe).*
Bei welchen Lichtquellen sind die Ränder unscharf?

2. *Suche dir einen Partner oder eine Partnerin.*
a) *Zeichnet voneinander Schattenbilder (Bild 2).*
b) *Die Schattenbilder aller Mitschüler der Klasse werden mit einer Nummer versehen und ausgehängt. Ordnet den Nummern die jeweiligen Namen zu. Welches Bild wird von den meisten erkannt?*

3. *Mit den Händen kann man Schattenbilder erzeugen (Bild 3). Probiere es aus!*

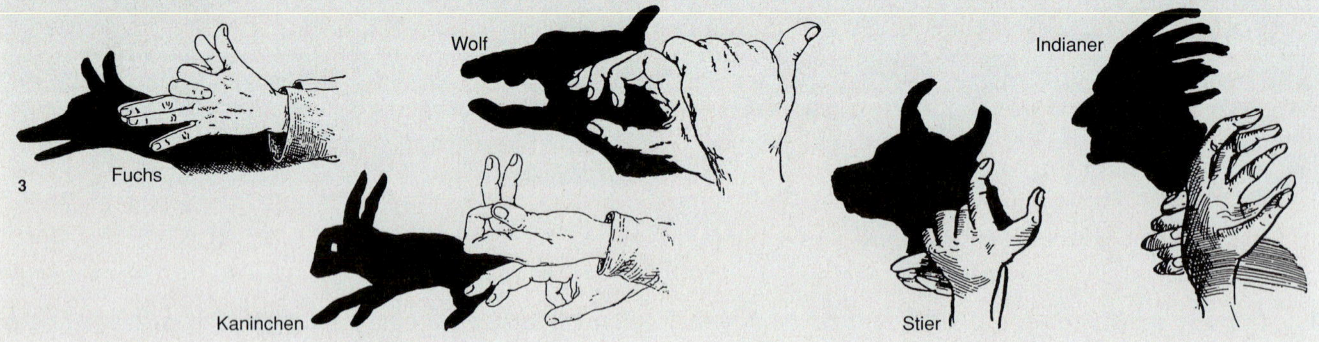

3

V1 *Ein Brett wird 1–2 m vor der Wandtafel an einem Stativ befestigt. Davor wird in einigem Abstand eine Glühlampe mit Fassung gestellt (Bild 4).*

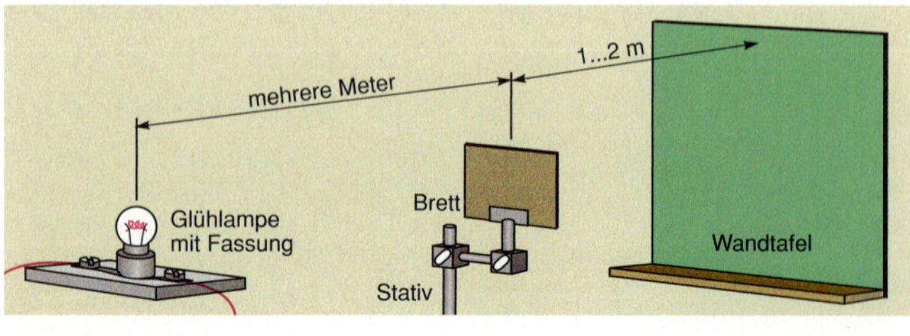

4

Die Lage des Schattenbilds soll vorhergesagt und auf die Tafel gezeichnet werden.
Wie kannst du vorgehen? (Tipp: Lange Schnüre könnten dir helfen.)
Was setzt du dabei über die Lichtausbreitung voraus?

V2 *Ein Stift wird zwischen eine Kerze oder Taschenlampe gestellt. Wo muss sich der Stift befinden, damit du ein großes (kleines) Schattenbild erhältst? Fertige dazu zwei Zeichnungen an.*

63132

Info: Schattenraum und Schattenbild

Licht breitet sich geradlinig aus.

In Bild 5 fällt Licht von der Lampe auf ein Brett.

Von der Lampe gelangt kein Licht in den Raum hinter dem lichtundurchlässigen Körper. Dieser lichtarme Raum heißt Schattenraum.

Nur das Streulicht aus der Umgebung kann den Schattenraum erhellen.

Auf einem Schirm hinter dem Körper entsteht ein Schattenbild. Der Schirm kann der Fußboden oder die Wand sein.

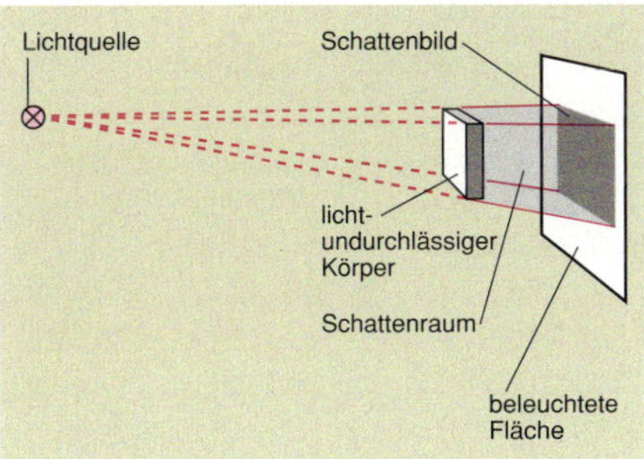

5

Wenn wir von *Schatten* sprechen, kann der Schattenraum oder das Schattenbild gemeint sein.

Wenn man den Schirm vom Körper entfernt, wird das Schattenbild größer.

Schattenbilder haben scharfe Ränder, wenn die Lichtquelle viel kleiner ist als der Körper, der den Schatten wirft. Man spricht von *punktförmigen Lichtquellen.*

Bei großflächigen (ausgedehnten) Lichtquellen entstehen Schattenbilder mit unscharfen Rändern.

A1 *Welche drei Dinge sind erforderlich, damit Schattenbilder entstehen können?*

A2 *Mit welcher Art Lichtquellen werden die Ränder eines Schattenbilds scharf (unscharf)?*

A3 *Erkläre die Begriffe „Schattenraum" und „Schattenbild" anhand von Bild 6.*

A4 *Wenn wir vom Schatten sprechen, meinen wir mal den Schattenraum, mal das Schattenbild und mal etwas anderes.*
Was ist bei folgenden Redewendungen jeweils gemeint?
„Das Ereignis wirft seine Schatten voraus." – „Sie ruht sich im Schatten eines Baums aus." – „Er steht im Schatten seines Vorgängers." – „Die Schatten werden länger." – „Schatten fallen auf den Boden."

6

A5 *In den Bildern 7–9 siehst du drei Cartoons, in denen Zeichner das Thema Schatten aufgegriffen haben.*

a) *Gib an, was bei diesen Bildern nicht stimmt.*

b) *In Bild 8 ist eine kleine Geschichte dargestellt. Schreibe sie in wenigen Sätzen auf.*

c) *Wie könnte man den Schatten in Bild 9 wirklich verschwinden lassen?*

d) *Welche Vorstellung von Schatten liegt wohl den Bildern 7–9 zugrunde?*
Warum ist diese Vorstellung physikalisch falsch?

7

8

9

Farbige Schattenbilder

Schattenbilder sind nicht immer grau oder schwarz!

1

V1 *Mit farbigen Spotlampen werden Schatten eines Gegenstands auf einer weißen Wand erzeugt.*
a) *Die rote Lampe soll eingeschaltet werden. Überlege vorher: Welche Farbe bekommt der Schatten?*
b) *Statt der roten wird nun die grüne Lampe eingeschaltet. Was ändert sich, was bleibt gleich?*
c) *Die Wand wird jetzt mit beiden Lampen gleichzeitig beleuchtet. Sie sollen zunächst einen größeren Abstand voneinander haben (ca. 60 cm).*
Erläutere, wie jetzt die farbigen Schatten des Gegenstands entstehen.
d) *Die Lampen werden zusammengerückt, sodass sich die farbigen Schatten überlappen. Erkläre, wie das dunkle Schattengebiet entsteht.*

V2 *Auf einem Brett sind mehrere Lampen in einer Reihe montiert. Davor steht ein Gegenstand (Bild 2).*
a) *Die Lampen werden nacheinander in ihren Fassungen festgedreht. Wie ändert sich dabei jeweils das Schattenbild des Gegenstands? Erkläre!*
b) *Drehe das Brett so, dass die Lampenreihe senkrecht steht. Wie ändert sich das Schattenbild?*

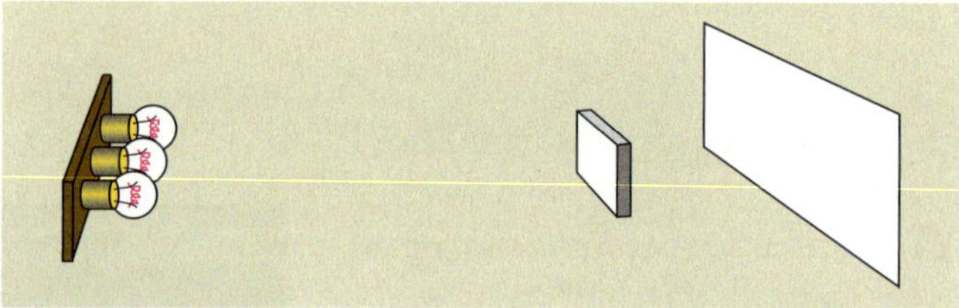
2

Info: Kern- und Halbschatten

Oft wird ein Körper von mehreren Lichtquellen beleuchtet. Dann überlappen sich die Schattenbilder.

In Bild 3 fehlt im dunklen Bereich in der Mitte das Licht von beiden Lichtquellen. In den roten Bereich fällt nur das Licht der roten Lampe, dort fehlt das Licht der grünen Lampe. Im grünen Bereich fehlt das Licht der roten Lampe (Bild 4).

Den Bereich, in den kein Licht fällt, nennt man Kernschatten. Die Bereiche, in die Licht von nur einer Lampe fällt, heißen Halbschatten.

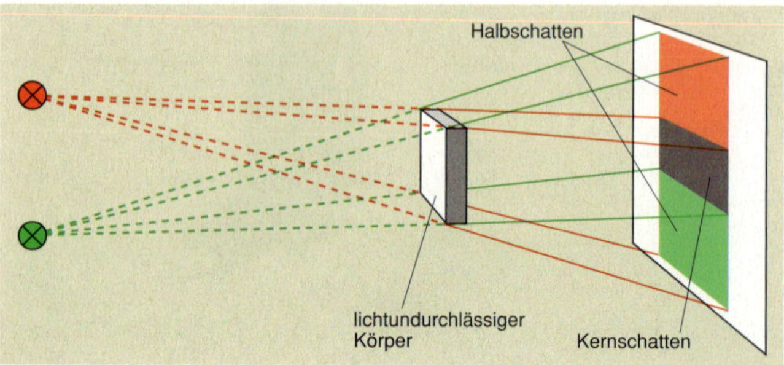

3

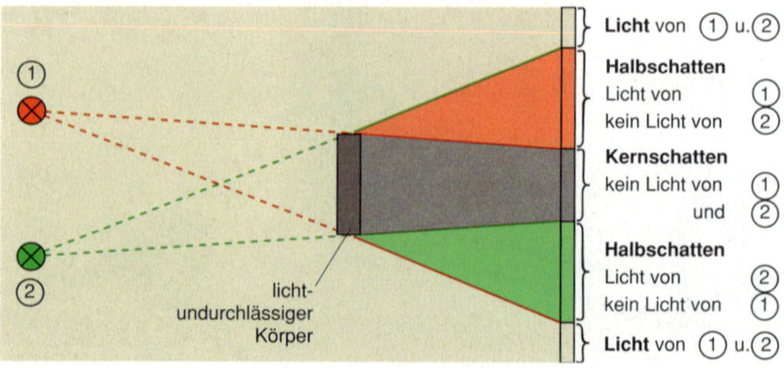

4

63134

Bauanleitung: **Das Küken im Ei – ein Schattentrick zum Vorführen**

Du brauchst:
1 Ei und einen hohen Kerzenständer,
1 Stück Pappe (mindestens 20 cm · 30 cm),
1 Bogen Pergamentpapier,
1 Holzstäbchen, 2 Kerzen, etwas Plastilin.

So wird's gemacht:
Schneide die Pappe als Rahmen zurecht und klebe das Pergamentpapier darauf.

Die Silhouette eines Kükens muss etwas kleiner sein als das Ei. Du schneidest sie auch aus Pappe aus und klebst sie an das Holzstäbchen. Küken und Ei sollen 20 cm vor dem Schirm stehen (Bild 5).

Zünde eine der Kerzen an. Stelle sie so auf, dass nur der Schatten des Eies auf dem Schirm zu sehen ist. Die zweite Kerze wird so angeordnet, dass der Schatten des Kükens auf dieselbe Stelle fällt wie der des Eies.

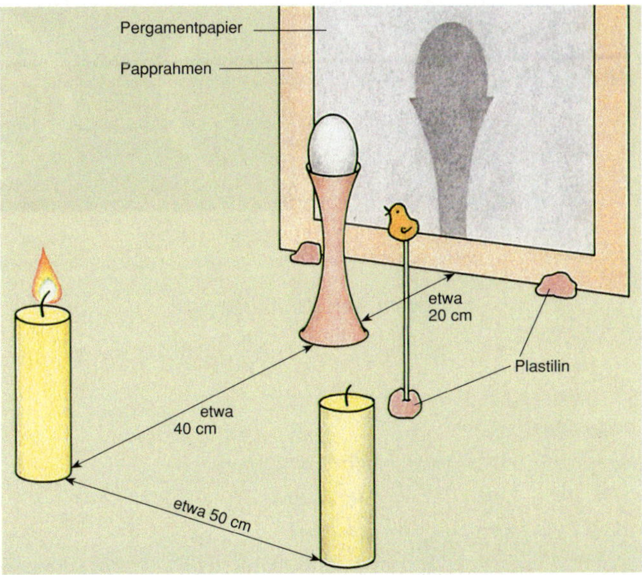

5

Nun kannst du das Kunststück vorführen. Zünde zunächst die Kerze an, die das Schattenbild des Eies erzeugt. Um das Ei zu „durchleuchten", zündest du die zweite Kerze an. Der Schatten des Eies wird dadurch aufgehellt (Halbschatten). Im Ei erscheint das Küken dunkel – wie bei einem Röntgenbild.

A1 *Überlege, ob das Fußballspiel von Bild 6 um die Mittagszeit oder am Abend stattfindet. Begründe !*

A2 *Im Wohnbereich wird oft eine indirekte Beleuchtung verwendet. Den Grund dafür erkennst du, wenn du die Bilder 7 u. 8 vergleichst:*
a) *Bei welchem Bild ist die rechte Wand indirekt beleuchtet?*
b) *Was geschieht dabei mit dem Licht der Lampe?*
c) *Worin liegt der Vorteil dieser Beleuchtungsart?*

6

A3 *Bild 9 zeigt die Fotografie einer Wand. Die Wand wurde gleichzeitig mit einer roten und einer grünen Lampe beleuchtet.*
Die Wand oben und unten im Bild erscheint dadurch gelb.
Vor die Wand wurde beim Fotografieren ein Brett gehalten. Das Brett erzeugte den Kernschatten und die Halbschatten.
Überlege: Wie waren die Lampen, das Brett und die Wand angeordnet?
Fertige eine Zeichnung in deinem Heft an.

7

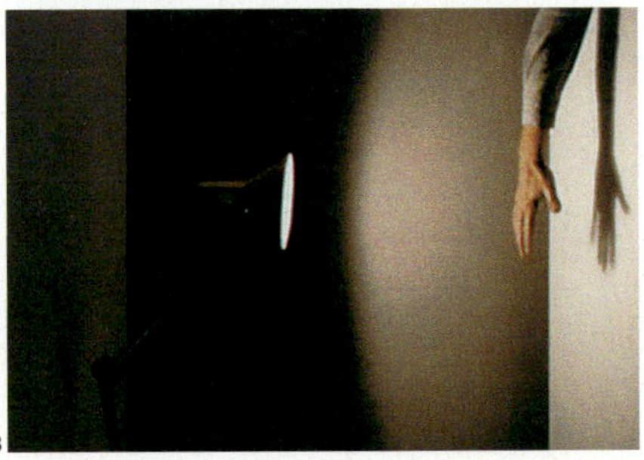
8

9

Der Mond und seine Gestalt

Wie kommt es, dass der Mond …

1

… immer wieder anders aussieht?

Vorbereitende Aufträge

1. *Beobachte in nächster Zeit täglich den Mond. Vielleicht kannst du ihn sogar am helllichten Tag entdecken …*
a) *Zeichne jeweils seine Form auf.*
Schreibe Datum, Uhrzeit und die ungefähre Himmelsrichtung neben das Bild.
b) *Wie ändert sich die Mondgestalt im Verlauf von einigen Tagen?*

2. *Auf Kalendern sind oftmals die Tage für Vollmond und Neumond eingetragen.*
Notiere diese Tage. In welchen Abständen treten gleiche „Mondphasen" auf?

V1 *Ein Tennisball soll den Mond darstellen (Bild 2). Der Raum ist abgedunkelt. Das Licht einer Experimentierleuchte (das „Sonnenlicht") beleuchtet den Ball (den „Mond"). Auf dem Ball sind der beleuchtete Teil und der Schatten gut zu unterscheiden.*
Gehe um den Ball herum. Beschreibe, was du von den verschiedenen Seiten aus siehst.

2

Info: Die wechselnde Gestalt des Mondes

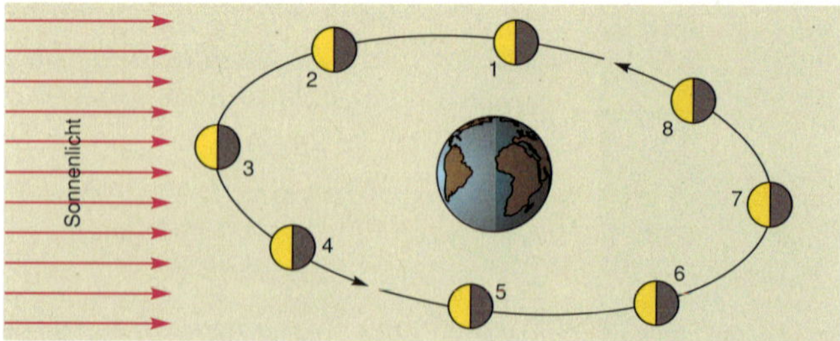

3

Der Mond ist kugelförmig. Sein Durchmesser beträgt etwa ein Viertel des Erddurchmessers. Jeden Tag sieht der Mond etwas anders aus. Seine wechselnde Gestalt nennt man **Mondphasen**. Der Mond umkreist die Erde und wird von der Sonne beleuchtet. Eine Halbkugel des Mondes ist daher immer hell (Bild 3).

Von der beleuchteten Hälfte des Mondes sehen wir meist nur einen Teil (Bild 4). Die jeweiligen Mondphasen sind im äußeren Ring von Bild 4 dargestellt.

Zum Beispiel sehen wir in Position 2 nur einen kleinen Teil der beleuchteten Halbkugel des Mondes. Von der Erde aus blicken wir ja vor allem auf die unbeleuchtete Halbkugel. Der Mond hat deshalb für uns die Form einer schmalen Sichel.

A1 *Erkläre, was wir in den übrigen Positionen sehen.*

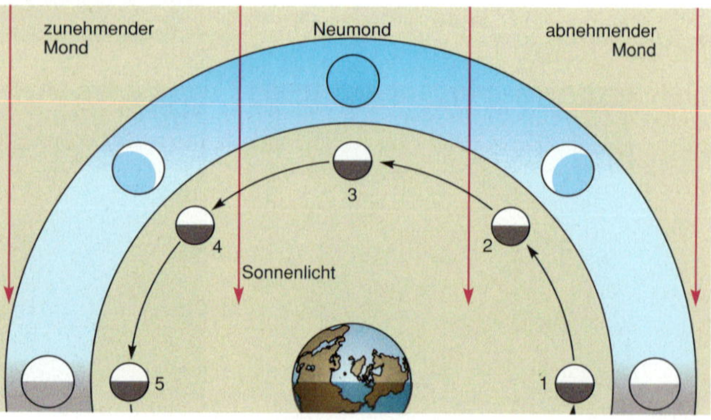

4

62208

Licht und Schatten auf der Erde – Tag und Nacht

5

So sehen Astronauten die Erde. Warum ist nur ein Teil der Erde sichtbar?

Vorbereitende Aufträge

1. *In welcher Richtung steht in Bild 5 die Sonne? Was ist zu beobachten, wenn man sich auf der Erde an der Grenze zwischen Licht und Schatten befindet? Welche Erdteile liegen im Licht, welche im Dunkeln? (Nimm eine Weltkarte oder einen Globus zu Hilfe.)*

2. *In manchen Kalendern ist der Sonnenaufgang und der Sonnenuntergang angegeben.*
a) *Bestimme die ungefähre Tageslänge für den 21. März, 21. Juni, 23. September und 21. Dezember.*
b) *Beobachte, wann heute die Sonne untergeht und wann sie morgen aufgeht. Wie lang ist jetzt gerade ein Tag?*

V1 *Du brauchst einen Ball und einen Diaprojektor.*
a) *Halte den Ball in den Lichtkegel des Projektors. Wie viel von seiner Oberfläche ist beleuchtet, wie viel bleibt dunkel?*
b) *Bringe auf dem Ball Markierungen wie in Bild 6 an. Drehe den Ball bei senkrechter, waagerechter und schräger Stellung der Achse. Beschreibe jeweils, wann es an den einzelnen markierten Stellen hell und wann es dunkel ist.*
c) *Die schräg stehende Achse soll einmal oben von der Sonne weg geneigt sein, einmal auf die Sonne zu. Was ändert sich dadurch?*

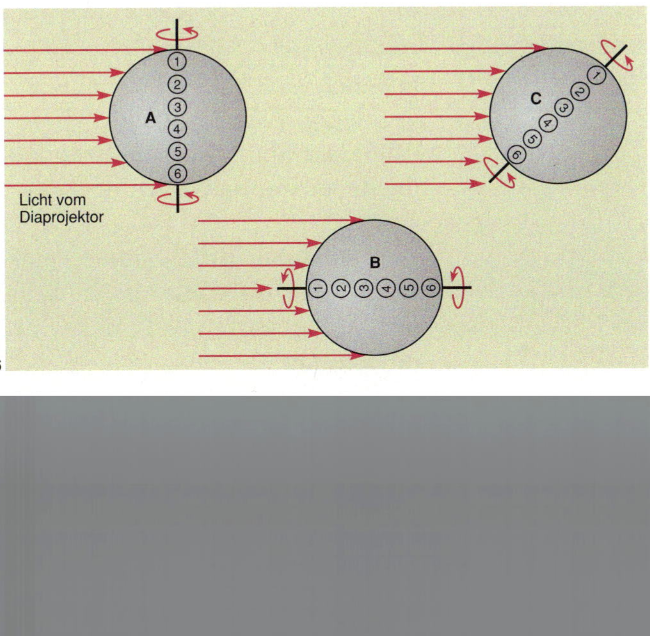

6

V2 *Die Erde ist eine Kugel und dreht sich um eine Achse. An einem Globus lässt sich gut verfolgen, wie z. B. in Deutschland Tag und Nacht wechseln.*
a) *Der Diaprojektor ersetzt für unseren Versuch die Sonne. Der Globus wird um seine Achse gedreht. Beobachte, wie im Laufe einer Umdrehung Tag und Nacht wechseln.*
b) *Was ändert sich, wenn die Erdachse in eine andere Richtung zeigt?*

V3 *Eine einfache Sonnenuhr kannst du leicht selbst bauen:*
Stecke an einem sonnigen Tag einen Stab senkrecht in die Erde. Du musst dir dazu einen Platz aussuchen, der den ganzen Tag über Sonnenschein hat.
Markiere jede Stunde oder alle zwei Stunden die Stelle, an der sich die Spitze des Schattens befindet. Schreibe die Uhrzeit dazu.
Ergänze die Markierungen zu einem Zifferblatt.

Info: Lange Winternächte – kurze Sommernächte

Von der Sonne wird immer nur die eine Hälfte der Erde beschienen (Bild 1). Die andere liegt im Schatten der Erdkugel. Die Erde dreht sich einmal in 24 Stunden um ihre Achse. Dadurch sind wir abwechselnd im beleuchteten und im unbeleuchteten Bereich. So kommen *Tag und Nacht* zustande.

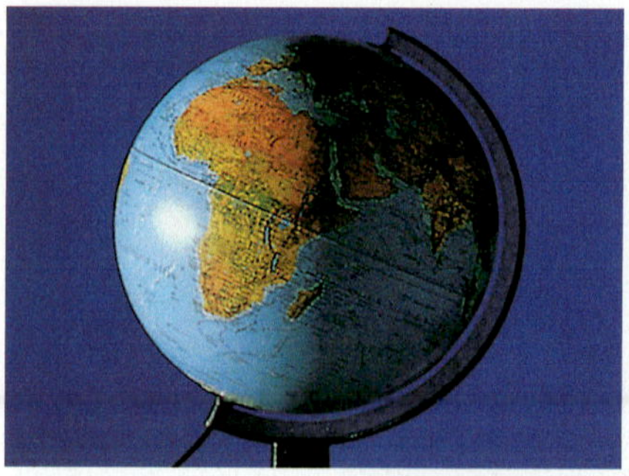
1

Nicht alle Tage und Nächte sind gleich lang. Das hängt mit der Bewegung der Erde um die Sonne zusammen: Die Erde kreist einmal im Jahr um die Sonne. In dieser Zeit dreht sich die Erde 365-mal um ihre (gedachte) Achse. Die Achse steht schräg zu der Ebene, in der sich die Erde bewegt. Sie zeigt immer in die gleiche Richtung, nämlich zum Polarstern (Bild 2).

– Im Dezember (Position 1) liegt die Gegend um den Nordpol ständig im Schatten. Dort herrscht Polarnacht. Deutschland bewegt sich auf einem Kreis, der zum größeren Teil im Dunkeln liegt. Wir haben 16 Stunden Dunkelheit und 8 Stunden Tageslicht.
– Am 21. März (Position 2) reicht die beleuchtete Erdhälfte vom Nordpol bis zum Südpol. Tag und Nacht sind überall gleich lang, sie dauern 12 Stunden.
– Im Juni (Position 3) scheint die Sonne am Nordpol auch mitternachts. Bei uns sind die Tage jetzt am längsten. Am Südpol herrscht die Polarnacht.
– Am 23. September (Position 4) sind Tag und Nacht wieder gleich lang.

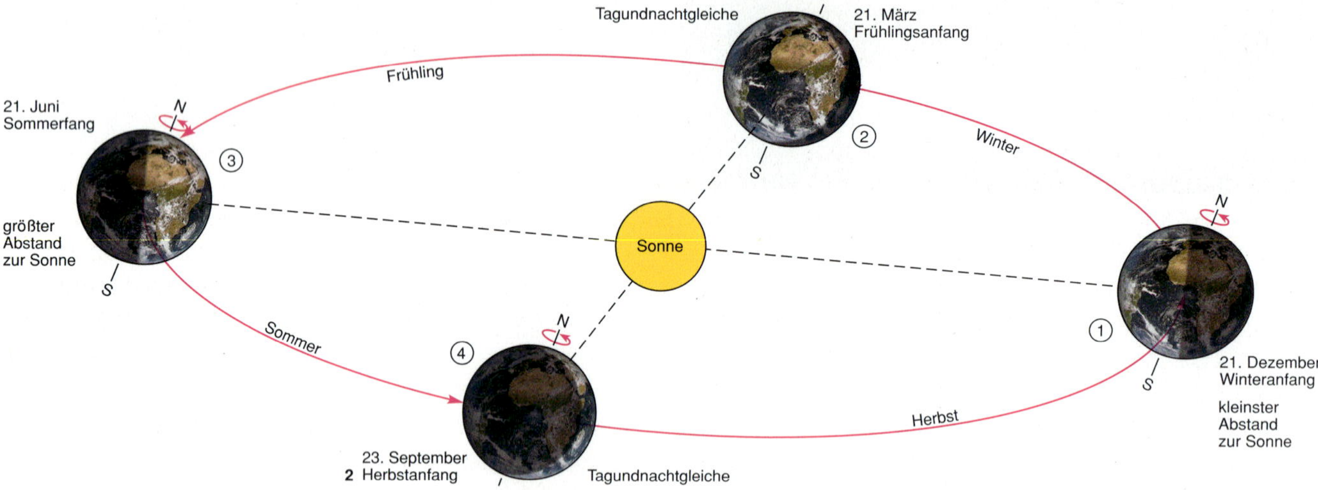

2

Info: Heißer Sommer – kalter Winter

Warum ist es im Sommer wärmer als im Winter? Für *Sommer und Winter* gibt es im Wesentlichen zwei Gründe:
– Die Sonne scheint im Frühling und Sommer länger als im Herbst und Winter. Je länger sie scheint, desto stärker ist die Erwärmung.
– Das Licht fällt im Frühjahr und Sommer steiler ein als im Herbst und Winter. Gleich viel Licht verteilt sich also im Sommer auf eine geringere Fläche als im Winter (Bild 3). Daher wird die Erdoberfläche im Sommer wärmer.

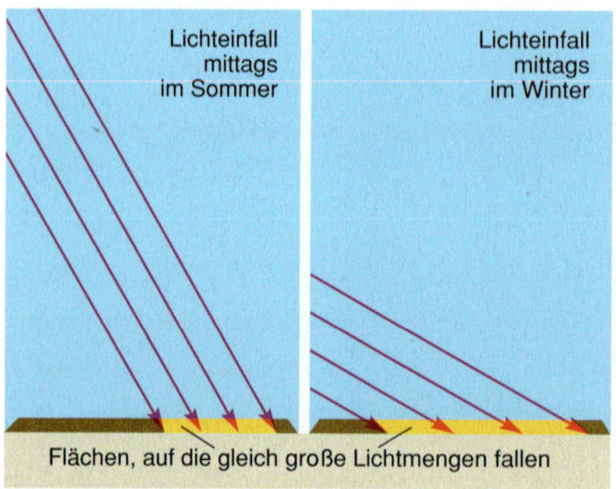

3

Der Abstand Erde–Sonne spielt keine Rolle; im Winter ist die Erde der Sonne sogar etwas näher als im Sommer.

63138

Aus der Umwelt: Wie die Wikinger nach Hause fanden

Zusatzangebot

Wie konnten die Wikinger bei ihren verwegenen Seereisen wieder nach Hause finden? Der Kompass war unbekannt. Nur Sonne und Sterne wiesen ihnen den Kurs. Ein Hilfsmittel war der *Schattenstab*. Wenn die Sonne mittags am höchsten stand, war der Schatten am kürzesten und zeigte in Nord-Süd-Richtung. Der Stab steckte auf einer Holzscheibe (Bild 4). Die Kreise gaben die kürzeste Schattenlänge für die verschiedenen Jahreszeiten an – so, wie man sie am Heimatort beobachtete.

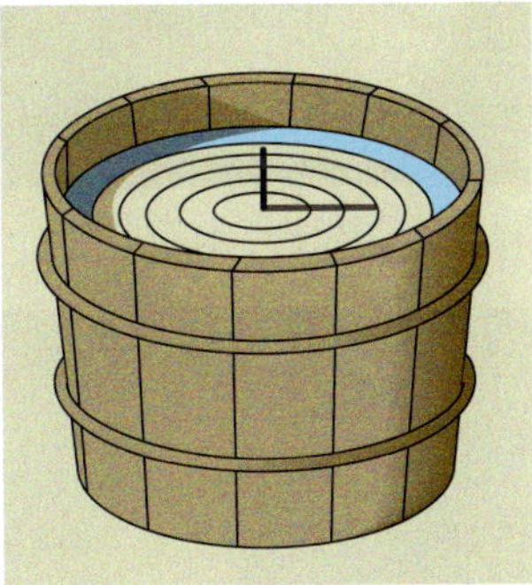
4

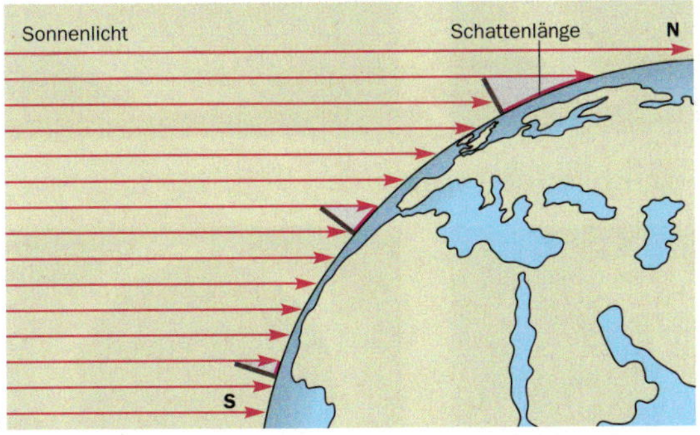

5

Wenn der Schatten mittags genauso lang war wie zu Hause, brauchte man nur nach Osten zu segeln. War er zu lang, befand sich das Schiff zu weit nördlich. Denn im Norden fällt das Sonnenlicht flacher ein (Bild 5). Man musste einen südlichen Kurs steuern.

Aus der Umwelt: Vom Schattenstab zur mitteleuropäischen Zeit

„Um acht Fuß musst du dich im Palast des Pharaos melden", so mag ein Befehl im alten Ägypten gelautet haben. Die Ägypter gaben die Tageszeit durch die Länge ihres Körperschattens an. Um die Schattenlänge zu messen, wurde ein Fuß vor den anderen gestellt.

In den ägyptischen Tempelanlagen wurden „Sonnensäulen" aufgestellt, die *Obelisken* (Bild 6). Auch ihre Schattenlänge wurde zur Zeitmessung genutzt. Im Laufe des Tages wandert der Schatten. Diese Richtungsänderung des Schattens wurde ebenfalls zur Zeitmessung benutzt.

An die Stelle der Obelisken traten allmählich immer genauere Sonnenuhren (Bild 7). Bis vor 150 Jahren richtete sich die Uhrzeit nach dem Lauf der Sonne. Wenn die Sonne ihren höchsten Stand erreichte, war es Mittag, also 12 Uhr.

Aber die Sonne steht nicht überall zum gleichen Zeitpunkt am höchsten. Verschiedene Orte haben daher unterschiedliche Zeiten. Die Unterschiede waren ohne Bedeutung, solange die Menschen sich an einem Tag nicht weit von ihrem Heimatort entfernen konnten. Als aber im Laufe des 19. Jahrhunderts das Eisenbahnnetz in Deutschland aufgebaut wurde, gab es Probleme. So dauerte die Eisenbahnfahrt von Berlin nach Köln neun Stunden. Ein Zug, der um 3 Uhr morgens in Berlin abfuhr, war nach Berliner Zeit um 12 Uhr in Köln. Die Uhren in Köln zeigten aber erst 11.30 Uhr. In Köln erreicht die Sonne ihren höchsten Stand nämlich erst eine halbe Stunde später als in Berlin.

Für Fahrpläne brauchte man eine einheitliche Zeit. Seit 1893 gilt daher in ganz Deutschland die *mitteleuropäische Zeit*.

6

7

An Sonnenuhren wie dieser kann man die Uhrzeit bis auf eine halbe Minute genau ablesen.

Mondfinsternis und Sonnenfinsternis

1

2

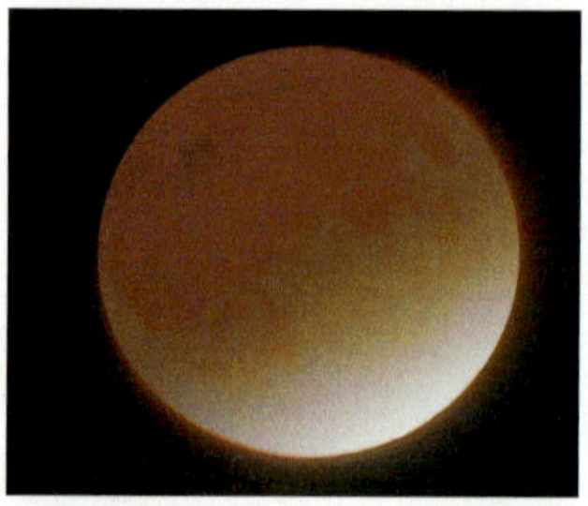
3

4

Mondfinsternis (Bilder 1–4) und Sonnenfinsternis vom 11. August 1999 (Bilder 5–8)

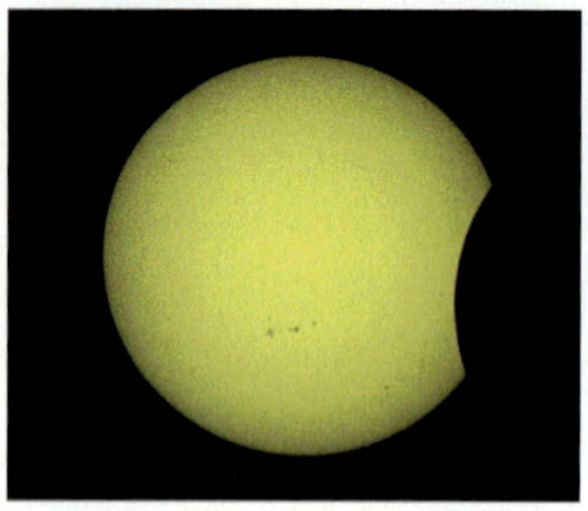
5

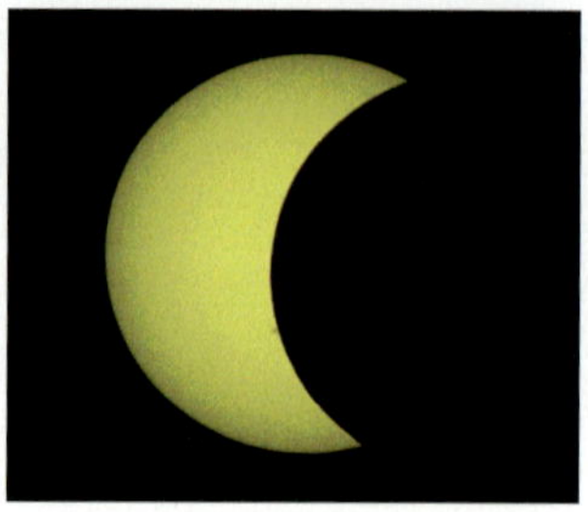
6

7

8

Wie kommen Finsternisse zustande?

Vorbereitende Aufträge

1. *Am 11. 8. 1999 war in Süddeutschland eine Sonnenfinsternis zu sehen (Bilder 5–8).*

a) *Wie lange hat die Sonnenfinsternis insgesamt gedauert? Wie lange war die Sonne vollständig verfinstert?*

b) *Welche Auswirkungen hat eine Sonnenfinsternis auf der Erde? Sammle Informationen zur Sonnenfinsternis von 1999.*

2. *Vergleiche die Bilder 1–4 mit den Mondphasen, die wir im Laufe eines Monats sehen. Welche Formen kommen bei den Mondphasen nicht vor?*

V1 *Modellversuch zur Sonnenfinsternis:*

a) *Stell dich 2 m vor eine große, kugelförmige Glühlampe (Durchmesser: 12 cm, mattiert). Halte einen Tennisball vor das Auge, und zwar so, dass der Ball die Lampe gerade vollständig verdeckt. Bewege dann den Kopf hin und her. Was beobachtest du?*

b) *In welchem Teil des Schattens befand sich dein Auge, als du die Lampe hinter dem Ball nicht mehr gesehen hast? Wo befand es sich, als sie teilweise verdeckt war?*

V2 *Stelle Mond- und Sonnenfinsternis nach. Die Experimentierleuchte stellt die Sonne dar, der Globus die Erde und der Ball den Mond (Bild 9).*

a) *Zeichne die Anordnung von Sonne, Mond und Erde bei einer Mondfinsternis in dein Heft.*

b) *Skizziere die Stellung bei einer Sonnenfinsternis.*

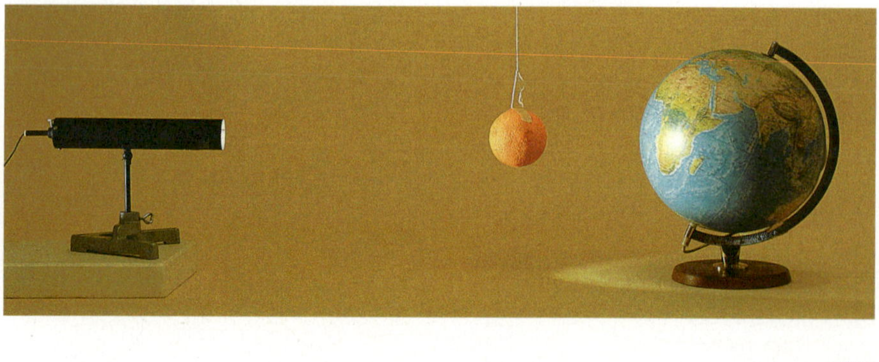
9

63140

Info: Die Mondfinsternis

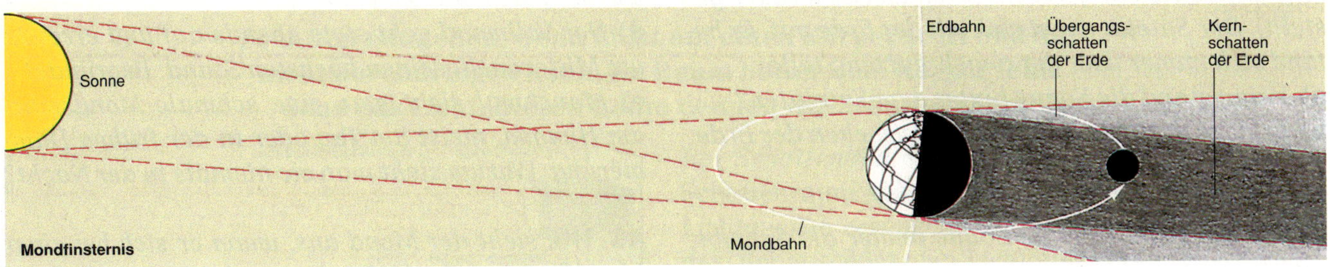

10

Die Erdkugel wird ständig von der Sonne beschienen. Hinter der Erde ist stets ein Schattenraum vorhanden, der weit in den Weltraum reicht.

Weil die Sonne eine ausgedehnte Lichtquelle ist, entstehen hinter der Erde Kern- und Halbschatten (Bild 10).

Der Mond umkreist einmal im Monat die Erde. In der Regel verläuft seine Bahn oberhalb oder unterhalb des Schattenraums der Erde.

11

Bei einer Mondfinsternis streift oder durchquert der Mond den Kernschatten der Erde. Man sieht den Erdschatten auf dem Mond.

Mondfinsternisse treten nur bei Vollmond auf, denn dann stehen Sonne, Erde und Mond auf einer Linie. Im Jahr gibt es durchschnittlich zwei Mondfinsternisse.

Die Grenze zwischen Kern- und Halbschatten auf dem Mond ist unscharf, da die Sonne eine ausgedehnte Lichtquelle ist (Bild 11).

Info: Die Sonnenfinsternis

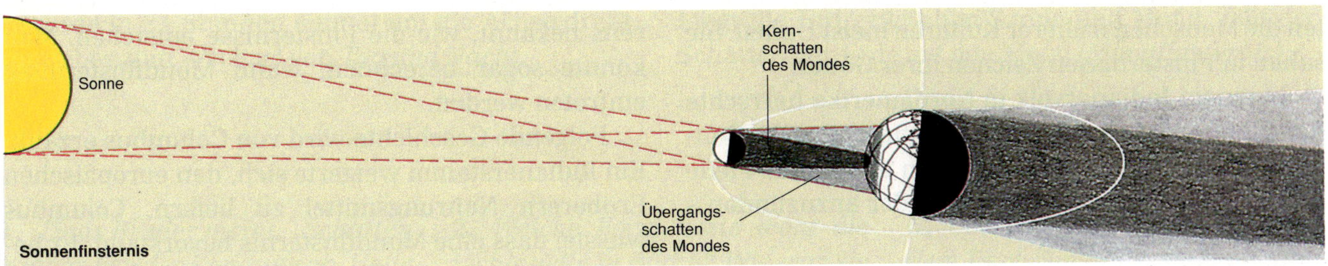

12

Von der Sonne aus gesehen gibt es auch hinter dem Mond ständig einen Schattenraum (Bild 12). Normalerweise geht der Schatten an der Erde vorbei.

Bei einer Sonnenfinsternis steht der Mond zwischen Sonne und Erde. Sein Schatten fällt auf die Erde. Von der Erde aus beobachtet man, dass sich der Mond als schwarze Scheibe vor die Sonne schiebt und sie verdunkelt.

Im Bereich des Halbschattens des Mondes sieht man nur einen Teil der Sonne (Bilder 5 u. 6). Im Kernschatten ist sie ganz verdeckt (Bild 7).

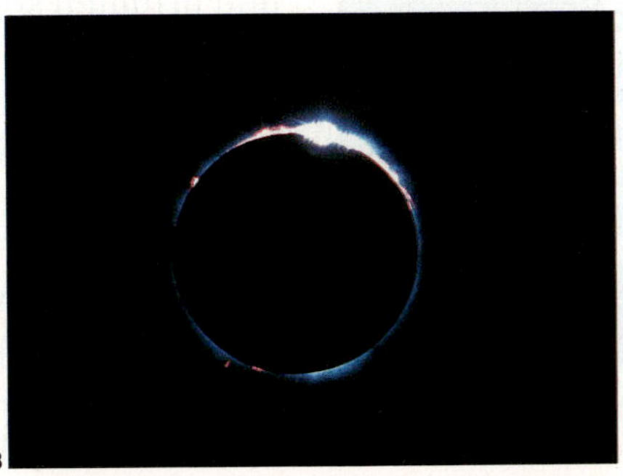
13

Sonnenfinsternisse sind selten zu beobachten, weil der Kernschatten auf der Erde nur einen Durchmesser von 200 km hat. Nur wo er entlangläuft, kann man die *totale Sonnenfinsternis* sehen. Dann wird es mitten am Tag dunkel und die Temperatur sinkt ab.

In Bild 13 sieht man den Rand der Sonne, der durch die Berge auf dem Mond unterbrochen wird.

Die Lochkamera

Löcher machen Bilder

Ein Diaprojektor ohne Objektiv – man sieht nur einen Lichtfleck!

1

2

Ein kleines Loch in einem Stück Karton lässt ein Bild entstehen.

Vorbereitende Aufträge

1. *Bau dir nach der folgenden Bauanleitung eine Lochkamera. Beobachte damit eine von der Sonne beschienene Landschaft oder eine Kerzenflamme.*

2. *Jalousien haben meist Lochreihen. Wenn die Sonne auf die geschlossene Jalousie scheint, sieht man im Zimmer Lichtflecke. Achte auf ihre Form!*

Bauanleitung: **Wir bauen eine einfache Lochkamera**

Du brauchst:
1 Blechdose,
Pergament- und Packpapier,
schwarzer Karton oder
schwarzes Farbspray.

So wird's gemacht:
Lege die Dose innen mit schwarzem Papier aus oder färbe die Innenwand schwarz.

Stich in den Boden der Dose ein kleines Loch (Bild 3).

Über die Öffnung der Blechdose spannst du das Pergamentpapier. So erhältst du einen Schirm.

Damit das Pergamentpapier im Dunkeln liegt, wird um die Dose etwas Packpapier gewickelt.

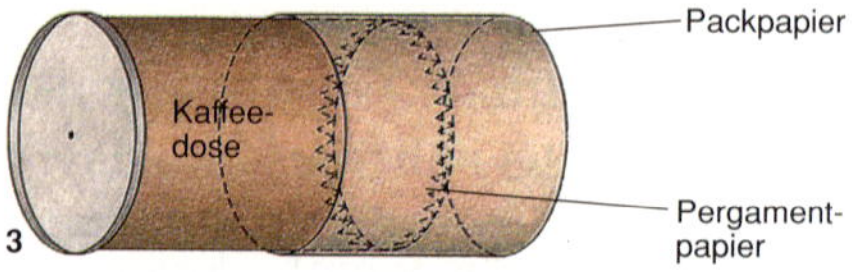

3

V1 *Bei Sonnenschein kann der Physikraum zur „Lochkamera" werden. Dazu muss das Verdunklungsrollo ein Loch haben (ca. 5 mm Durchmesser). Halte einen durchscheinenden Schirm direkt vor das Loch. Entferne den Schirm allmählich von dem Loch. Wie ändert sich das Bild auf dem Schirm?*

V2 *Mit Hilfe von Lochblenden werden Bilder einer großen, leuchtenden Brennerflamme (auf dem Lehrertisch) erzeugt. Der Raum ist abgedunkelt.*

a) *Stelle eine Blende mit großem Loch (6 mm Durchmesser) 1 bis 3 m vor die Brennerflamme. Halte ein Blatt Pergamentpapier hinter das Loch. Verschiebe das Blatt, bis das Bild der Flamme deutlich zu sehen ist. Beschreibe das Bild.*

b) *In welche Richtung bewegt sich das Bild, wenn der Brenner seitlich hin und her bewegt wird?*

c) *Du brauchst nun eine zweite Blende mit einem kleinen Loch (1 mm Durchmesser). Welcher Zusammenhang besteht zwischen der Helligkeit des Bildes und der Größe der Blendenöffnung?*

d) *Wie ändert sich die Bildschärfe, wenn die Blendenöffnung verkleinert wird?*

e) *Ändert sich das Bild, wenn die Öffnung eckig ist?*

62212

Wie die Bilder der Lochkamera entstehen

4

5

6

Gedruckte Bilder sind aus einzelnen „Punkten“ zusammengesetzt. In Bild 6 sind diese kleinen Farbflecke deutlich zu erkennen. Auch die Bilder 4 u. 5 sind so aufgebaut – da sind aber die Farbflecke kleiner. In Bild 4 siehst du sie nur mit einer Lupe.

Bei einem Gegenstand können wir keine Punkte unterscheiden. Trotzdem stellen wir uns vor, dass er aus sehr vielen „Gegenstandspunkten“ zusammengesetzt ist, die Licht aussenden (oder streuen). Diese *Vorstellung* hilft uns bei der Erklärung der Lochkamera.

V1 *Drei farbige Spotlampen (Rot, Grün und Blau) werden in Form eines Dreiecks aufgebaut. Mit einer Lochblende soll schrittweise ein Bild dieses Dreiecks erzeugt werden (Bild 7):*

a) *Zunächst wird nur die rote Lampe eingeschaltet. Auf dem Schirm erscheint ein roter Lichtfleck.*

b) *Jetzt wird zusätzlich auch noch die grüne Lampe eingeschaltet. Vergleiche die Lage der Lichtflecke auf dem Schirm mit der Anordnung der Lampen.*

c) *Erkläre deine Beobachtung.*

d) *Es bleibt noch die dritte (blaue) Lampe. Wo wird wohl der blaue Fleck auf dem Schirm erscheinen?*

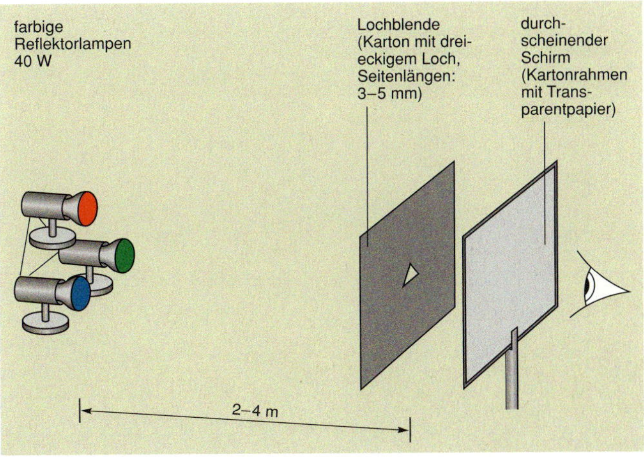

7

V2 *Wir verwenden einen Gegenstand, der aus vielen „Lichtpunkten“ besteht.*
Auf einem Brett sind mehrere Lampen in L-Form angeordnet (Bild 8). Sie werden nacheinander eingeschaltet. Wo werden die Lichtflecke erscheinen?

V3 *Vor der Lochblende steht eine röhrenförmige Lampe (Bild 9). Einzelne Punkte kann man sich jetzt nur noch vorstellen, aber nicht mehr sehen.*
Was ist auf dem Schirm zu beobachten?

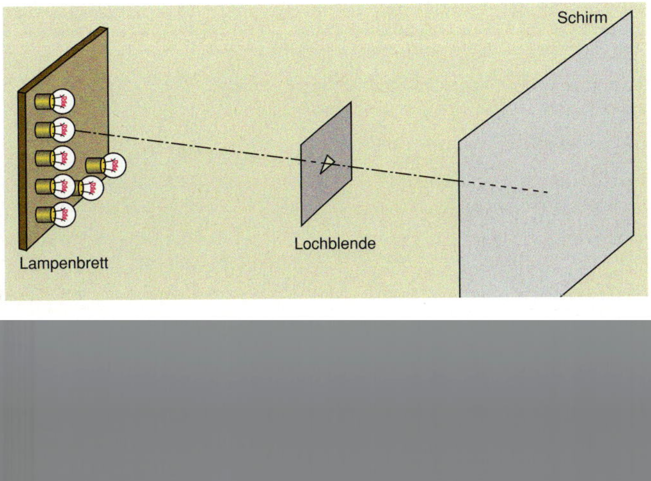

8

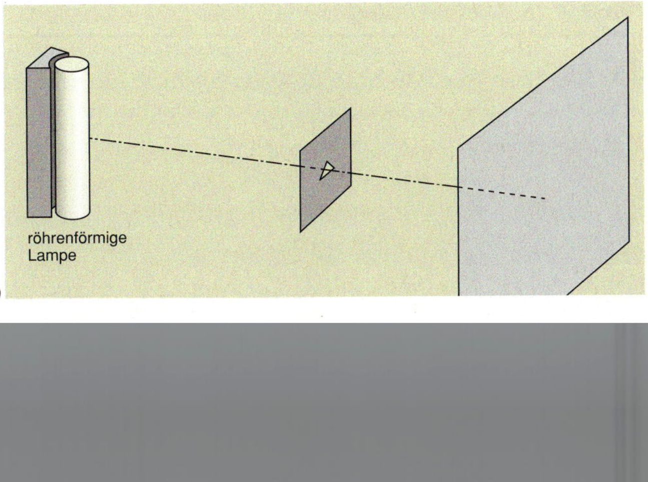

9

Info: Die Bilder der Lochkamera

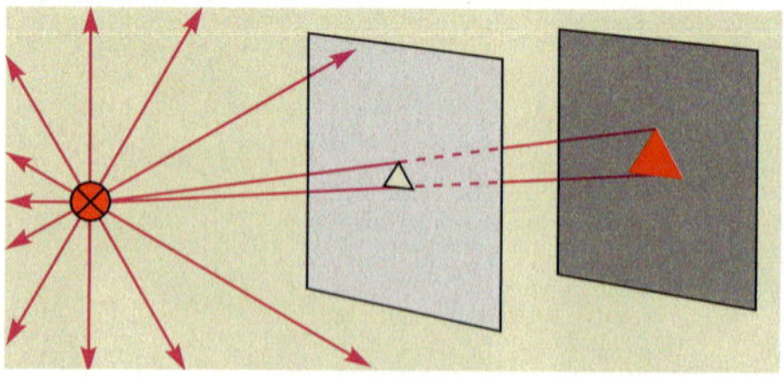
1

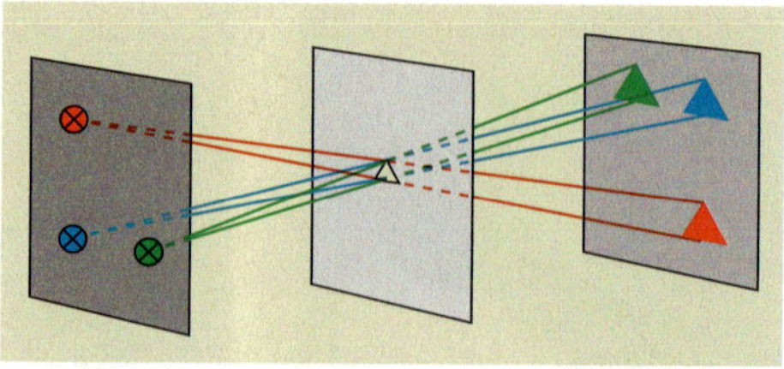
2

Wir betrachten zunächst einen einfachen Fall: eine punktförmige Lichtquelle. Von der Lichtquelle breitet sich Licht nach allen Seiten hin aus (Bild 1). Ein Teil dieses Lichts fällt durch die Lochblende. Deshalb entsteht auf dem Schirm hinter der Lochblende ein *Lichtfleck*. Er hat die Form des Blendenlochs.

Mehrere punktförmige Lichtquellen erzeugen mehrere Lichtflecke (Bild 2). Die Lichtflecke sind aber anders angeordnet als die Lichtquellen: Was bei den Lichtquellen oben ist, ist bei den Lichtflecken unten; was dort rechts ist, ist nun links.

Wir stellen uns vor, dass z. B. eine Flamme aus lauter Punkten besteht, von denen Licht ausgeht (Bild 3). Ein Teil davon fällt durch das Blendenloch und erzeugt auf dem Schirm einen Lichtfleck. Die Flecke überlappen sich und ergeben zusammen das Bild der Flamme.

Nicht nur bei Lichtquellen, sondern auch bei einem beleuchteten Gegenstand stellen wir uns vor, dass das Streulicht von einzelnen Punkten herkommt.

Bei der Lochkamera ist das Bild etwas unscharf, weil zu jedem Gegenstandstandspunkt ein Lichtfleck gehört – und kein Lichtpunkt. Das Bild ist umso schärfer, je kleiner die Blendenöffnung ist. Wenn man die Blendenöffnung verkleinert, wird das Bild aber dunkler. Die Bilder der Lochkamera sind also entweder hell und unscharf oder dunkel und scharf.

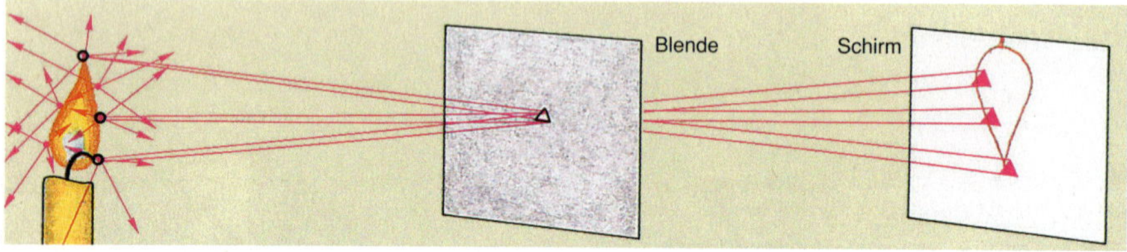

3

Von jedem Gegenstandspunkt geht Licht aus und fällt durch die Blendenöffnung. Auf dem Schirm entsteht ein Lichtfleck. Die Flecke überlagern sich zu einem Bild des Gegenstands.

A1 *Vor einer Lochkamera stehen drei punktförmige Lichtquellen (Bild 4). Übertrage die Zeichnung in dreifacher Größe in dein Heft und trage die Bilder der Lichtquellen ein.*

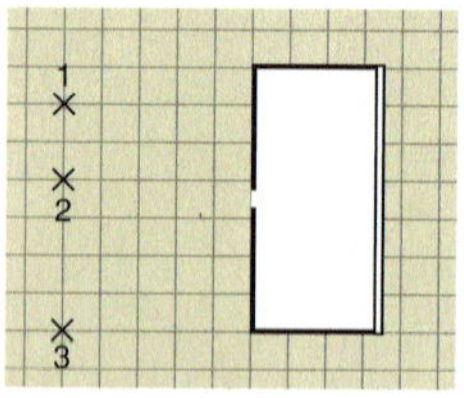

4

A2 *Erkläre, wie bei der Lochkamera das Bild eines Hauses zustande kommt.*

A3 *Mit einer sehr kleinen Blendenöffnung kann man ziemlich scharfe Bilder erzeugen. Welchen Nachteil hat die kleine Blendenöffnung?*

A4 *Auf dem Schirm hinter einer Lochblende entstehen Lichtflecke. Können sie kleiner als die Blendenöffnung sein? Versuche deine Antwort zu begründen.*

A5 *Bilder, die mit einer Lochkamera entstehen, stehen auf dem Kopf. Suche nach einer Erklärung dafür.*

A6 *Lochkameras wie in Bild 5 wurden früher von Malern benutzt. Findest du den Fehler in dem Bild?*

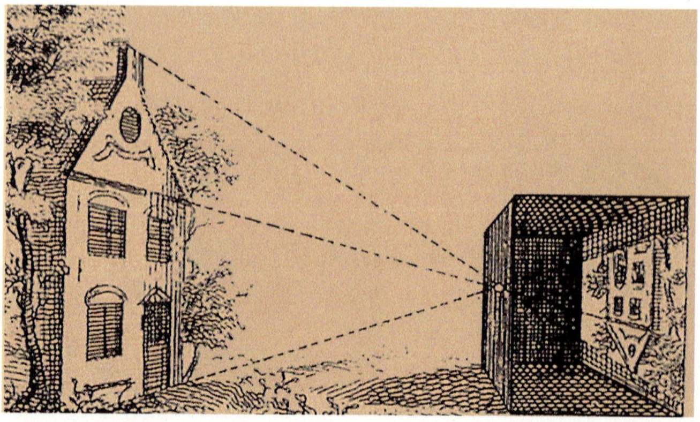
5

63503

Aus der Umwelt: „Sonnentaler“

6

7

8

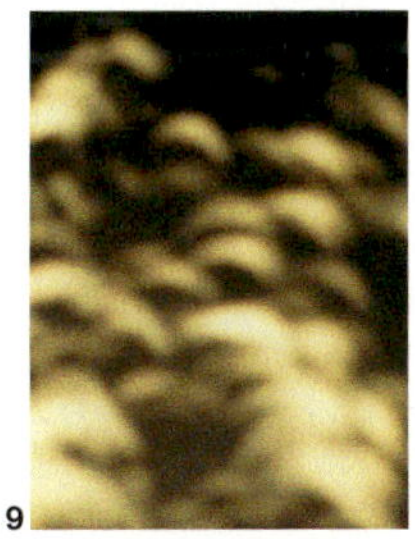
9

Wenn die Sonne auf ein dichtes Blätterdach scheint, sind am Boden helle Flecke zu sehen (Bilder 6 u. 7). Auch Künstler haben die „Sonnentaler“ dargestellt (Bild 7). Viele dieser Flecke sind kreisrund. Die Lücken zwischen den Blättern, durch die das Sonnenlicht fällt, sind aber völlig unregelmäßig geformt.

Wir können die „Sonnentaler“ leicht erklären: Die runden Flecke sind Bilder der Sonne. Von jedem Punkt der sichtbaren Sonnenoberfläche fällt ein Lichtkegel durch die Lochblenden aus Blättern und erzeugt einen Lichtfleck. Die Lichtflecke haben zwar jeweils die Form der Lücken zwischen den Blättern, überlagern sich aber zu einem Bild der Sonne.

Wenn bei einer Sonnenfinsternis die Sonne zum Teil vom Mond verdeckt ist, sind auch die Sonnentaler sichelförmig (Bild 9).

Aus der Technik: Digitalkameras – aus Punkten zusammengesetzte Bilder

Zusatzangebot

Ein Fotoapparat erzeugt – genau wie eine Lochkamera – zu jedem Gegenstandspunkt einen Bildpunkt. Digitalkameras speichern das Bild Punkt für Punkt.

Digitalkameras brauchen keinen Film (Bild 10). Das Bild entsteht auf einem so genannten Mikrochip, der etwa 1 cm^2 groß ist (Bild 11).

Mikrochips kennst du sicherlich als Bauteile von Computern. Das Besondere am Mikrochip in der Kamera ist, dass er aus rund zwei Millionen lichtempfindlichen Zellen besteht.

Durch den Mikrochip wird das Bild in zwei Millionen Punkte zerlegt: Jede Zelle „erkennt“, wie viel Licht auf die jeweilige Stelle des Bildes trifft und welche Farbe es hat.

So steuert jede Zelle einen Punkt zum Bild bei. Die Bildpunkte bezeichnet man als Pixel.

Die Zellen werden von einem Computer in der Kamera „ausgelesen“ und die Helligkeits- und Farbwerte auf einer Speicherkarte abgelegt.

Die Bilder werden normalerweise auf einen Computer übertragen.

Natürlich kann man die Bilder auch ausdrucken, aber das ist meistens gar nicht das Ziel. Am Bildschirm sehen die digitalen Aufnahmen nämlich am schönsten aus – und ein Fotoalbum ist auch nicht mehr nötig.

10

11

Bilder werden festgehalten

„Hand aufs Herz!" Wie ist dieses Bild wohl entstanden?

1

Nicht nur unsere Haut, sondern auch andere Stoffe können durch Licht verändert werden.

V1 *Lege im Freien ein Blatt Zeitungspapier für einige Stunden in die Sonne. Einen Teil des Blattes deckst du mit einem Gegenstand ab, z. B. mit einem Buch oder einer Schablone aus Pappe.*
Wie hat sich das Papier nach einigen Stunden verändert?

V2 *Fotopapier trägt eine Schicht, die sich im Licht rasch verändert. Mit Fotopapier kannst du hübsche „Fotogramme" herstellen.*
Der Physikraum wird verdunkelt. Damit wir trotzdem noch etwas sehen können, legen wir ein rotes Farbglas auf den Arbeitsprojektor. Der Raum ist dann mit Rotlicht beleuchtet. Für dieses Rotlicht ist das Fotopapier unempfindlich.
a) *Lege ein Blatt Fotopapier unter die ausgeschaltete Experimentierleuchte. Auf das Fotopapier legst du kleine Gegenstände (z. B. das Blatt einer Pflanze oder eine Feder aus einem Kugelschreiber).*
Dann schaltest du die Lampe für ein oder zwei Sekunden ein.
b) *Anschließend musst du das Bild noch entwickeln. Wie man das macht, ist auf der Seite rechts beschrieben.*

Praktikumsversuch

V3 *Wir fotografieren mit einer Kaffeedose!*
Versuchsmaterialien: *Fotopapier, Kaffeedose (innen geschwärzt), Alufolie, Klebeband, Stecknadel; Papierentwickler und Fixierbad in Fotoschalen, Glasplatte*
Versuchsdurchführung: *Schlage mit einem dicken Nagel ein Loch in den Boden der Dose. Davor klebst du die Alufolie. Stich dann mit einer Stecknadel ein kleines Loch in die Folie (1 mm ∅).*
Im rot beleuchteten Physikraum wird das Fotopapier zurechtgeschnitten und in den Deckel der Dose geklemmt. Verschließe die Dose und klebe das Loch zu.
Nun gehst du mit deiner Lochkamera auf den Schulhof. Stelle die Dose auf eine feste Unterlage und richte sie z. B. auf ein Gebäude. Öffne das Loch 1 Minute lang. Die Dose darf in dieser Zeit nicht wackeln!
Entwickle und fixiere das Bild (s. rechte Seite).
Falls erforderlich, wiederholst du die Aufnahme mit der halben oder der doppelten Belichtungszeit.
So erhältst du ein positives Bild: Lege dein Bild auf ein zweites Blatt Fotopapier (Schicht auf Schicht). Zur Beschwerung dient eine Glasplatte. Belichte mit einer Lampe, entwickle und fixiere.

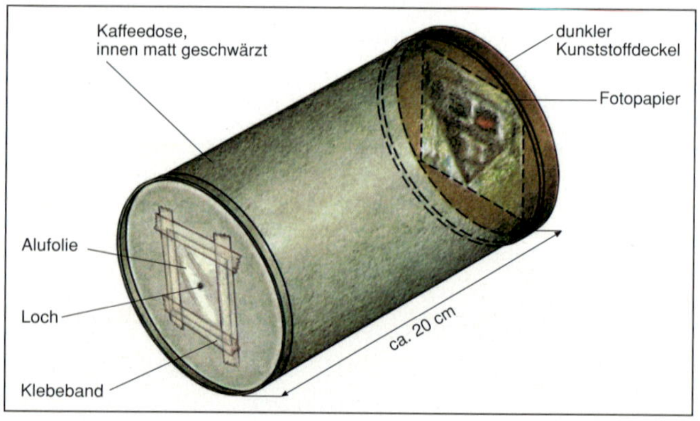

2

62911

Aus der Technik: Arbeiten mit Fotopapier

Zusatzangebot

Fotopapier ist mit einem Silbersalz beschichtet.
Wie viele andere Stoffe verändert es unter dem Einfluss von Licht seine Eigenschaften.
Das geschieht aber erst, wenn man das Fotopapier in eine Entwicklerlösung gibt.
Das Silbersalz reagiert mit der Entwicklerlösung – aber nur an den Stellen,
an denen es dem Licht ausgesetzt war. Diese Stellen verfärben sich dann dunkel.
Man arbeitet mit Fotopapier bei Rotlicht, da das Silbersalz für Rotlicht unempfindlich ist.

1. Belichten:
Hier ist die Herstellung eines *Fotogramms* dargestellt. Je nachdem, welche Lichtmenge auf die lichtempfindliche Schicht des Fotopapiers fällt, verändert sich diese mehr oder weniger stark. Das Bild bleibt zunächst „versteckt".

3

2. Entwickeln:
In der *Entwicklerlösung* schwärzen sich die Stellen der lichtempfindlichen Schicht, auf die vorher Licht gefallen war. (Dort entstehen dunkle Silberkörnchen.)
Nach einigen Minuten entsteht ein „Negativ-Bild".

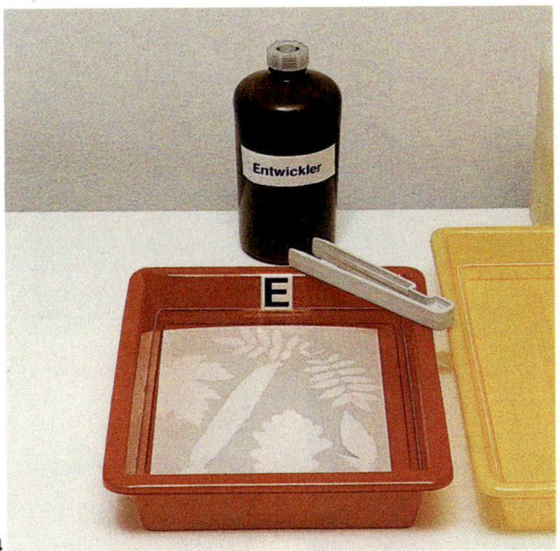

4

3. Stoppen:
Wenn die Entwicklerlösung wirksam bliebe, würde das entwickelte Bild bei Licht schwarz werden. Also wäscht man sie im *Wasserbad* heraus. Am besten gibt man etwas Essiglösung ins Wasser; dann wird der Entwickler zerstört.

5

4. Fixieren:
Nach dem Entwickeln muss das restliche lichtempfindliche Silbersalz herausgelöst werden. Dieses *Fixieren* geschieht einige Minuten lang mit Hilfe einer Fixierlösung.

6

5. Wässern:
Jetzt muss das Bild noch einige Minuten lang *gewässert* werden. Das macht man am besten, indem man mehrere Bilder gleichzeitig unter fließendes Wasser hält.

7

6. Trocknen:
Das Wasser im Papier und in der Fotoschicht wird jetzt mit Gummirollen herausgequetscht. Die Fotogramme werden dann zum Trocknen an eine Leine gehängt.

8

Temperaturen und Temperaturmessung

Warm oder kalt?

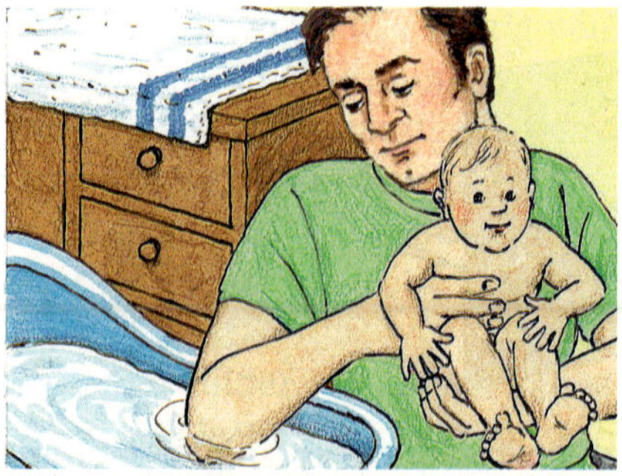
1

2

In manchen Fällen können wir uns auf unseren Temperatursinn verlassen, …

… aber nicht immer.

3

Kathrin hat kalt geduscht, Bert heiß. Das Wasser im Becken wird unterschiedlich warm empfunden.

4

Der Tee ist zu heiß – aber *wie* heiß ist er? *Wie* warm ist die lauwarme Suppe?

Vorbereitende Aufträge

1. *Bereite etwas heißes Wasser und lass es allmählich abkühlen.*
a) *Prüfe immer wieder vorsichtig mit dem Finger, ob das Wasser zu heiß oder schon erträglich ist. Miss mit einem Badethermometer die Wassertemperatur, die du mit der Hand gerade noch aushalten kannst.*
b) *Wann kommt dir ein Getränk heiß, lauwarm oder kalt vor? Mische dazu kaltes und heißes Wasser und prüfe es mit der Hand. Miss dann die Temperatur.*

2. *Welche Temperatur muss das Wasser in der Badewanne für dich gerade haben? Mische das Wasser im Waschbecken und miss seine Temperatur.*
Ab welcher Temperatur ist dir das Wasser zu heiß oder zu kalt?

5

Überprüfe mit einem Fieberthermometer, wie genau du die „richtige" Temperatur erfühlst.

3. *Miss die Temperaturen in allen Räumen der Wohnung und im Keller.*
Ab welcher Temperatur wäre es dir für den normalen Aufenthalt zu kühl, ab welcher zu warm?

4. *Halte eine Minute lang die eine Hand in kaltes Wasser, die andere in warmes (Bild 5). Dann tauchst du beide Hände in lauwarmes Wasser. Was empfindest du? Findest du eine Erklärung?*

62065

Info: Vom Temperatursinn zum Thermometer

Wir nehmen Temperaturen über unsere Haut wahr. Temperaturen zwischen 15 °C und 45 °C können wir recht gut unterscheiden.

Im Bereich der Körpertemperatur (37 °C) ist unser Temperatursinn besonders empfindlich. Eltern stellen bei ihren Kindern durch Berühren der Stirn sogar leichtes Fieber fest. Hohe und niedrige Temperaturen dagegen nehmen wir nur als „heiß" oder „kalt" wahr. Eventuell empfinden wir zusätzlich einen Schmerz.

Wenn wir einen Gegenstand berühren, vergleichen wir seine Temperatur mit der Temperatur, die wir zuvor wahrgenommen haben: Ein Gegenstand erscheint uns wärmer, wenn wir vorher etwas Kaltes angefasst haben. Und beim Baden in einem See empfinden wir das Wasser oft als kalt, weil wir aus der wärmeren Luft kommen. Nach einer Weile kommt uns das Wasser aber wärmer vor.

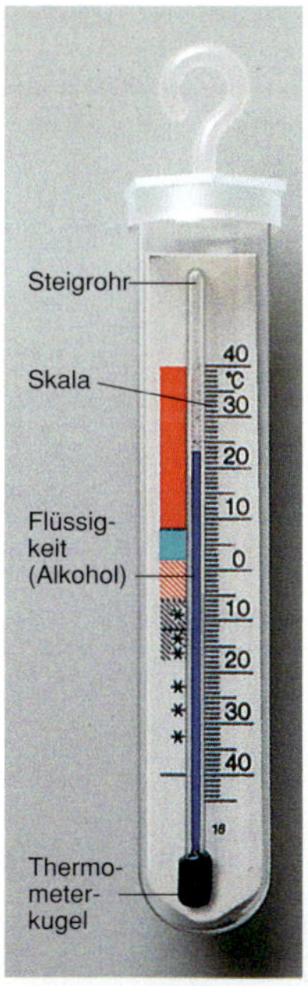

6

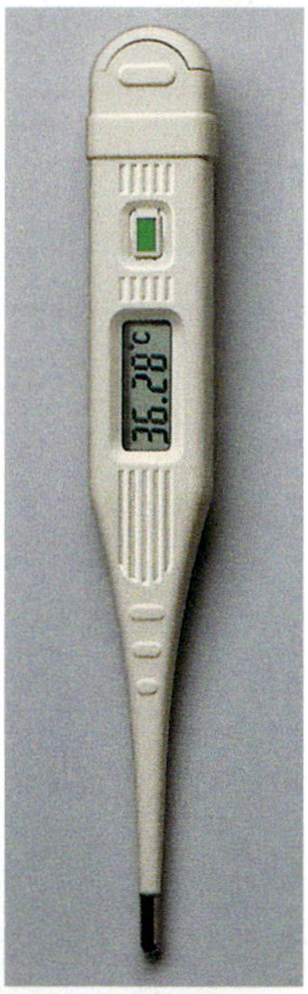

7

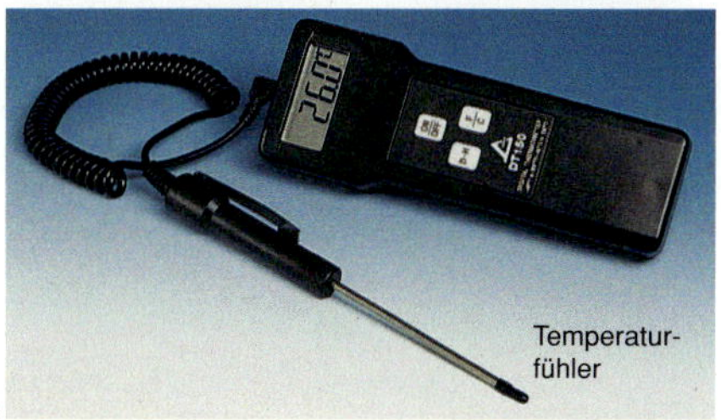

8

Um Temperaturen genau und zuverlässig zu bestimmen, verwendet man Thermometer. Die Temperatur wird in Grad Celsius (°C) angegeben.

Im Haushalt sind viele *Flüssigkeitsthermometer* im Einsatz – z. B. im Kühlschrank (Bild 6). Sie enthalten Alkohol oder Quecksilber. Fast die ganze *Flüssigkeit* befindet sich in der *Thermometerkugel*, nur ein kleiner Teil im *Steigrohr*. Das Steigrohr ist mit einer Skala versehen.

Ein Thermometer mit Quecksilberfüllung ist besonders vorsichtig zu behandeln. Wenn es zerbricht, wird Quecksilber frei – und Quecksilberdampf ist giftig. Das Quecksilber muss mit speziellen Bindemitteln entfernt werden.

Weit verbreitet sind *elektronische Fieberthermometer* mit Digitalanzeige (Bild 7). Bild 8 zeigt ein elektronisches Thermometer mit getrenntem Temperaturfühler.

A1 *Geh eine Woche lang morgens gleich nach dem Aufstehen ans offene Fenster oder auf den Balkon. Schätze die Temperatur.*
Überprüfe die Schätzwerte mit einem Außenthermometer. (Das Thermometer sollte nicht von der Sonne beschienen oder von einer Wand erwärmt sein.)

A2 *Glühende Holzkohle hat eine sehr hohe Temperatur, flüssiger Stickstoff eine sehr niedrige. Bei solchen Temperaturen würde unser Temperatursinn nicht funktionieren. Wir würden – wenn wir mit solchen Körpern in Berührung kämen – nur Schmerzen empfinden. Warum ist das gut so?*

A3 *So sollte man die Temperatur des Badewassers nicht messen: Thermometerkugel nur teilweise oder ganz kurz eintauchen, beim Ablesen flach auf das Thermometer schauen. Wie machst du's richtig?*

Beispiele für Temperaturen

flüssiger Stickstoff	*–210 °C*	*Körper des Menschen*	*37 °C*
Mond (unbeleuchtet)	*–170 °C*	*höchste auf der Erde gemessene Lufttemperatur*	*117 °C*
tiefste auf der Erde gemessene Lufttemperatur	*–89 °C*	*Mond (beleuchtet)*	*150 °C*
hohe Wolken	*–50 °C*	*glühende Holzkohle*	*1100 °C*
		Glühfaden einer Lampe	*2500 °C*
		Sonnenoberfläche	*5500 °C*

Wir messen Temperaturen

V1 *Die Temperatur steigt oder sinkt – du kannst beobachten, was dabei im Thermometer geschieht:*
a) *Lies an einem Flüssigkeitsthermometer die Temperatur ab.*
b) *Umschließe die Thermometerkugel mit der Hand. Beobachte dabei die Flüssigkeit im Steigrohr . Lies die Temperatur ab, wenn sich die Thermometerflüssigkeit nicht mehr bewegt.*
c) *Lies in Bild 1 die Temperaturen ab.*

V2 *Mit den Materialien von Bild 2 sollst du Wasser von genau 37 °C bereiten. (Bedingung: Das Wasser in den Bechergläsern darf nicht ergänzt werden.)*
a) *Miss zunächst die Temperatur des heißen Wassers, dann die des kalten Wassers.*
b) *Plane selbst, wie du am besten weitermachst …*

V3 *Willst du eine sehr niedrige Temperaturen messen? Dann musst du Eis zerstampfen und mit Kochsalz mischen. Du erhältst eine Kältemischung (Bild 3).*
a) *Was zeigt dein Thermometer an?*
b) *Stülpe ein leeres Becherglas um und tropfe ein wenig Wasser darauf. Stelle für ein bis zwei Minuten deine Kältemischung auf diese Wassertropfen. Was geschieht, wenn du dann das Glas mit der Kältemischung vorsichtig anhebst?*

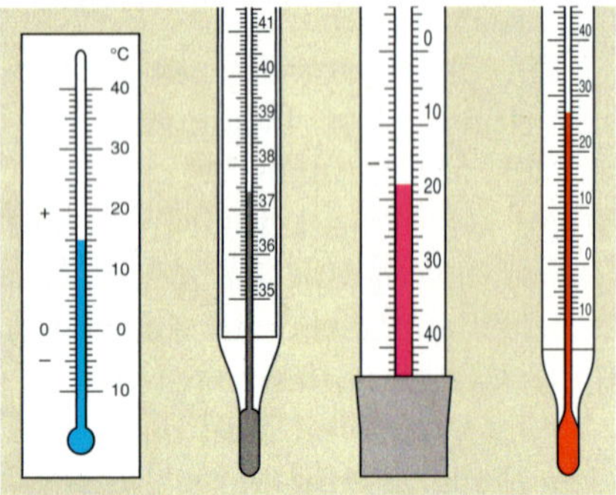

1

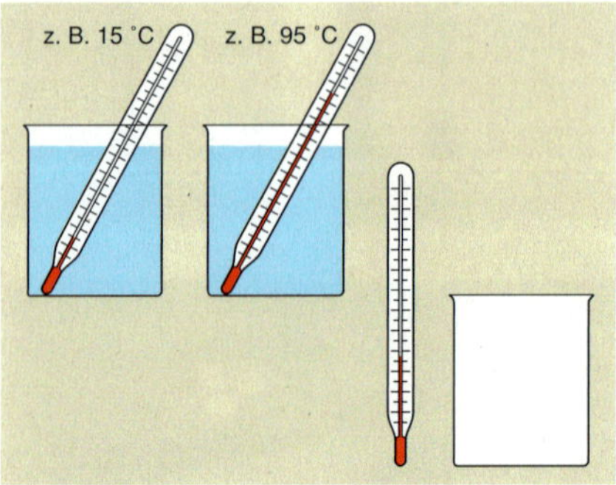

2

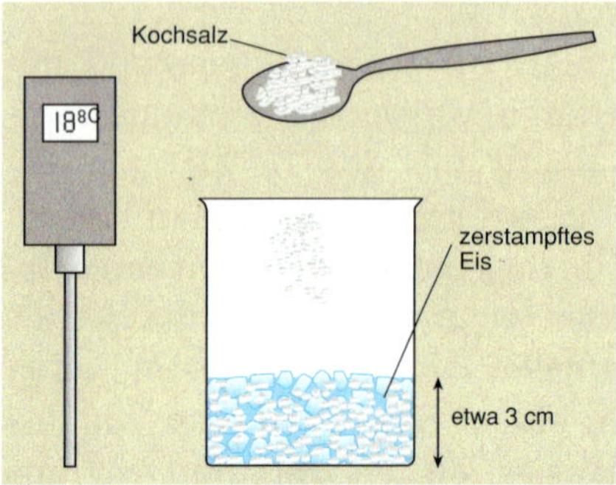

3

Praktikumsversuch

V4 *Wir untersuchen, wie schnell die Temperatur von Wasser beim Erwärmen ansteigt.*
Versuchsmaterialien: *Tauchsieder, Thermometer, Becherglas, Stab zum Umrühren, Wasser, Uhr mit Sekundenanzeige (Stoppuhr)*
Versuchsaufbau und -durchführung: *In einem Becherglas wird Wasser erhitzt. Alle 30 Sekunden wird die Temperatur abgelesen (Bild 4).*

Notiert die Messwerte in einer Tabelle (→ Muster).

Messung Nr.	*Zeit nach dem Einschalten*	*Temperatur des Wassers*
1	*0 s*	*? °C*
2	*30 s*	*? °C*
…	…	…

Stellt die Messergebnisse grafisch dar (→ Bild 6).

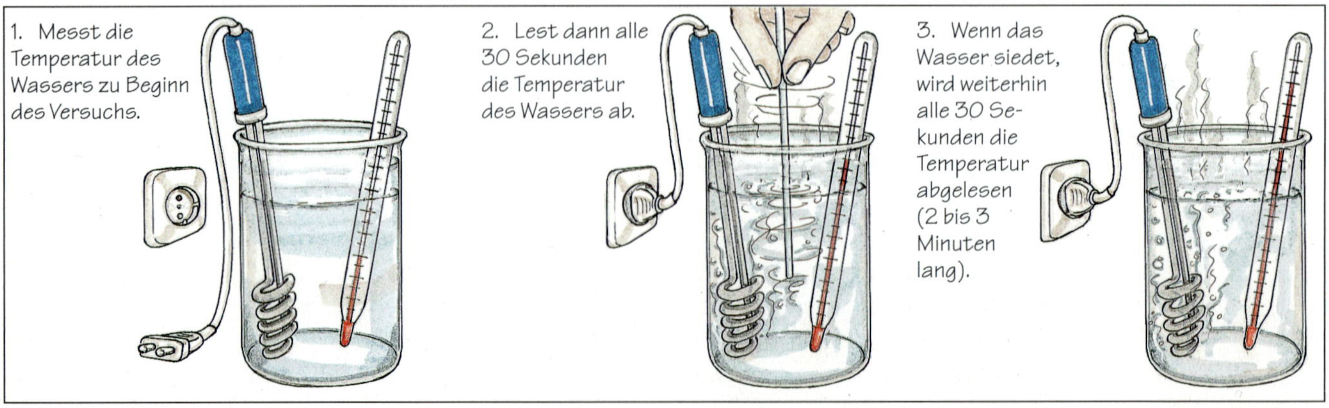

4

62067

Info: Wie man ein Diagramm anfertigt

Im Versuch wurde Wasser mit einem Tauchsieder erhitzt. Alle 30 Sekunden wurde die Temperatur abgelesen. Es ergaben sich die folgenden Messwerte:

Messung Nr.	Zeit nach dem Einschalten	Wassertemperatur
1	0 s	16 °C
2	30 s	24 °C
3	60 s	37 °C
4	90 s	49 °C
5	120 s	58 °C
6	150 s	68 °C
7	180 s	75 °C
8	210 s	83 °C
9	240 s	91 °C
10	270 s	95 °C

Bild 5 zeigt, wie die Messwerte in einem *Diagramm* dargestellt werden können.

Die nach oben zeigende Achse ist mit einer *Temperaturskala* versehen worden. Die gemessenen Temperaturen wurden jeweils daneben eingezeichnet – als rote Säulen (wie die Flüssigkeitssäulen eines Thermometers). Für die *Zeit* wurde eine nach rechts zeigende Achse gezeichnet.

Eigentlich interessiert uns nur, *wie hoch* die Temperatur nach 30 s, 60 s, 90 s ... war. Es reicht also, die *Endpunkte* der Säulen zu zeichnen (Bild 6). Zum Beispiel wird für die 4. Messung senkrecht über der Markierung „90 s" ein Kreuz bei „49 °C" gezeichnet.

Man könnte nun alle Kreuze zu einer Zickzackkurve verbinden (in Bild 6 schwarz gezeichnet). Für die „Zacken" sind verschiedene Erklärungen denkbar: Es wurde nicht genügend umgerührt, nicht genau oder nicht zum richtigen Zeitpunkt abgelesen.

Die Temperaturänderung war sicherlich gleichmäßiger, als es die Zickzacklinie erscheinen lässt. Wir vermuten, dass die Punkte auf einer Geraden liegen.

Die letzten Messpunkte weichen deutlich von der Geraden ab. Die Temperatur steigt langsamer an, weil mehr und mehr Wasser verdampft wird. Wir legen durch diese Messpunkte eine möglichst glatte Kurve.

Messwerte können im Diagramm dargestellt werden. Durch die Messpunkte legt man eine Gerade oder eine glatte Kurve – ohne Ecken und Knicke.

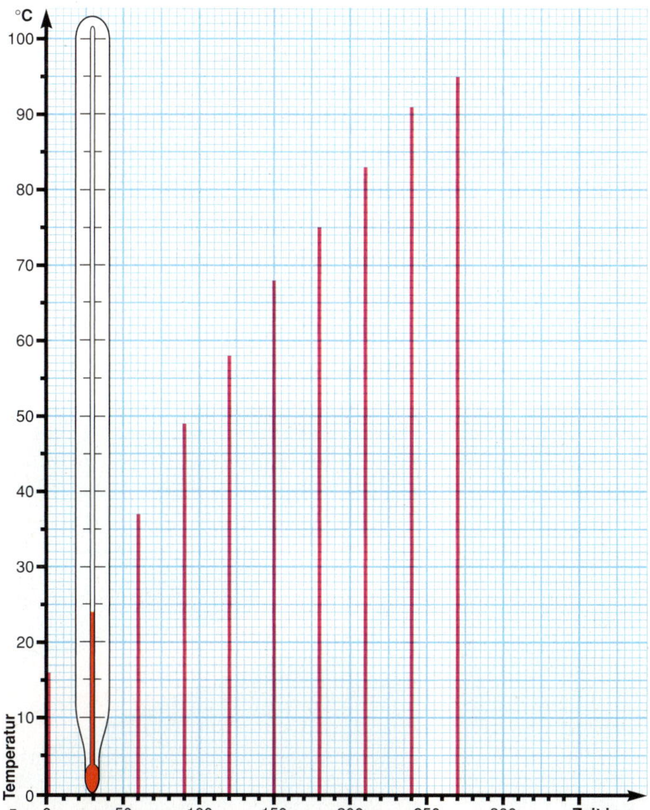

5

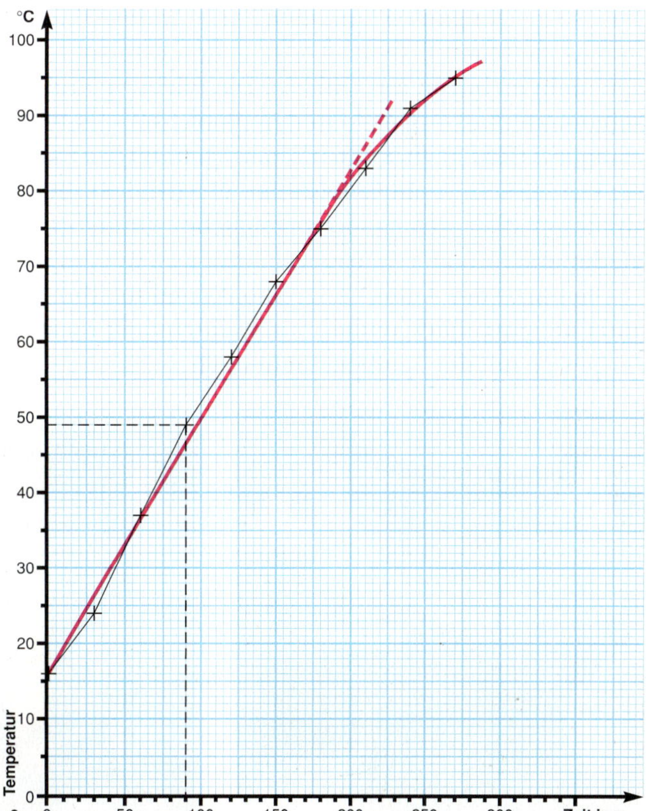

6

Warum Sprinkler platzen

In Kaufhäusern siehst du oft an der Decke Wasserrohre. Die Rohre enden in Sprinklern (Bild 1).

Bei einem Brand geben die Sprinkler automatisch die Rohre frei und lassen das Löschwasser ausströmen.

1

Die Sprinkler sind durch bauchige Röhrchen verschlossen. Diese Röhrchen sind mit einer speziellen Flüssigkeit gefüllt. Wenn es unter ihnen brennt, platzen die Röhrchen (Bilder 2–5).

Wie ist das möglich?

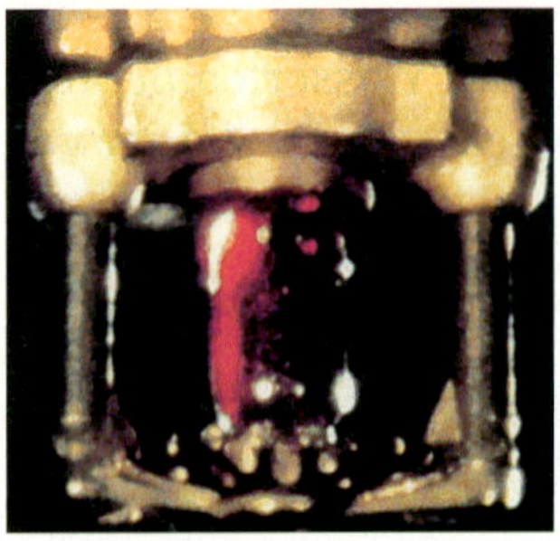
2

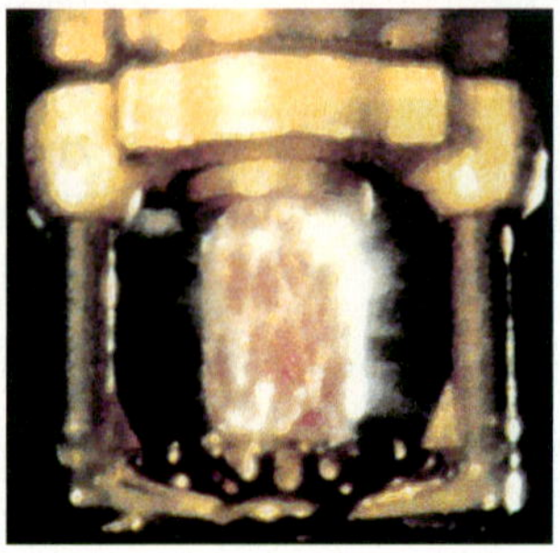
3

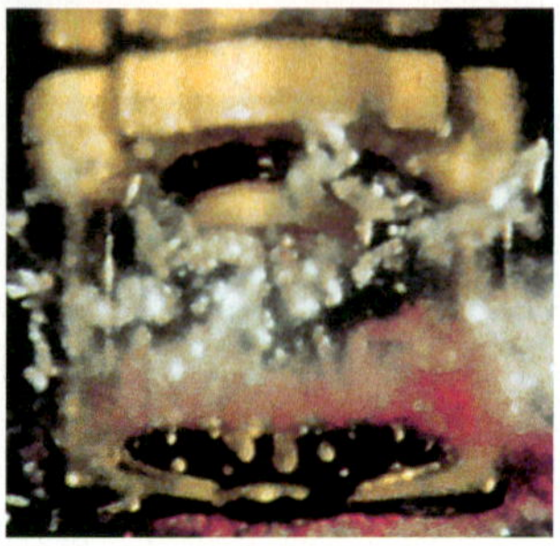
4

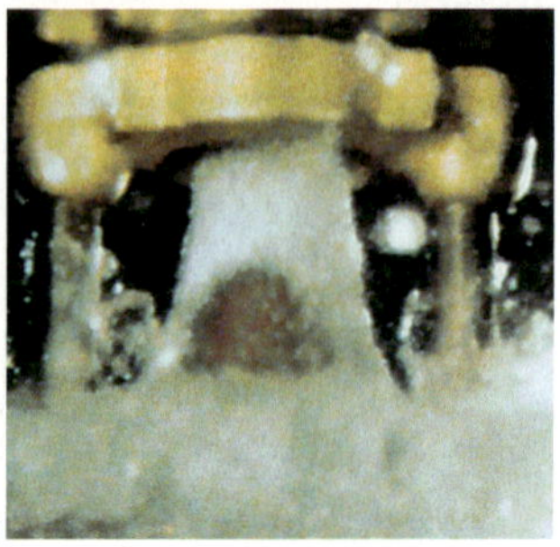
5

Vorbereitende Aufträge

1. *Kennst du in deiner Nähe ein Kaufhaus, ein Theater oder ein Hotel? Sie sind meistens durch Sprinkleranlagen gesichert.*
Suche dort nach den Sprinklern an der Decke.
Lass dir möglichst zeigen, dass sie mit Wasserrohren verbunden sind.

2. *Fülle eine Getränkeflasche randvoll mit heißem Wasser.*
Verschließe sie mit Hilfe eines Stopfens – und zwar so, dass sich keine Luftblase im Flaschenhals befindet.
Prüfe nach ein oder zwei Stunden die Füllhöhe in der Getränkeflasche.
Falls Wasser fehlt, überlege, wie du die alte Füllhöhe erreichen kannst ohne nachzufüllen.

3. *Nimm eine Getränkedose und fülle sie mit Wasser. Das Wasser soll gerade bis an das Trinkloch reichen. Trockne den Deckel der Dose mit einem Tuch ab.*
Stelle die Dose in einen Topf mit heißem Wasser (Bild 6).
Was geschieht, wenn sich das Wasser in der Dose allmählich erwärmt?

6

4. *Suche Getränkeflaschen, die bis zum Rand gefüllt sind.*
Überlege dir eine Erklärung für das Ergebnis deiner Suche.

5. *Ein Temperaturanzeiger:*
Stich mit einem Nagel ein Loch in den Deckel eines Gläschens. Es soll so groß sein, dass ein durchsichtiger Trinkhalm gerade hindurchpasst (Bild 7). Dichte das Loch, in dem der Trinkhalm steckt, mit Klebstoff ab.
Fülle das Glas randvoll mit Spiritus und setze den Deckel darauf. Markiere den Stand des Spiritus am Halm oberhalb des Deckels.
Was geschieht, wenn das Gerät in warmem Wasser und dann im Kühlschrank steht?

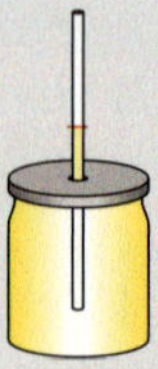
7

62071

V1 *Wir untersuchen, wie sich Wasser beim Erwärmen verhält.*
Die Bilder 8–10 zeigen den Versuch.
a) *Beschreibe, wie der Versuch ablaufen soll. Führe ihn durch.*
Was beobachtest du?
b) *Man kann den Aufbau von Bild 10 verbessern, um ein deutlicheres Ergebnis zu erzielen.*
Wie könnte der Versuchsaufbau aussehen? Tipp: Denke an die Form eines Flüssigkeitsthermometers.

V2 *Den Versuchsaufbau siehst du in Bild 11.*
a) *Was soll untersucht werden?*
b) *Beschreibe die Versuchsdurchführung.*
Begründe, weshalb die Flüssigkeiten nicht einzeln, sondern gemeinsam in einem Wasserbad erhitzt werden.

V3 *Ob eine Flüssigkeit mehr wiegt, wenn sie sich ausgedehnt hat? Fülle einen Glaskolben mit Spiritus und setze ein Steigrohr darauf. Wiege den Kolben mit der kalten Flüssigkeit ab (Bild 12).*
Erwärme den Spiritus dann im Wasserbad und wiege noch einmal – so genau wie möglich.

8

9

10

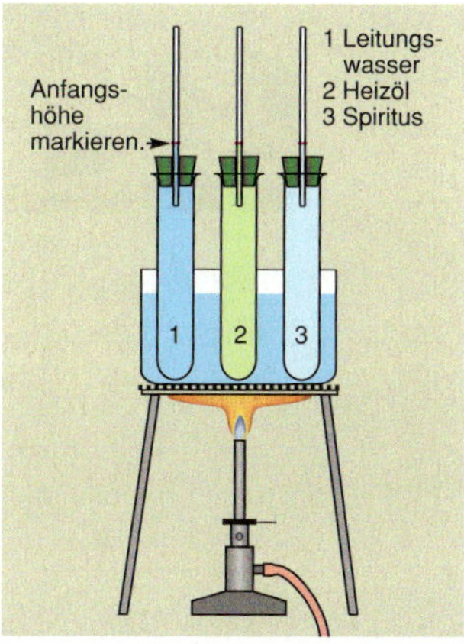

11

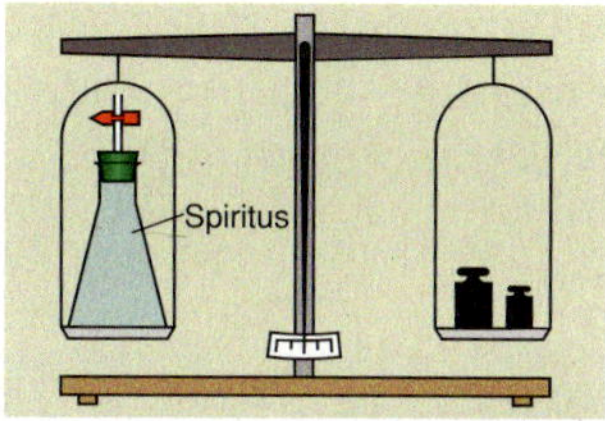

12

Info: Ausdehnung von Flüssigkeiten beim Erwärmen

Wenn die Temperatur einer Flüssigkeit ansteigt, dehnt sich die Flüssigkeit aus. Beim Abkühlen zieht sie sich wieder zusammen.

Nach dem Erwärmen nimmt eine Flüssigkeitsmenge einen größeren Raum ein, ihr Volumen wächst. Schwerer wird sie dabei nicht.

Flüssigkeiten dehnen sich unterschiedlich stark aus (s. Tabelle).

Wenn die Temperatur einer Flüssigkeitsmenge ansteigt, nimmt ihr Volumen zu. Bei abnehmender Temperatur wird das Volumen kleiner.

Ausdehnung bei Erwärmung um 1 °C
(von 20 °C auf 21 °C)

Flüssigkeit	Ausdehnung um
1 Liter Wasser	4 Tropfen (0,2 ml)
1 Liter Quecksilber	4 Tropfen (0,2 ml)
1 Liter Glycerin	10 Tropfen (0,5 ml)
1 Liter Heizöl	18 Tropfen (0,9 ml)
1 Liter Alkohol	22 Tropfen (1,1 ml)
1 Liter Benzin	22 Tropfen (1,1 ml)

A1 *Wie verhält sich eine Flüssigkeit, die erwärmt wird? Wie verhält sie sich beim Abkühlen?*

A2 *Dass sich das Wasser in einem Topf ausdehnt, ist praktisch nicht zu sehen.*
Wie kann man die Ausdehnung von Wasser sichtbar machen?

A3 *Übertrage Bild 13 in dein Heft. Zeichne dann als Säulen ein, wie sich die anderen Flüssigkeiten der Tabelle ausdehnen.*

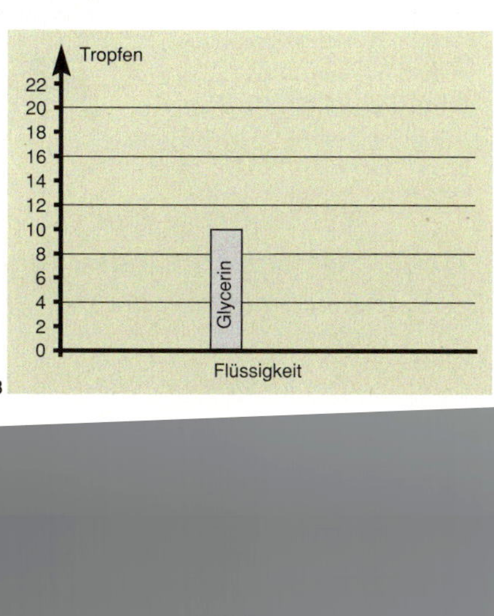

13

Aus der Technik: So funktionieren Sprinkleranlagen

Zahlreiche Lagerräume, Theatersäle und Kaufhäuser sind mit *automatischen Löschanlagen* ausgestattet.

Unterhalb der Decke verlaufen Löschwasserleitungen, die mit dem Wassernetz verbunden sind. Sie sind also mit Wasser gefüllt. Diese Leitungen enden in den Sprüheinrichtungen, die wir an den Decken sehen können, den *Sprinklern* (Bild 1).

1

In den Sprinklern sind die Wasserleitungen durch bauchige *Glasröhrchen* verschlossen. Die Röhrchen sind mit einer Flüssigkeit gefüllt, die sich (wie andere Flüssigkeiten auch) bei Erwärmung ausdehnt.

Bei einem Brand steigt die Lufttemperatur im Raum an – vor allem über dem Brandherd.

In der Nähe befindet sich ein Sprinkler. Die Flüssigkeit im Glasröhrchen erwärmt sich. Sie dehnt sich dadurch aus und benötigt mehr Platz. Schließlich „sprengt" sie das Glasröhrchen und gibt den Weg für das Löschwasser frei.

Ein dicker Wasserstrahl trifft nun auf die sternförmige Metallplatte am Boden des Sprinklers. Dadurch verwandelt sich der Wasserstrahl in einen sprühenden Regen. Und dieser dämmt das Feuer ein oder er löscht es sogar (Bilder 2–5 der vorherigen Doppelseite).

Aus der Technik: Wenn gefährliche Flüssigkeiten transportiert werden ...

Täglich fahren auf den Straßen Tankwagen, die gefährliche Güter transportieren – z. B. Heizöl und Benzin.

Ein Gefahrensymbol am Fahrzeug mahnt die anderen Verkehrsteilnehmer zu besonderer Vorsicht (Bild 2). Auch weiß so die Feuerwehr „im Falle eines Falles" Bescheid, welche Flüssigkeit geladen wurde.

2

Die Behälter der Tankwagen dürfen nicht bis zum Rand gefüllt werden. Das ist wichtig, denn die Temperatur der Flüssigkeit kann sich stark ändern.

Wenn die Flüssigkeit in einem Erdtank gelagert wird, beträgt ihre Temperatur vielleicht nur 10 °C. Bei sommerlicher Hitze erwärmt sich die Flüssigkeit beim Transport erheblich. Sie dehnt sich dabei aus – und dafür muss genügend Raum zur Verfügung stehen.

3

Der Transportbehälter eines Tankwagens ist in mehrere Kammern unterteilt (Bild 3). In jeder Kammer befindet sich ein *Grenzwertgeber* (in Bild 3 rot).

Dieser Fühler gibt ein Signal, wenn der Behälter zu neun Zehnteln gefüllt ist. Dann wird die Befüllung gestoppt. Dadurch wird erreicht, dass mindestens ein Zehntel des Behälters immer frei bleibt.

A1 *Bestimmt hast du schon einmal bemerkt, dass Getränkeflaschen niemals bis zum Deckel gefüllt sind.*
Was könnte geschehen, wenn zwischen dem Deckel und der Flüssigkeit kein Platz wäre?

A2 *Welche Aufgabe haben Grenzwertgeber bei Tankwagen?*

62073

Thermometerskala und Fixpunkte

4

Wichtige Teile eines Thermometers sind in Bild 4 benannt.

Ein Teil fehlt noch: die Skala ...

Überlege:
- Weshalb steigt die Thermometerflüssigkeit, wenn die Temperatur zunimmt?
- Warum sinkt sie bei abnehmender Temperatur?
- Wie kommt man zu einer Einteilung der Thermometerskala?

Praktikumsversuch

V1 *Eine Thermometerskala soll festgelegt werden. Dazu benötigt man bestimmte Temperaturen, die immer wieder erreicht werden können.*
Versuchsmaterialien: *Becherglas mit Wasser bzw. zerstoßenem Eis, Brenner mit Dreifuß und Drahtnetz, Thermometer ohne Skala, Stab*

a) Versuchsaufbau und -durchführung: *Wasser wird zum Sieden gebracht und weiter geheizt (Bild 5). Beobachtet eine Zeit lang die Thermometerflüssigkeit!*
Markiert, wo die Thermometerflüssigkeit steht.

b) Versuchsaufbau und -durchführung: *Zerstoßenes Eis und das entstehende Schmelzwasser werden mit kleiner Flamme geheizt (Bild 6). Beobachtet eine Zeit lang die Thermometerflüssigkeit!*
Markiert, wo die Thermometerflüssigkeit steht.

5

6

c) *Die Siedetemperatur von Wasser wird mit 100 °C bezeichnet, die Schmelztemperatur von Eis mit 0 °C. Wie könnt ihr die Skala unterteilen?*
d) *Messt mit eurem Thermometer die Zimmertemperatur. Vergleicht mit der Anzeige eines anderen Thermometers.*

A1 *Auf der Thermometerskala spielen zwei Temperaturen eine besondere Rolle.*
Welche Temperaturen sind das?

A2 *Den Schmelzpunkt von Eis und die Siedetemperatur von Wasser bezeichnet man „Fixpunkte" der Thermometerskala (lat. „fixus": fest).*

a) *Erläutere den Begriff Fixpunkt.*
b) *Warum ist es günstig, gerade diese Fixpunkte zu wählen?*

A3 *Spiritus siedet bei 78 °C. Plane einen Versuch, mit dem man diese Aussage überprüfen könnte. Achtung, keine offene Flamme verwenden!*

Die Anomalie des Wassers

Wenn Wasser gefriert …

1

2

Das kann passieren,
wenn plötzlich der Winter hereinbricht
und Flaschen draußen liegen blieben …

Warum ragen eigentlich
Eisberge aus dem Wasser heraus?
Sie bestehen doch auch aus Wasser …

Vorbereitende Aufträge

1. *Fülle eine leere Filmdose bis zum Rand mit kaltem Wasser. Setze den Deckel wieder drauf – am besten unter Wasser, damit beim Verschließen keine Luft eindringt.*
Jetzt steckst du die verschlossene Dose in einen Gefrierbeutel. Lege sie ins Gefrierfach. Nach etwa zwei Stunden ist das Wasser in der Dose gefroren.
Was stellst du außerdem fest?

2. *Stelle ein Teelicht mit seinem Aluminiumbecher auf einen Dosendeckel. Der Deckel mit dem Aluminiumbecher kommt auf eine elektrische Kochplatte (schwächste Einstellung!).*
Sobald das Wachs geschmolzen ist, ziehst du den Docht heraus (Pinzette!). Fülle den Becher mit dem Wachs von Kerzenstummeln bis zum Rand auf.
Lass dann das Wachs im Becher wieder abkühlen.
Was fällt dir auf, wenn du dir das erstarrte Wachs ansiehst?

3

3. *Das Gefrieren und Schmelzen von Wasser ist für das Verwittern von Gestein von großer Bedeutung. Das kannst du selber mit einem kleinen Brocken eines Ziegelsteins ausprobieren:*
a) *Prüfe die Härte des Steins durch Klopfen.*
b) *Lege den Stein dann in ein Glas mit Wasser (Bild 3). Er saugt sich über Nacht mit Wasser voll.*
Am nächsten Tag nimmst du den Stein aus dem restlichen Wasser und packst ihn in eine Plastiktüte. Stein und Tüte legst du für mehrere Stunden in das Tiefkühlfach des Kühlschranks. Nimm ihn dann heraus und warte, bis er wieder die Umgebungstemperatur angenommen hat.
Prüfe wieder seine Härte.

4. *Fülle Wasser in ein hohes Trinkglas. Gib einige Eiswürfel hinzu. Markiere den Stand der Flüssigkeit.*
Wird sich der Wasserstand ändern, wenn das Eis geschmolzen ist? Prüfe nach!

62077

V1 *(Lehrerversuch) Eine hohle Eisenkugel wird mit Wasser gefüllt (Bild 4) und unter 0 °C abgekühlt, sodass das Wasser in der Kugel gefriert. Wer ist „stärker" – das gefrierende Wasser oder die Eisenkugel?*

4

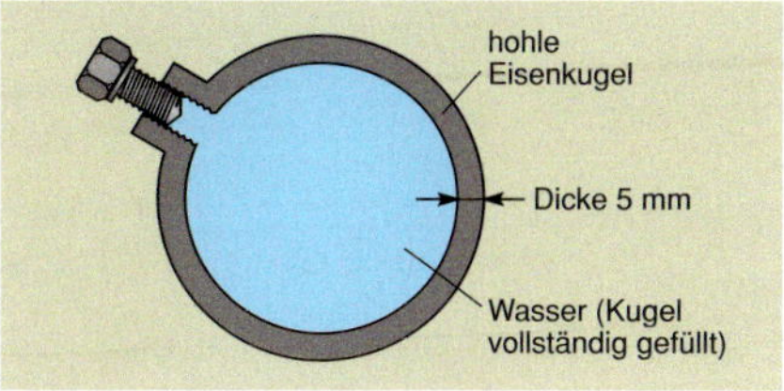

V2 *Wie stark ändert sich das Volumen einer Wassermenge, wenn das Wasser gefriert? Durch einen Versuch kann man das herausbekommen.*
Plane, wie du vorgehen musst. Bild 5 hilft dir dabei.

5

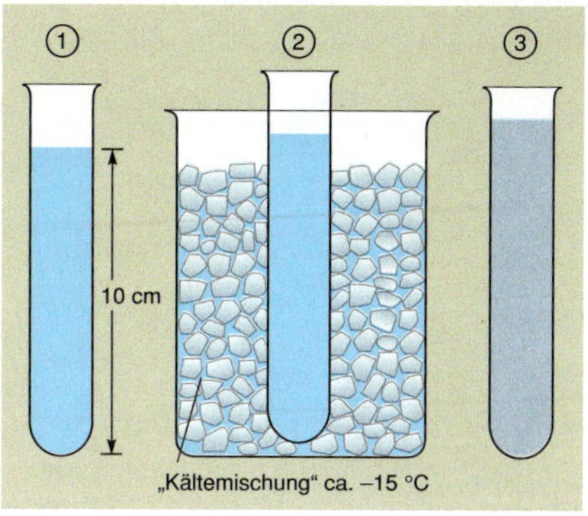

Info: Das Verhalten von Wasser beim Gefrieren

Wenn Flüssigkeiten in den festen Zustand übergehen, ziehen sie sich normalerweise zusammen. Ihr Volumen (Rauminhalt) wird beim Erstarren geringer.

Bei Wasser ist es anders: Wenn Wasser erstarrt, dehnt es sich stark aus. Aus 1 Liter Wasser werden 1,1 Liter Eis (Bild 6).

Beim Erstarren von Wasser zu Eis wird das Volumen größer.

6

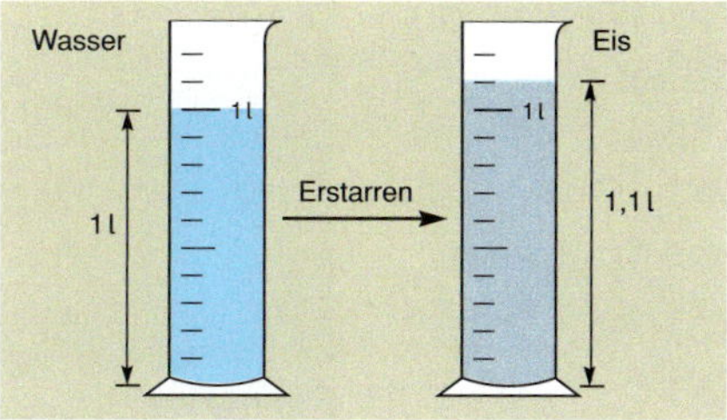

Beim Schmelzen von Eis wird das Volumen kleiner.

Weil dieses Verhalten von der „normalen" Gesetzmäßigkeit abweicht, spricht man von einer Anomalie des Wassers (griech. *a-:* nicht; *nomos:* Gesetz).

Die Vergrößerung des Volumens beim Gefrieren erfolgt mit großer Gewalt. Sogar eine Hohlkugel aus Eisen kann dabei gesprengt werden.

A1 *Viele Stoffe in unserer Umgebung kommen in fester und in flüssiger Form vor. Beispiele dafür sind das Kerzenwachs und das Wasser.*
Beim Erstarren wird das Volumen bei den meisten Stoffen geringer. Wasser verhält sich jedoch anders. Inwiefern kann man sagen, dass sich Wasser beim Gefrieren nicht normal verhält?

A2 *Bei Frostgefahr werden Wasserleitungen im Garten abgestellt. Außerdem werden die Leitungen entleert.*
Warum ist diese Maßnahme sinnvoll? (Lies dir dazu den oben stehenden Text auf der Nachbarseite durch.)

A3 *Sämtliche Häuser in Städten und Gemeinden sind an die öffentliche Wasserversorgung angeschlossen. Dennoch sind nirgends Wasserleitungen im Freien zu sehen.*
Ob das nur aus Schönheitsgründen so ist?
Suche nach einer anderen Begründung.

A4 *Berge der Hochgebirge werden im Laufe der Zeit niedriger.*

a) *Durch welche Vorgänge wird bewirkt, dass Berge flacher werden?*

b) *In einem Wüstengebirge (z. B. auf der Insel Sinai in Ägypten) gehen die Verwitterungen langsamer vor sich als in den Alpen. Erkläre!*

A5 *Wie kommt es, dass Frostaufbrüche nicht im Winter, sondern erst bei Tauwetter im Frühjahr auftreten? (Sieh dir dazu die Bilder 4–7 auf der folgenden Seite an.)*

A6 *Ob ihr diese Aufgabe herausbekommt? …*
Holz schwimmt, weil 1 cm³ Holz leichter ist als 1 cm³ Wasser. Immer wenn der Stoff, aus dem ein Körper besteht, leichter als Wasser ist, schwimmt der Körper.
Würde der Meerwasserspiegel steigen, wenn alle Eisberge schmelzen würden?

Aus dem Alltag: Schäden durch gefrierendes Wasser

1
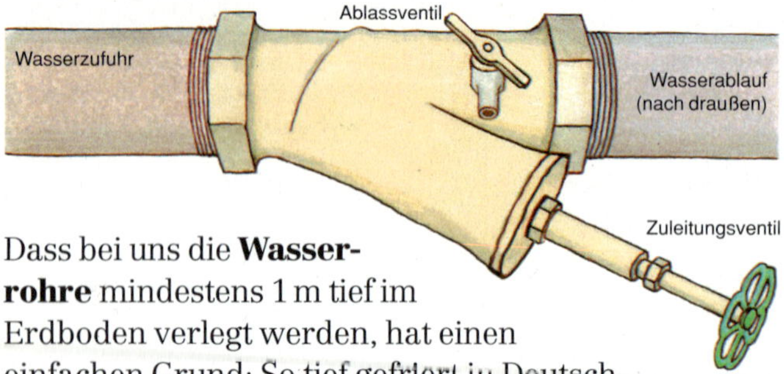

2

Dass bei uns die **Wasserrohre** mindestens 1 m tief im Erdboden verlegt werden, hat einen einfachen Grund: So tief gefriert in Deutschland der Boden fast nie. Und damit kann auch nicht das Wasser in den Rohren gefrieren.

Manche Wasserrohre ragen aber aus der Erde oder einer Außenwand heraus, etwa bei einem Wasseranschluss im Garten. In diesem Fall muss man – wenn Frost erwartet wird – das Wasser abstellen.

Es genügt aber nicht, einfach nur den Zuleitungshahn zu schließen. Man muss auch das Wasser aus den Rohren abfließen lassen. Dazu öffnet man den Wasserhahn im Garten und ein Ablassventil im Keller (Bild 1). Wenn das versäumt wird, können die Rohre durch das gefrierende Wasser gesprengt werden (Bild 2).

Die Wirkung von gefrierendem Wasser ist gewaltig. Die Schotter- und Geröllfelder im Gebirge sind sichtbare Folgen dieser Wirkung: Jeder Fels hat winzige Spalten oder Risse, in die Regenwasser eindringt. Wenn es bei Frost gefriert, werden die Risse erweitert. Schließlich wird Gestein abgesprengt.

Der Fels wird so allmählich in immer kleinere Brocken zerlegt, die Bruchstücke sammeln sich unter steilen Hängen zu ganzen Feldern (Bild 3).

3

Aus dem Alltag: Frostaufbrüche

Das hast du bestimmt auch schon gesehen: tiefe Schlaglöcher oder Risse auf der Straße (Bild 4).

Man nennt diese Straßenschäden *Frostaufbrüche*.

Schon der Name sagt, dass das Entstehen der Schlaglöcher etwas mit dem Frost zu tun hat. Genau genommen ist es das gefrierende Wasser, das die Schäden hervorruft.

4

Die Anomalie des Wassers beim Gefrieren und Schmelzen ist eine der Ursachen für den schlechten Zustand von Straßen.

Die Bilder 5–7 zeigen dir, wie es zu Schlaglöchern kommt.

5
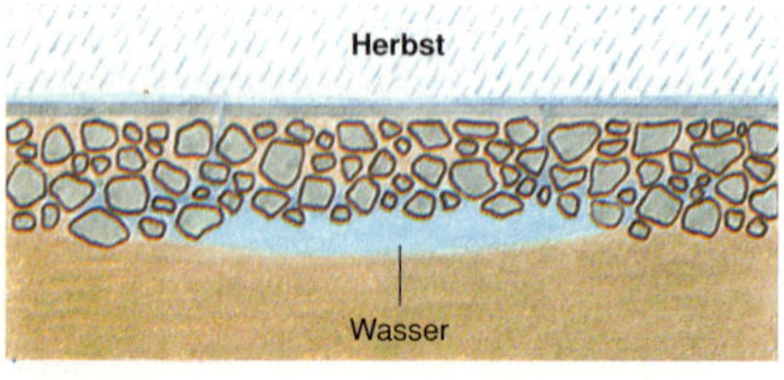

6
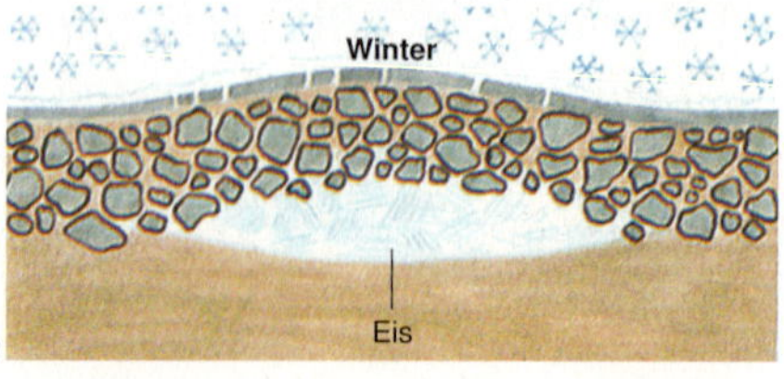

7
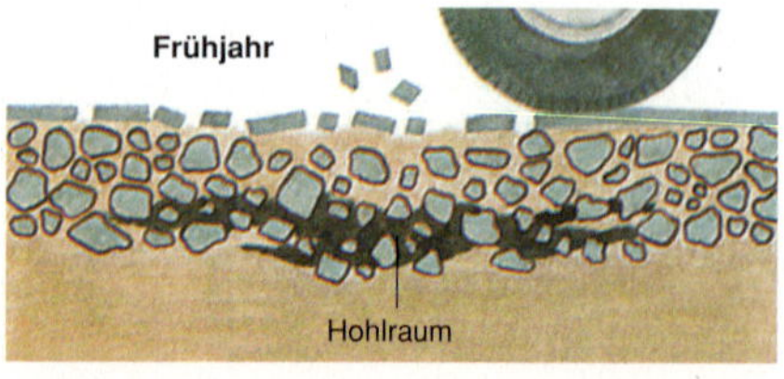

62079

Wenn Wasser abgekühlt wird …

8

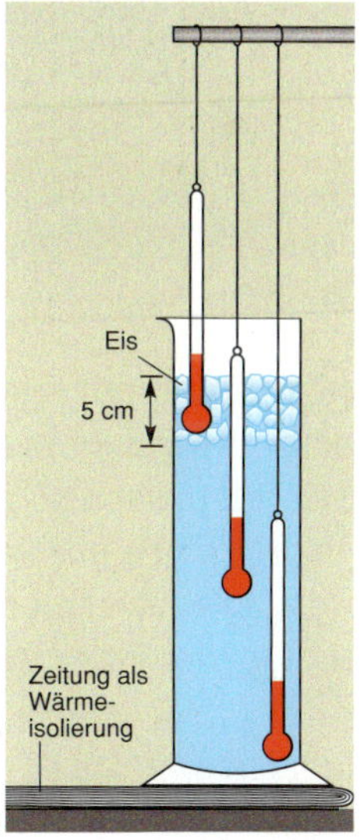

9

Stehende Gewässer frieren im Winter stets von oben her zu. Das Wasser erstarrt zuerst an der Oberfläche.

Wo ist das Wasser wärmer – oben unter der Eisschicht oder unten am Grund?

V1 *Wo wird man in dem Versuch nach Bild 9 die niedrigste Wassertemperatur messen?*
Und wo wird das Wasser im Standzylinder am wärmsten sein?

Aus der Umwelt: Die Wassertemperaturen in einem See

Vielleicht hast du diese Erfahrung auch schon im *Sommer* gemacht: Beim Baden und Tauchen in einem See wird das Wasser immer kälter, je tiefer du dich unter der Oberfläche befindest (Bild 10).

Wenn dann im *Herbst* und im *Winter* die Lufttemperatur sinkt, kühlt das Wasser an der Oberfläche ab. Es wird dadurch schwerer und sinkt nach unten. Schließlich hat das ganze Wasser im See eine Temperatur von 4 °C.

Wenn das Wasser an der Oberfläche noch weiter abkühlt (auf +3 °C oder +2 °C), sinkt dieses kühlere Wasser nicht mehr weiter ab. Es „schwimmt“ auf dem Wasser von 4 °C. Also nimmt die Wassertemperatur nur noch in den oberen Wasserschichten ab, und an der Oberfläche erstarrt das Wasser zu Eis. Bild 11 zeigt die Temperaturverteilung, die der See jetzt hat. Wenn der Frost anhält, kühlt auch das unmittelbar darunter liegende Wasser weiter ab – die Eisschicht auf dem See wird also immer dicker.

Wenn der See tief genug ist, friert er nicht bis zum Boden durch. Das ist von großer Bedeutung. Dadurch können nämlich die Wassertiere und -pflanzen im Winter überleben.

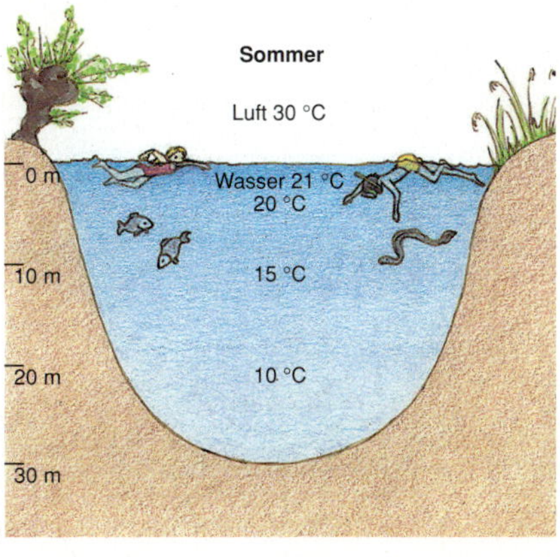

10

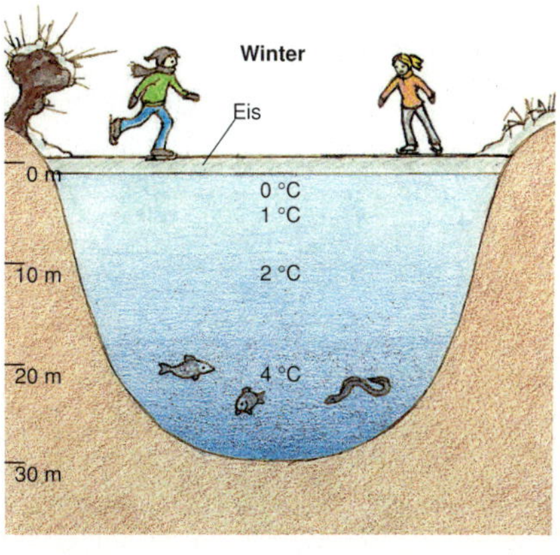

11

Info: Das Verhalten von Wasser beim Abkühlen

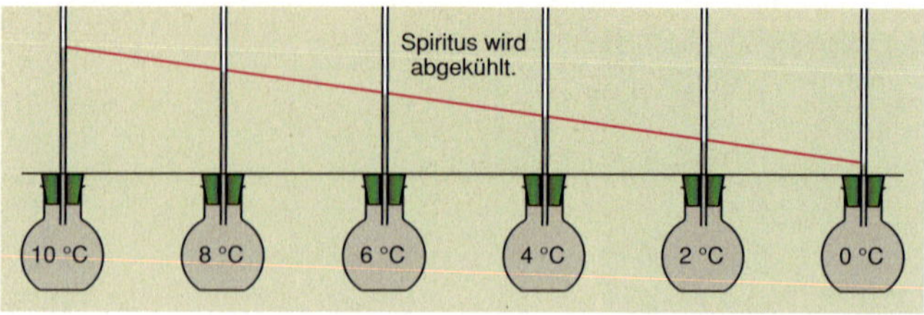

1

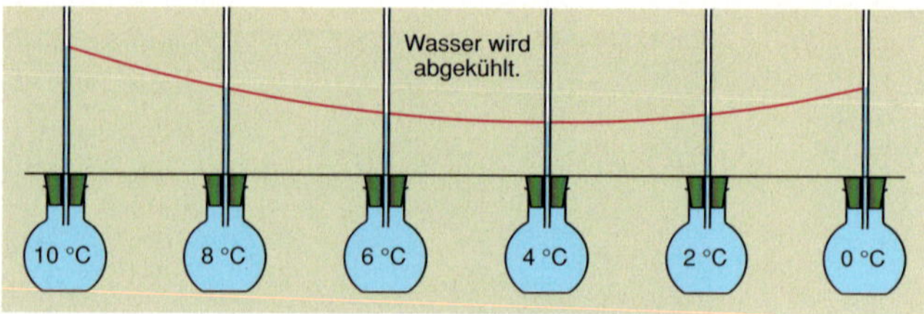

2

Wenn man Spiritus abkühlt, zieht er sich zusammen. Sein Volumen nimmt dabei gleichmäßig ab (Bild 1). In ein 1-Liter-Gefäß passt also mehr Spiritus von 4 °C als Spiritus von 10 °C. 1 Liter kalter Spiritus ist somit schwerer als ein Liter warmer Spiritus. Das ist das normale Verhalten von Flüssigkeiten.

Wasser verhält sich aber nicht normal (Bild 2): Wenn seine Temperatur beim Abkühlen in die Nähe von 4 °C kommt, zieht es sich immer weniger stark zusammen. Zwischen 6 °C und 4 °C nimmt das Volumen weniger stark ab als zwischen 10 °C und 8 °C. Unterhalb von 4 °C dehnt sich das Wasser beim Abkühlen sogar aus!

Bei 4 °C hat eine bestimmte Wassermenge ihr kleinstes Volumen.

Auch dieses Verhalten von Wasser beim Abkühlen bezeichnet man als Anomalie.

Stell dir nun ein Gefäß vor, das randvoll mit Wasser von 4 °C gefüllt ist. Wenn das Wasser abgekühlt oder erhitzt wird, läuft immer etwas über. Von dem 4 °C kalten Wasser passt also mehr in das Gefäß als von dem wärmeren oder kälteren Wasser.

Wasser von 4 °C ist schwerer als Wasser von jeder anderen Temperatur.

Wasser, das wärmer oder kälter als 4 °C ist, „schwimmt" daher auf Wasser von 4 °C.

Aus der Umwelt: Druckluft gegen Eis?

Zusatzangebot

Schweden ist ein Land mit vielen Seen. Um Umwege zu vermeiden, führen vielfach Fähren über die Seen.

In den langen Wintern Schwedens sind die Seen längere Zeit lang zugefroren. Damit Fähren dann noch fahren können, muss man Fahrrinnen eisfrei halten. Dazu wird z. B. Druckluft eingesetzt (Bild 3).

Entlang der Fahrrinne werden auf dem Boden des Sees Schläuche mit kleinen Löchern verlegt.

Wenn der Winter kommt und der Frost beginnt, pumpt eine Motor-Luftpumpe (ein Kompressor) Druckluft in die Schläuche. Die Luft entweicht aus den Löchern und steigt nach oben.

Dabei reißt die aufsteigende Luft Wasser vom Grund des Sees mit nach oben – und dieses aufsteigende Wasser hat eine Temperatur von 4 °C.

Das wärmere Wasser, das so durch Druckluft nach oben befördert wird, verhindert also ein Zufrieren der Fahrrinne des Sees.

3

62081

Zusammenfassung

Wasser verhält sich nicht normal

4

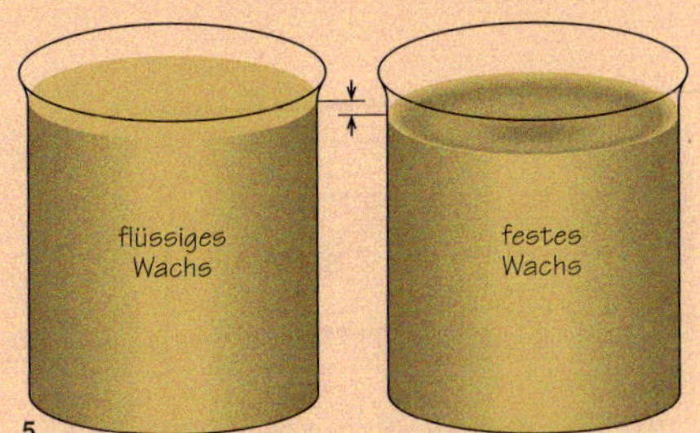

5

Normalerweise ziehen sich Flüssigkeiten beim Abkühlen und beim Erstarren zusammen.

Das Volumen einer Flüssigkeitsmenge verringert sich (Bild 4).

Wasser verhält sich anders. Es gibt zwei *Anomalien*:

1. Wasser dehnt sich beim Abkühlen unter 4 °C aus.

2. Beim Erstarren dehnt sich Wasser aus.

Die Volumenvergrößerung beim Gefrieren beträgt etwa ein Zehntel.

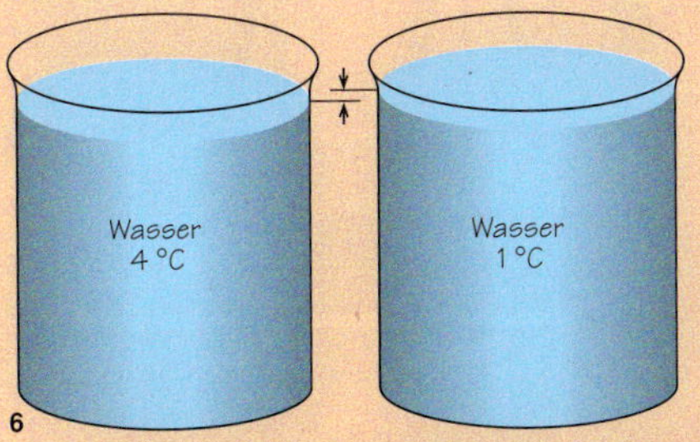

6

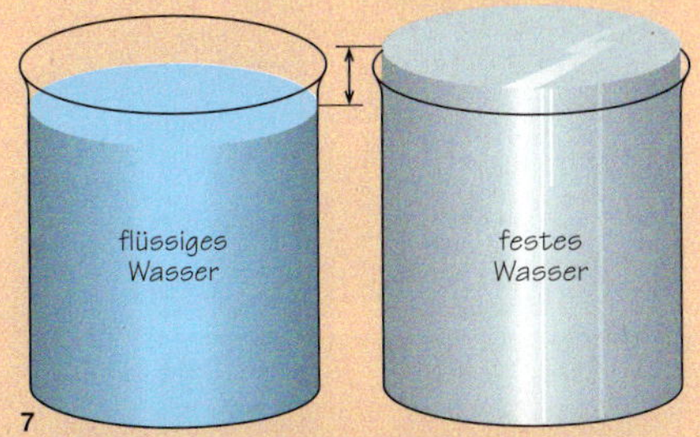

7

Bei 4 °C nimmt eine Wassermenge den kleinsten Raum ein. Das Wasser ist dann schwerer als bei jeder anderen Temperatur.

Daher weisen Seen im Winter eine bestimmte Temperaturverteilung auf: Die Temperatur nimmt zum Grund hin zu.

Da sich Wasser beim Erstarren ausdehnt, sprengt es Gestein und lockert feste Böden.

8

Alles klar?

Lösungen → Anhang

1. *Das Verhalten des Wassers beim Gefrieren ist nicht normal (anomal). Erläutere!*

2. *Die Gefäße in Bild 9 wurden randvoll mit Wachs und Wasser gefüllt. Dann sind die Flüssgkeiten erstarrt. Was ist in Bild 9 zu erkennen?*

3. *Warum sollte man im Winter keine gefüllten Flaschen auf dem Balkon oder im Garten stehen lassen?*

4. *Wenn der Garten schon im Herbst umgegraben wird, ist der Boden im folgenden Frühjahr besonders locker. Erläutere, warum das so ist?*

5. *Wieso eignet sich Wasser nicht als Thermometerflüssigkeit?*

6. *Im Winter befindet sich am Grund eines tiefen Sees 4 °C warmes Wasser.*

a) *Gib dafür eine Erklärung.*

b) *Von welcher Bedeutung ist es für die Tier- und Pflanzenwelt, dass die Temperatur des Wassers hier nicht weiter absinkt?*

9

Feste Körper und Gase werden erwärmt

Eine Brücke auf Rollen

1

2 3

Ein Ende der Brücke ist fest gelagert. Warum liegt das andere auf Stahlrollen?

Vorbereitende Aufträge

1. *Bild 4 zeigt, wie du eine einfache „Brücke auf Rollen" bauen kannst.*
Die Stricknadel stellt die „Brücke" dar, die Nähnadel die „Rolle". Der Trinkhalm dient als Zeiger.
Erhitze die Stricknadel mit einer Kerzenflamme. Beobachte den Trinkhalm während des Erhitzens und beim anschließenden Abkühlen der Stricknadel. Beschreibe deine Beobachtung.

2. *Wie sich ein fester Körper beim Erwärmen verändert, kannst du mit dem Aufbau von Bild 5 untersuchen.*
Achte darauf, dass der Draht den Trinkhalm berührt. Zeichne am Karton an, wie der Trinkhalm steht, bevor der Draht erwärmt wird.
Erhitze dann den Draht mit Hilfe einer Kerze. Was beobachtest du?

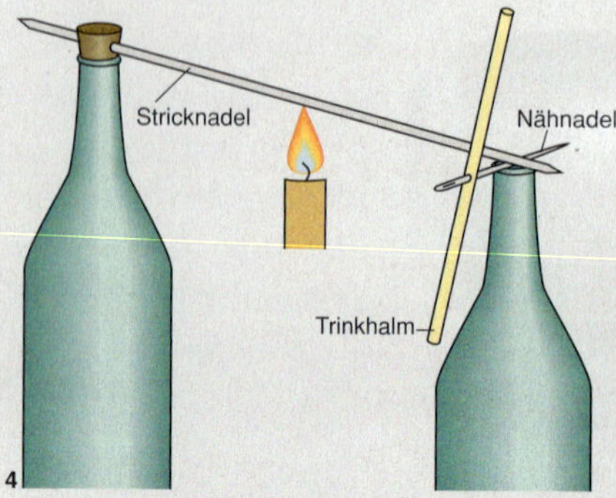

4

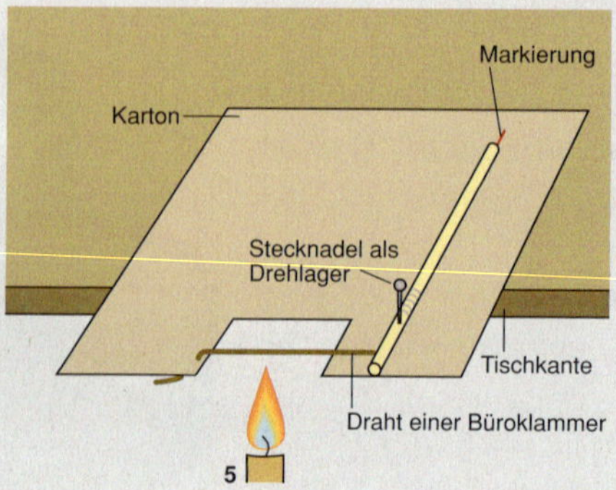

5

62083

V1 *Mit dem Versuchsgerät von Bild 6 kann man feste Körper bei Erwärmung und Abkühlung beobachten. In den Trichter wird 1 Liter Wasser von 50 °C gegossen. Es fließt durch das Eisenrohr und erwärmt es dabei. (Oder es wird heißer Dampf durchgeleitet.)*

a) *Erkläre, warum sich der Zeiger bewegt.*

b) *In welcher Richtung muss sich der Zeiger bewegen, wenn das Rohr wieder kälter wird?*

c) *Jetzt spannen wir ein Eisenrohr von nur halber Länge ein. Es soll gleich stark erwärmt werden wie vorher. Wird der Zeigerausschlag größer oder kleiner sein als bei dem langen Rohr?*

d) *Wir untersuchen, ob sich Rohre aus Aluminium oder Kupfer stärker oder schwächer ausdehnen als das Eisenrohr.*
Worauf musst du bei der Auswahl der Rohre achten? Was zeigt der Versuch?

V2 *Wenn man Kaugummi in die Länge zieht, wird er dünner. Wir untersuchen, ob auch ein Stahlstab beim Erwärmen dünner wird.*

a) *Für Getriebe gibt es Räder und Achsen, die ineinander passen (Bild 7). Erhitze die Achse.*

b) *Probiere aus, ob sich das Zahnrad nach dem Erhitzen noch auf die Achse schieben lässt.*

7

V3 *Der Versuch von Bild 8 zeigt, dass sich beim Erwärmen eines festen Körpers nicht nur die Länge ändert …*
Ob die Kugel auch schwerer wird? Prüfe es nach.

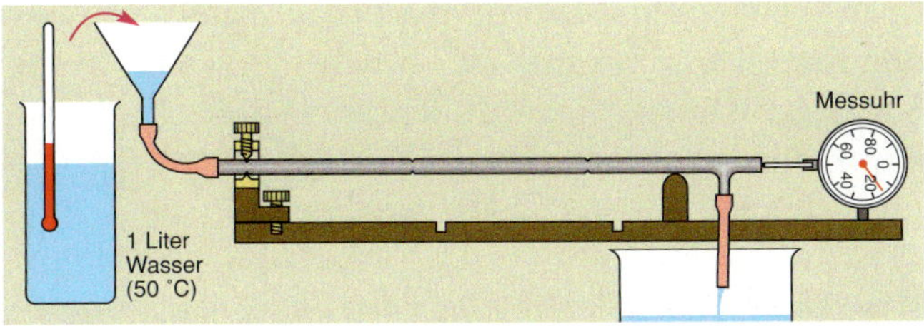

6

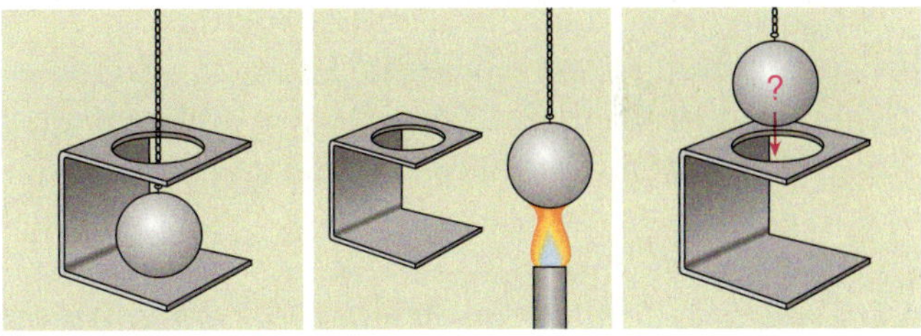

8

Aus dem Alltag: Kleine Ursachen – große Wirkungen

Mit *Schüsseln aus dickem Glas* sollte man vorsichtig sein. Wenn man heiße Flüssigkeiten einfüllt, bekommen sie leicht einen Sprung. Das Glas erwärmt sich nämlich von der Innenseite her. Es dauert eine Zeit, bis auch die Außenseite heiß ist. An der Innenseite „versucht“ das Glas sich stärker auszudehnen. Es kommt zu Spannungen im Glas – und die können zu einem Sprung führen.

Sogar *Eisenbahnschienen* können durch Hitze Schaden nehmen. Aus diesem Grund gab es im Juli 1988 ein Zugunglück in Italien (Bild 9):

Die Eisenbahnschienen sind in der Regel fugenlos verschweißt. Die Schwellen und das Gleisbett verhindern, dass sich die Schienen beim Erwärmen ausdehnen.

Doch an jenem Tag im Juli stieg die Temperatur auf besonders hohe Werte. Die Schienenbefestigung hielt nicht mehr stand, die Schienen verbogen sich und der Zug entgleiste.

9

Dass die Ausdehnung beim Erwärmen mit großen Wirkungen verbunden ist, zeigt auch der Versuch von Bild 10. Während das Messingrohr erhitzt wird, kann man den Keil immer tiefer in den Spalt schieben. Dann wird kaltes Wasser auf das Rohr gegossen – und der dicke Eisenbolzen …

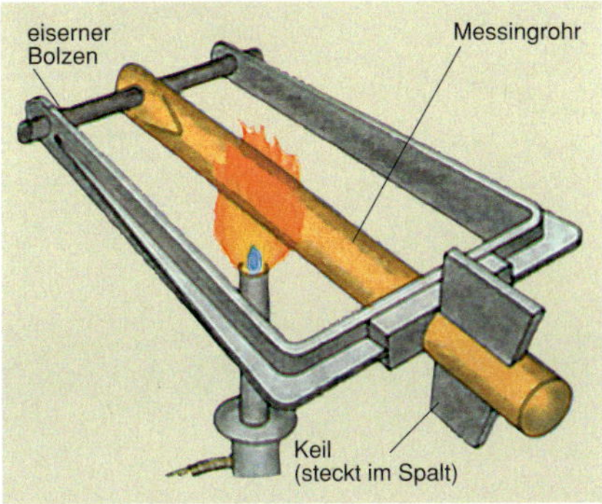

10

Info: Wenn feste Körper erwärmt werden ...

Beim Erwärmen und Abkühlen verhalten sich feste Körper ähnlich wie Flüssigkeiten.

Die meisten festen Körper dehnen sich beim Erwärmen nach allen Seiten aus. Beim Abkühlen ziehen sie sich zusammen.

Ausnahmen machen Gummi und manche Kunststoffe. Für die Ausdehnung fester Körper gilt:

- Je stärker ein fester Körper erwärmt wird, desto stärker dehnt sich der Körper aus.
- Je länger ein fester Körper ist, desto größer ist seine Längenänderung.
- Je nachdem aus welchen Stoffen die Körper bestehen, ist ihre Ausdehnung unterschiedlich.

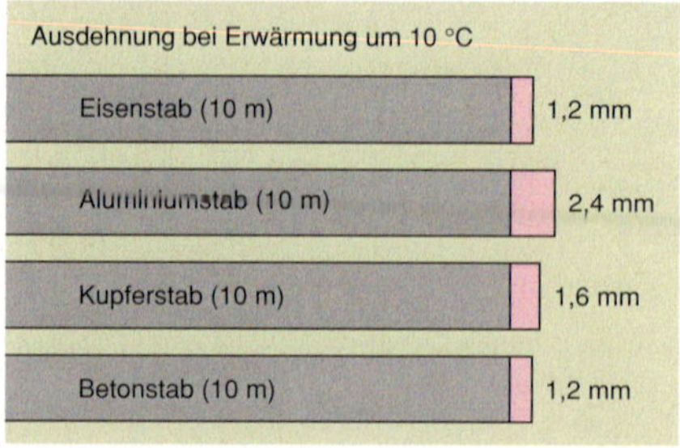

1

Die Ausdehnung fester Körper ist kaum zu erkennen.

Bei lang gestreckten Körpern wie Rohren oder Stäben ist meist nur die Längenänderung von Bedeutung. Bild 1 zeigt, um wie viele Millimeter gleich lange Stäbe aus unterschiedlichen Materialien länger werden (bei jeweils gleicher Erwärmung). Weitere Beispiele findest du im Anhang.

Beispiel: Der Eiffelturm in Paris ist vollständig aus Eisen gebaut und hat eine Höhe von 300 m (ohne die Antennen). Wenn die Temperatur des Turms im Sommer um 30 °C höher ist als im Winter, ist der Turm um 108 mm höher (30 · 3,6 mm).

Mit der Ausdehnung von festen Körpern sind große Kräfte verbunden. Würde man eine Brücke auf beiden Seiten fest verankern, so würde sie sich in der Sommerhitze verbiegen oder im Winter Risse bekommen.

A1 *Ergänze: „Je höher die Temperatur eines Stabes ist, desto ...“ „Je geringer die Temperatur ist, ...“*

A2 *Warum muss wenigstens ein Ende jeder Brücke beweglich gelagert sein?*

A3 *Fahrdrähte der Bahn werden durch schwere Betonscheiben gespannt (Bild 2). Wie kommt es, dass die Scheiben mal höher und mal tiefer hängen?*

A4 *Mit dem Aufbau von Bild 3 können kleine Längenänderungen nachgewiesen werden. Auf einem Dreibein liegt ein Spiegel und wird beleuchtet. Man sieht an der Wand einen Lichtfleck. Dann wird eines der Beine erhitzt. Was ist zu beobachten? Erkläre!*

A5 *Viele Kochtöpfe bestehen aus einem „Verbundmaterial“: Eisen, das mit Emaille beschichtet ist.*

a) *Worauf muss man bei der Auswahl von Stoffen achten, die zu Verbundmaterial zusammengefügt werden sollen?*

b) *Nenne Stoffpaare, die für die Herstellung von Verbundmaterial geeignet sein könnten (→ Tabelle im Anhang).*

A6 *Warum haben Rohrleitungen, durch die heiße Flüssigkeiten fließen, oft große Schleifen (Bild 4)?*

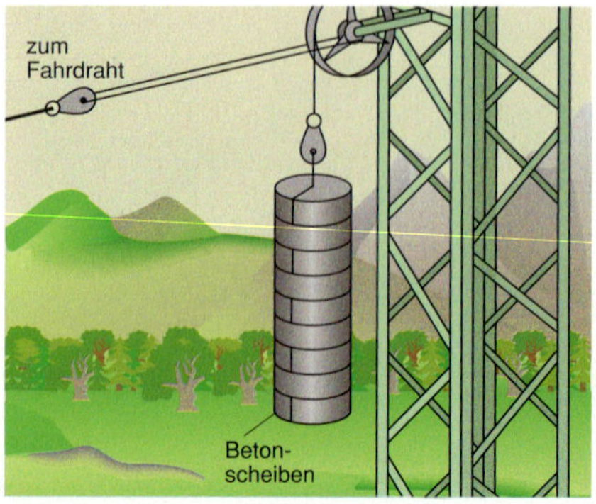

2

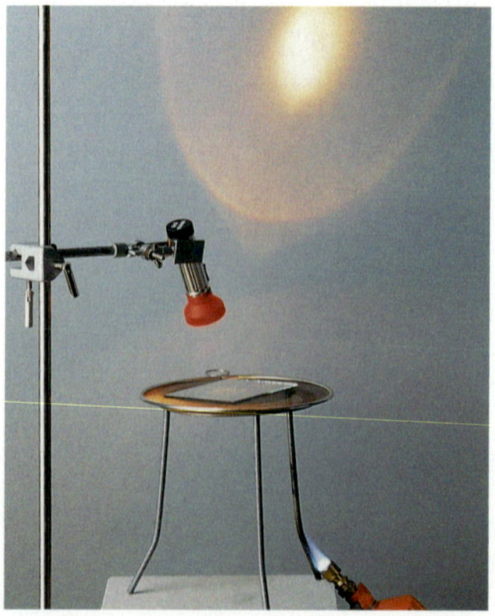
3

4

63512

Aus der Geschichte: Feuer zermürbt Gestein

Zusatzangebot

Vor über 450 Jahren lebte im Erzgebirge der Arzt *Georg Agricola*. Er beschrieb die Bergbautechnik der damaligen Zeit:

Die Arbeit der Bergleute war sehr schwer. Sie mussten das erzhaltige Gestein mit ihrem Schlägel (Hammer), mit dem Eisen (Meißel) und mit der Brechstange herausschlagen.

Manchmal war aber der Fels zu hart. Dann half ihnen das *Feuersetzen* (Bild 5, untere Bildhälfte). Zunächst wurden Holzscheite so angeschnitzt, dass sie „Bärte“ aus Spänen bekamen. Diese schichtete man dann unter Tage im Stollen auf. Agricola schilderte das Verfahren so:

5

Geschichtete Haufen trockenen Holzes werden abgebrannt. Die Flammen werden vom Windzug im Stollen gegen das Gestein getrieben; sie erhitzen dieses so stark, dass – nach dem Erkalten – selbst sehr hartes Gestein leicht gebrochen werden kann.

Solange aber die durch das Feuer gerösteten Erze und Steinmassen unangenehm riechende Dämpfe von sich geben und Stollen und Schächte Rauch ausstoßen, fahren die Bergleute nicht ein, damit das Gift ihre Gesundheit nicht zerstört.

A7 *Inwiefern hatte das Feuersetzen etwas mit der Wärmeausdehnung zu tun?*

A8 *Die Holzscheite wurden zunächst eingeschnitten. Kannst du dir denken weshalb? Erkläre!*

Aus der Technik: Beim Hausbau

Wer Häuser baut, muss über die Baustoffe Bescheid wissen. Er muss auch wissen, wie sich die Stoffe beim Erwärmen verhalten. Denn die Temperatur der Außenwände eines Hauses schwankt recht stark.

Die Außenwände und Decken vieler Häuser werden aus Beton gebaut. Um Beton herzustellen, mischt man Kies, Zement und Wasser. Das Gemisch wird innerhalb von Tagen ganz hart.

Doch Wände oder Decken aus reinem Beton sind meist nicht stabil genug. Deshalb verstärkt man den Beton mit Stahlmatten oder Stahlgeflechten. Die Stahlgeflechte werden in die Verschalung gelegt, bevor der Beton gegossen wird (Bild 6). Den „kombinierten“ Baustoff bezeichnet man als *Stahlbeton*.

6

Wenn man zwei Baustoffe eng miteinander verbindet, besteht bei Temperaturschwankungen ein Problem: Durch unterschiedliche Ausdehnung kann es zu Rissen und Schäden am Bauwerk kommen.

Bei *Stahlbeton* besteht diese Gefahr nicht. Beton und Stahl oder Eisen dehnen sich bei Erwärmung nämlich gerade gleich stark aus (→ Tabelle im Anhang).

A9 *Wie wird Stahlbeton hergestellt?*

A10 *Warum kann man Stahl (Eisen) und Beton zusammen verarbeiten?*

A11 *Was würde passieren, wenn man beim Bauen von Decken Aluminiumstäbe in den Beton eingießen würde?*

Bimetallthermometer und Bimetallstreifen

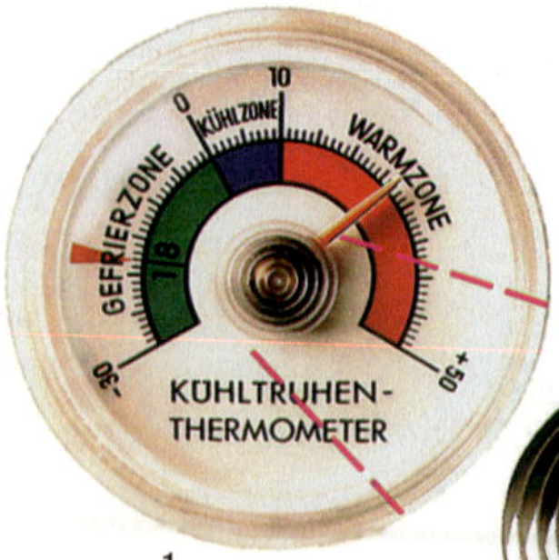

1

2

In Bild 1 siehst du ein Bimetallthermometer.
Der Zeiger ist am Ende einer Spirale angebracht (Bild 2).
Das andere Ende der Spirale ist fest mit der Mitte des Thermometers verbunden.

Wie kommt es, dass sich der Zeiger des Bimetallthermometers bei Temperaturänderungen bewegt?

Vorbereitende Aufträge

1. *Schneide z. B. vom „Silberpapier" eines Kaugummis einen langen, schmalen Streifen ab. Ziehe dann die Metallseite des Streifens über den Rücken einer Messerklinge. Der Streifen rollt sich zu einer Spirale auf.*
Halte die Spirale mit einer Pinzette über eine Streichholzflamme (Bild 3). Suche nach einer Erklärung für deine Beobachtung.

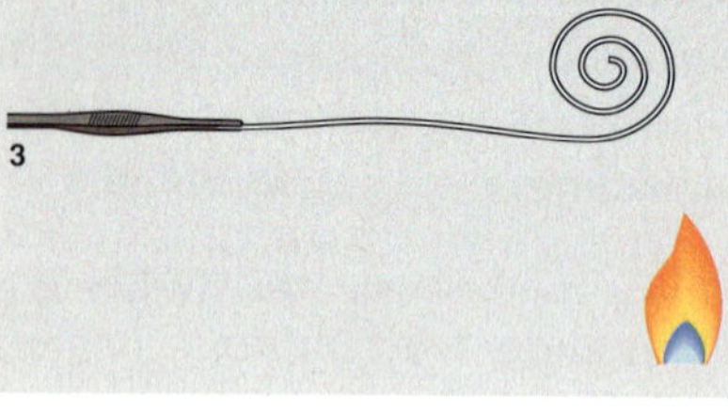
3

2. *Wie wird beim Bügeleisen die Temperatur geregelt? Stelle euer Bügeleisen zur Sicherheit z. B. auf eine kalte Herdplatte.*
a) *Schalte das Bügeleisen auf die niedrigste Temperaturstufe („Seide"). Beobachte eine Zeit lang die Kontrolllampe.*
b) *Was ändert sich, wenn du eine höhere Temperaturstufe („Leinen") wählst?*

3. *Schalter zur Temperaturregelung bestehen aus zwei Streifen verschiedener Metalle. Die Metallstreifen sind fest miteinander verbunden (Bimetallstreifen).*

Ein ***Modellversuch*** *soll dir helfen herauszubekommen, wie die Bimetallschalter funktionieren: Schneide zwei gleich lange Streifen von einem Karton ab (etwa 25 cm lang). Verkürze dann einen der Streifen um 4 mm. Hefte beide Streifen mit Wäscheklammern an den Enden zusammen – und zwar so, dass die Enden genau übereinander liegen (Bild 4). In welche Richtung musst du beide Streifen biegen, damit sie wieder aufeinander liegen?*

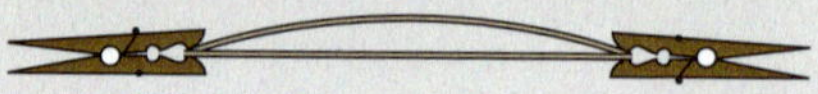
4

V1 *Ein Bimetallstreifen besteht aus zwei Schichten unterschiedlicher Metalle. Sie sind fest miteinander verbunden (Bild 5).*
a) *Wir befestigen einen Bimetallstreifen und erwärmen ihn wie in Bild 6.*
b) *Nachdem sich der Streifen abgekühlt hat, wird er umgedreht. Jetzt zeigt die andere Schicht des Streifens zur Flamme ...*

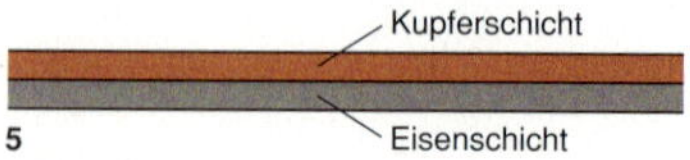

5

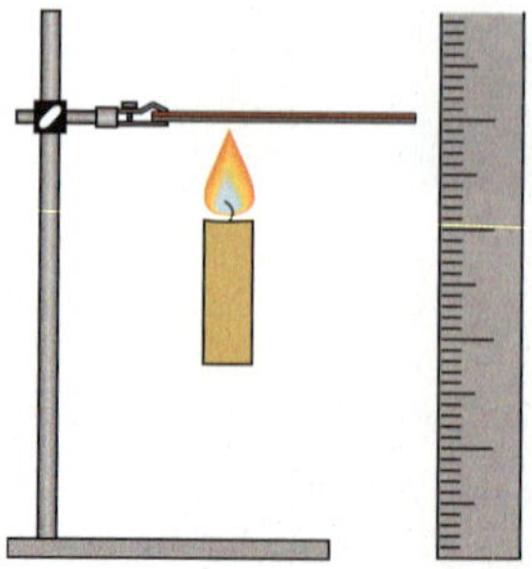
6

V2 *Einen Bimetallstreifen kann man als automatischen Schalter einsetzen (wie im Bügeleisen). Bild 7 zeigt dazu einen Versuchsaufbau.*
a) *Der Bimetallstreifen wird zunächst erwärmt und dann abgekühlt.*
Was geschieht?
b) *Welche der Bimetallschichten muss hierbei oben sein?*
Was passiert sonst?

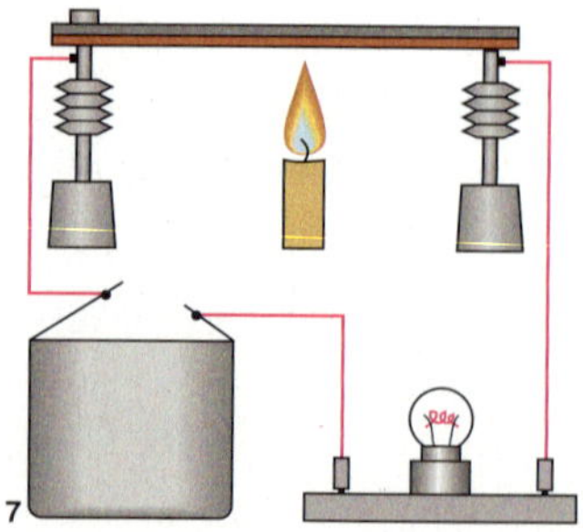
7

62087

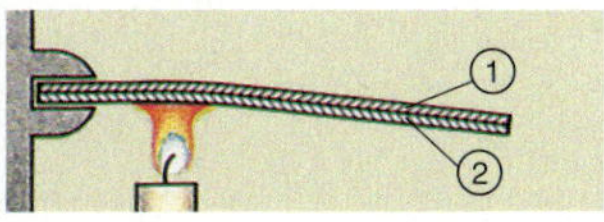

8

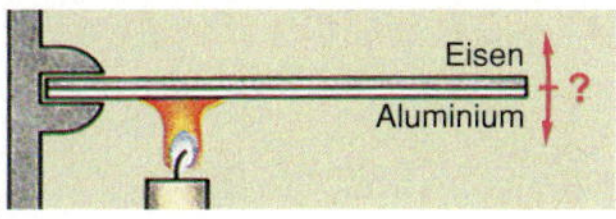

9

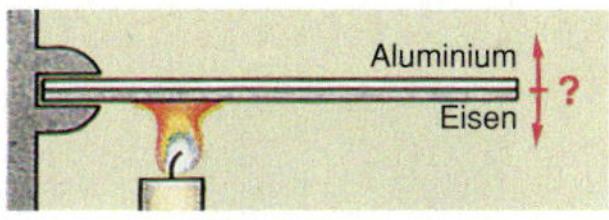

10

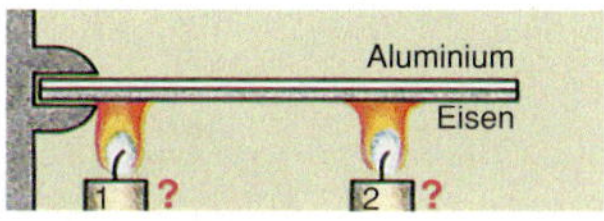

11

A1 *Für diese Aufgabe benötigst du die Tabelle „Wärmeausdehnung fester Körper" im Anhang.*

a) *In Bild 8 wurde ein Bimetallstreifen aus Kupfer und Eisen gezeichnet. Welches ist die Kupferschicht und welches die Eisenschicht? Begründe!*

b) *Welche Paare von Metallen eignen sich besser zur Herstellung von Bimetallstreifen: Kupfer/Messing oder Eisen/Zink?*

c) *In welche Richtung wird sich hier jeweils der Bimetallstreifen biegen (Bilder 9 u. 10)?*

d) *Der Bimetallstreifen von Bild 11 soll sich möglichst stark krümmen.*
An welcher Stelle muss man ihn erwärmen?

A2 *Wieso verbiegt sich eigentlich ein Bimetallstreifen, wenn man ihn erwärmt?*

A3 *Der Aufbau von Bild 7 zeigt einen automatischen Schalter.*
Erläutere, wie er funktioniert.

Aus der Technik: Schalter aus Bimetall

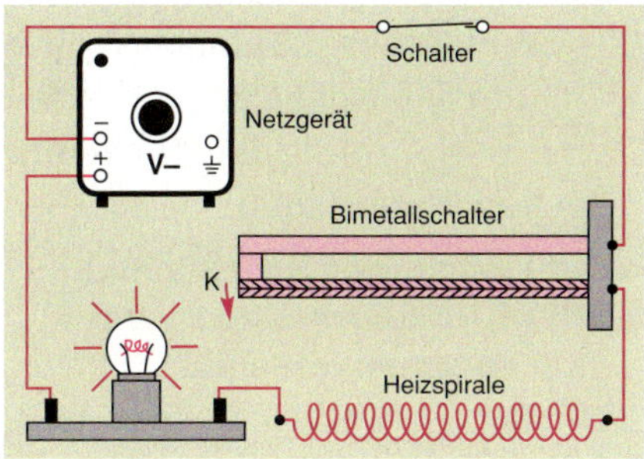

12

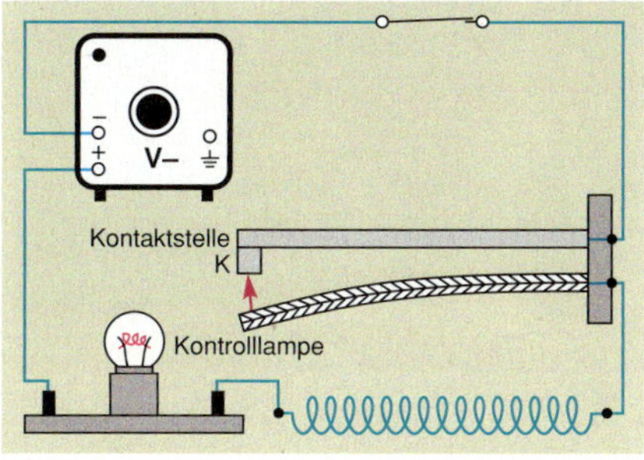

13

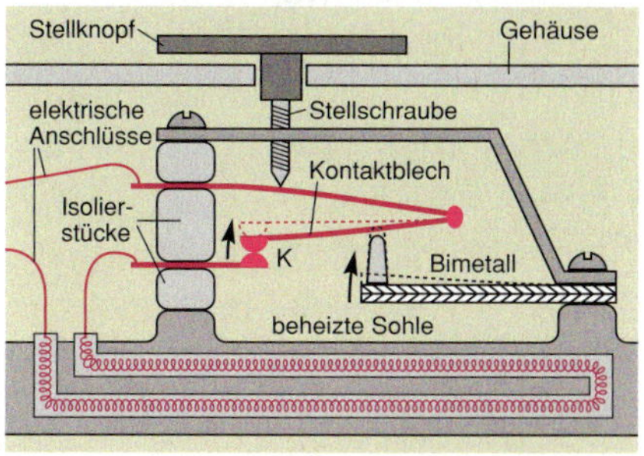

15

Bimetallschalter sind *Thermostate.* Sie dienen z. B. dazu, Temperaturen von Elektrogeräten zu regeln.

Wie solche Bimetallschalter funktionieren, zeigen die Bilder 12 u. 13. Zum Beispiel enthalten Bügeleisen solche Schalter (Bild 14).

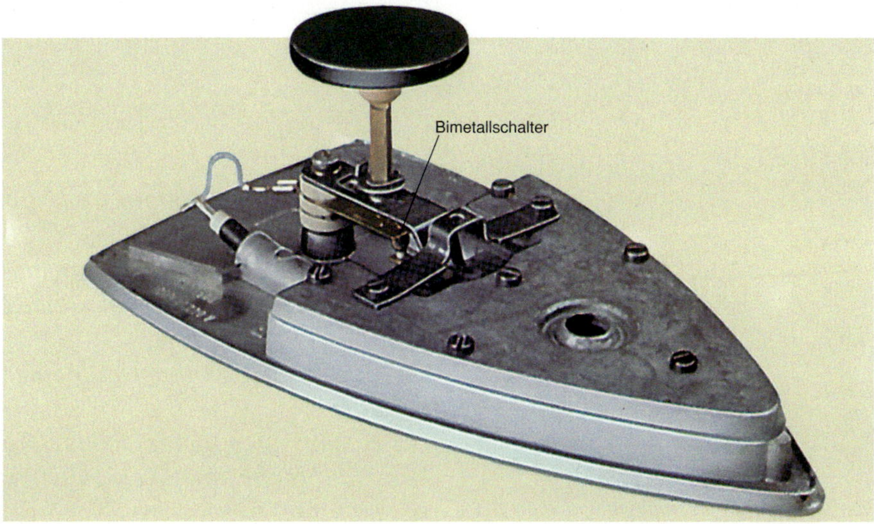

14

Bild 15 zeigt dir, wie die Temperaturregelung beim Bügeleisen vor sich geht: Durch die rot gezeichneten Teile fließt ein elektrischer Strom. Er heizt die Sohle auf. Das Bimetall wird dadurch erwärmt und biegt sich langsam nach oben. Dadurch unterbricht es schließlich den Stromkreis am Kontakt K.

Mit einer Stellschraube kann man den Abstand zwischen Kontaktblech und Bimetall verändern. Bei größerem Abstand muss sich der Bimetallstreifen stärker verbiegen, damit der Stromkreis unterbrochen wird. Das Bügeleisen erreicht eine höhere Temperatur.

Ein geheimnisvoller Flaschengeist?

1

„Achtung", ruft Anne, *„gleich wird sich der Flaschengeist bemerkbar machen."* Sie murmelt etwas und umschließt die Flasche mit beiden Händen (Bild 1) …

Auch Bild 2 zeigt einen lustigen Zaubertrick …

2

Hinweise zu den „Zaubertricks":

- ○ Die Flaschen kommen vorher in den Kühlschrank.
- ○ Bei Bild 1 muss die Münze angefeuchtet werden.
- ○ Der Trick von Bild 2 geht auch mit Knetmasse und Strohhalm als Flaschenverschluss.

Vorbereitende Aufträge

1. *Oben sind zwei prima Tricks beschrieben (Bilder 1 u. 2). Wäre das nicht etwas für dich?*

2. *Tauche die Öffnung einer gekühlten, leeren Sprudelflasche in Spülmittelwasser oder Pustefix®. Die Flasche ist danach mit einer Seifenblase verschlossen.*
a) *Erwärme die Flasche mit beiden Händen.*
b) *Nimm die erwärmte Flasche. Verschließe sie – wenn nötig – mit einer neuen Seifenblase. Kühle sie mit kaltem Wasser ab.*

3. *Ziehe einen Luftballon über die Flaschenöffnung. Lege die Flasche für 30 Minuten in den Kühlschrank.*
a) *Stelle die Flasche in einen Topf mit Wasser und erwärme das Wasser.*
b) *Nimm die Flasche aus dem heißen Wasser heraus und stelle sie in kaltes Wasser.*

V1 *Wir untersuchen die Ausdehnung von unterschiedlichen Luftmengen (Bild 3).*
a) *Erwärme den Glaskolben mit den Händen. (Den Kolben dabei fest umschließen!)*
Zähle die Luftblasen, die in einer Minute nach oben steigen.

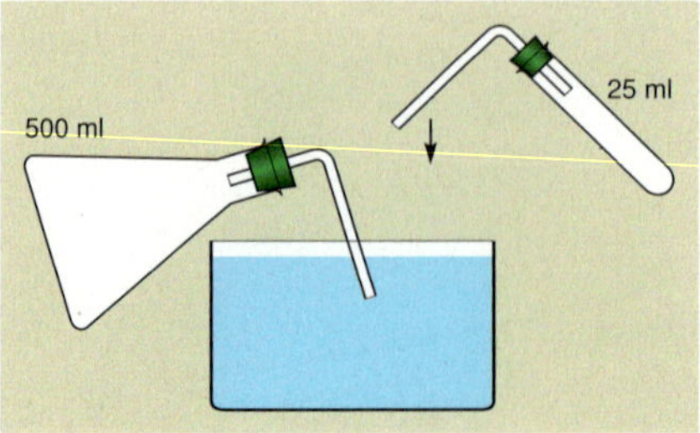

3

b) *Erwärme auch das Reagenzglas mit der Hand. Wieder steigen Luftblasen nach oben.*
Wie viele sind es innerhalb einer Minute?
c) *Suche nach einer Erklärung für die recht unterschiedlichen Ergebnisse.*

62089

A1 *Hier geht es um die Erklärung der „Zauberkunststücke" (Bilder 1 u. 2).*
a) *Die Münze klickte, während Anne die Flasche hielt. Warum bewegt sich die Münze?*
b) *Weshalb stieg das Wasser im Glasrohr nach oben?*
c) *Anne hatte vorher beide Gefäße in den Kühlschrank gelegt. Warum hat sie das gemacht?*
d) *Die Flasche und den Glaskolben hatte sie auf einem Handtuch herbeigetragen. Weshalb wohl?*

A2 *Ein Luftballon wird mit Atemluft (ca. 30 °C) aufgeblasen. Dann wird der Ballon in den Kühlschrank gelegt; dort herrscht eine Temperatur von 4 °C.*
Überlege: Was wird man wohl nach einer halben Stunde sehen können?

A3 *In Bild 4 wurde ein Reagenzglas an ein U-Rohr angeschlossen – über einen Gummischlauch. Das U-Rohr ist zur Hälfte mit Wasser angefüllt; das Reagenzglas enthält Luft.*
a) *Stell dir vor, das Reagenzglas wird mit der Hand erwärmt. Was passiert?*
b) *Jetzt hält eine andere Person das Reagenzglas. Was beobachtest du? Erkläre!*

A4 *Das Reagenzglas in Bild 5 wurde mit verschiedenen Gasen gefüllt.*
Beschreibe, was du aus dem Bild ablesen kannst.

A5 *Ergänze:*
a) *„Je stärker man ein Gas erwärmt, desto ..."*
b) *„Je größer die erwärmte Gasmenge ist, desto ..."*
c) *„Die Wärmeausdehnung von gasförmigen Körpern ist unabhängig von ..."*

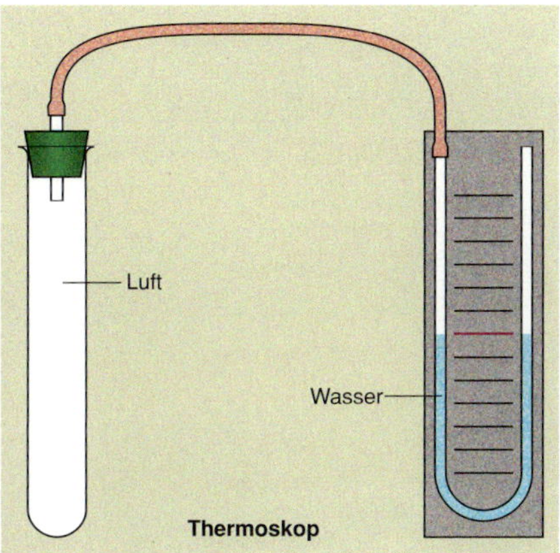

4

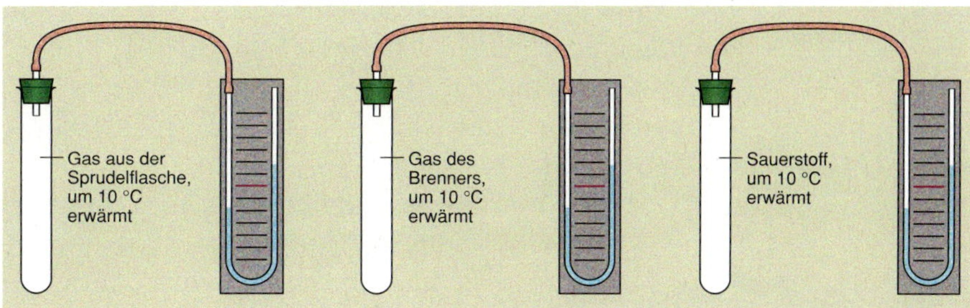

5

Aus der Geschichte: Das erste Fieberthermometer

Zusatzangebot

Vor fast 400 Jahren wurde in der italienischen Stadt Padua das Fieberthermometer erfunden. *Sanctorius* (ein Arzt) war dessen Erfinder.

Dieses erste Fieberthermometer sah anders aus als heutige Fieberthermometer (Bild 6). Es bestand aus einer Glaskugel, die in ein dünnes, schlangenförmig gebogenes Glasrohr überging. Die Kugel des Fieberthermometers war mit Luft gefüllt. Sie war gerade so groß, dass man sie in den Mund stecken konnte. Das Rohr war etwa zur Hälfte mit gefärbtem Wasser gefüllt.

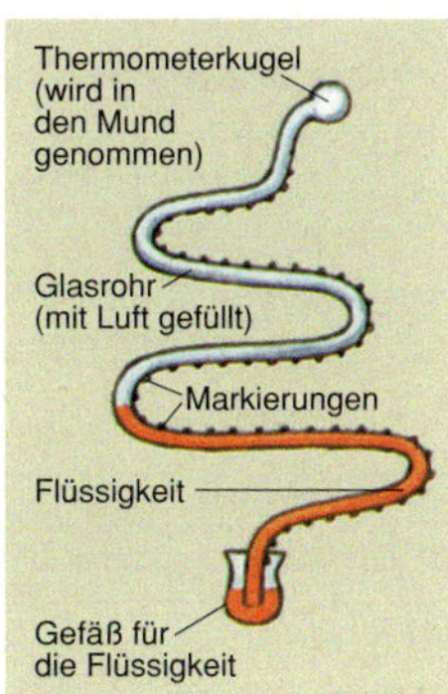

6

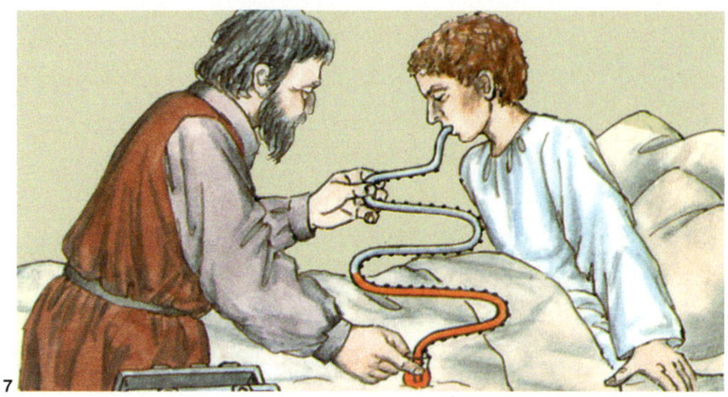
7

Wenn der Arzt bei einem Kranken Fieber messen wollte, ging er so vor: Er nahm zunächst einmal selber die Kugel in den Mund. Die Folge war, dass sich die Flüssigkeit im Rohr verschob. Sowie die Flüssigkeit zum Stillstand kam, steckte er die Kugel dem Kranken in den Mund (Bild 7). Wenn sich dann die Flüssigkeit weiter verschob, wusste der Arzt, dass der Kranke Fieber hat ...

Zusammenfassung

Was geschieht, wenn feste Körper erwärmt und abgekühlt werden?

Feste Körper dehnen sich nach allen Seiten hin aus, wenn sie erwärmt werden. Beim Abkühlen ziehen sie sich zusammen.

Ausnahmen machen manche Kunststoffe und Gummibänder.

Die Körper wiegen nach dem Erwärmen oder Abkühlen genauso viel wie vorher.

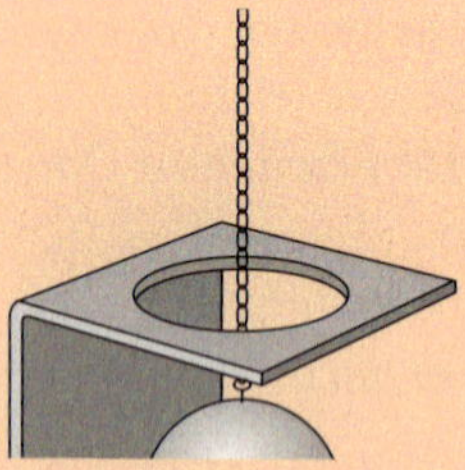
1

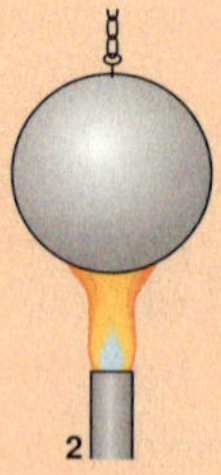
2

3

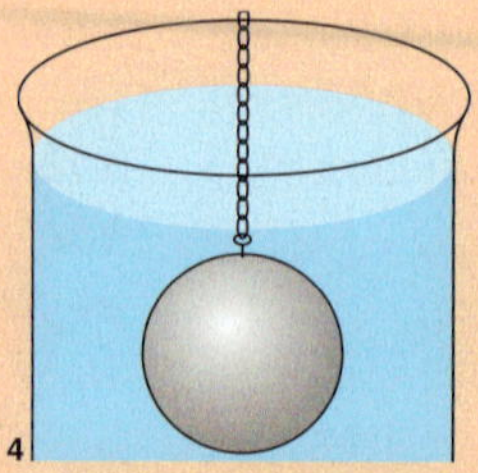
4

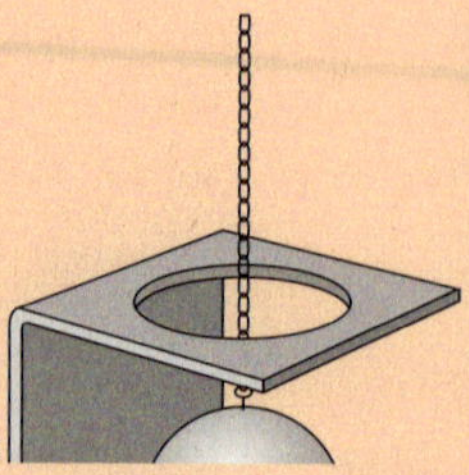
5

Wie stark sich ein fester Körper beim Erwärmen ausdehnt, hängt ab
- vom Material, aus dem der Körper besteht,
- von der Temperaturänderung und
- von seinen Abmessungen (Länge, Durchmesser).

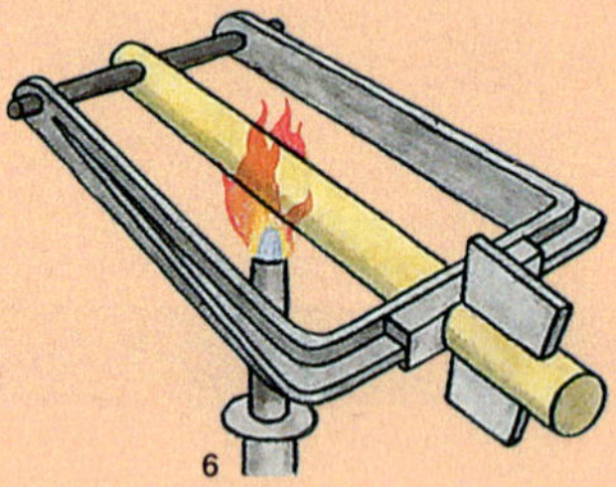
6

Ohne Hilfsmittel ist die Ausdehnung fester Körper kaum zu sehen: Zum Beispiel wird ein Eisenstab von 1 m Länge, der um 100 °C erwärmt wird, um 1,2 mm länger.

Obwohl sich feste Körper bei Temperaturänderungen nur geringfügig ausdehen, können große Kräfte auftreten (Bilder 6 u. 7).

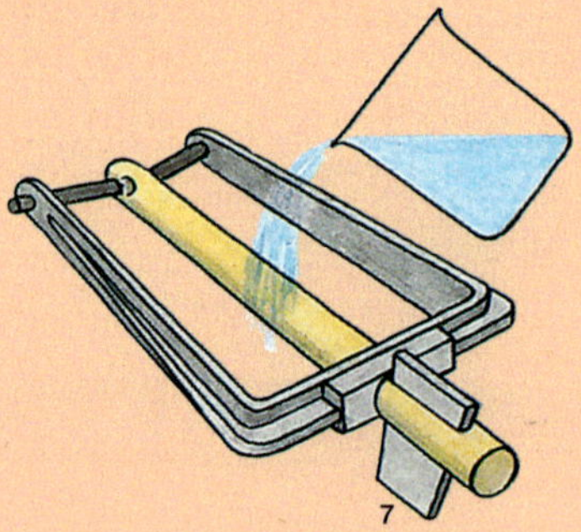
7

So funktioniert ein Bimetallstreifen

In einem Bimetallstreifen sind zwei unterschiedliche Metallschichten fest miteinander verbunden (Bild 8).

Die beiden Metalle dehnen sich unterschiedlich stark aus, wenn sie erwärmt werden (Bild 9). Und sie ziehen sich unterschiedlich stark zusammen, wenn sie sich abkühlen.

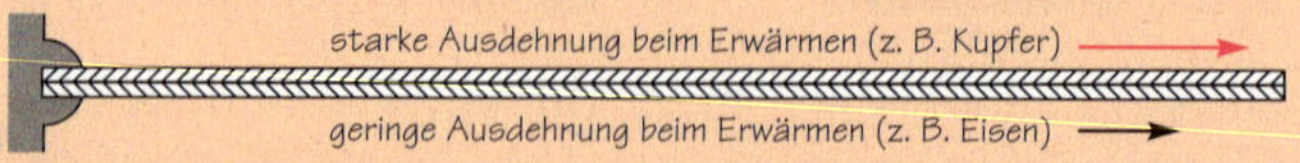

8

9

Ein Bimetallstreifen verbiegt sich beim Erwärmen nach der Seite hin, die sich weniger stark ausdehnt. Beim Abkühlen verbiegt er sich nach der Seite, die sich beim Abkühlen stärker zusammenzieht.

62091

Was geschieht, wenn Gase erwärmt und abgekühlt werden?

Auch eine Gasmenge dehnt sich aus, wenn sie erwärmt wird. Wenn gasförmige Körper abgekühlt werden, ziehen sie sich zusammen.

Die Ausdehnung eines Gases hängt davon ab, *wie stark* das Gas erwärmt wird. Das heißt, je größer die Temperaturänderung ist, desto größer ist auch die Ausdehnung des Gases (Bilder 10 u. 11).

Diese Ausdehnung ist auch vom *Volumen des Gases* abhängig: Wenn z. B. ein Liter eines Gases erwärmt wird, ist die Ausdehnung stärker als bei einem halben Liter.

10
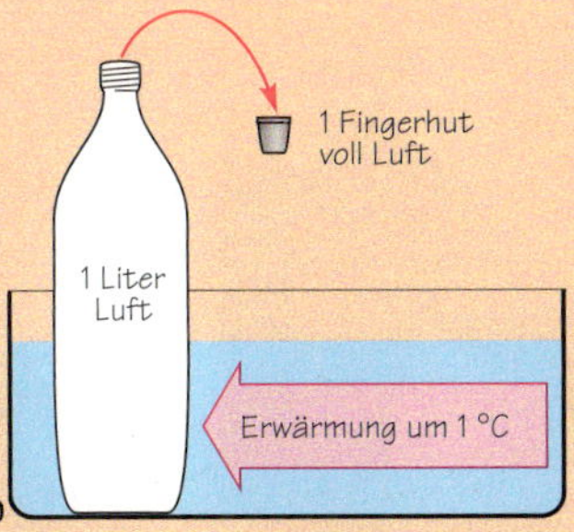

11

Die Ausdehnung der Gase hängt aber (im Gegensatz zur Ausdehnung der festen und flüssigen Stoffe) *nicht von der Art des jeweiligen Gases* ab.

Ein Liter des Gases Kohlenstoffdioxid (in Sprudelflaschen enthalten) dehnt sich genauso stark aus wie ein Liter Sauerstoff. (Voraussetzung: Die beiden Gase werden gleich stark erwärmt.)

Alles klar?

Lösungen → Anhang

1. *In der Fahrbahn einer Brücke sieht man meist einen Spalt, die „Dehnungsfuge".*

a) *Erkläre den Namen.*

b) *Die Bilder 12 u. 13 zeigen die Abdeckung einer Dehnungsfuge. Eine dieser Aufnahmen wurde im Sommer gemacht und eine im Winter. Welches ist die „Sommer-Aufnahme"? Begründe!*

12

13

2. *Ein Bimetallstreifen wird erhitzt (Bild 14).*
Die untere Seite des Streifens dehnt sich beim Erwärmen stärker aus als die obere.

a) *Wohin biegt sich der Streifen?*

b) *Nachdem sich der Bimetallstreifen abgekühlt hat, wird er in den Kühlschrank gelegt. Wie ändert sich seine Form?*

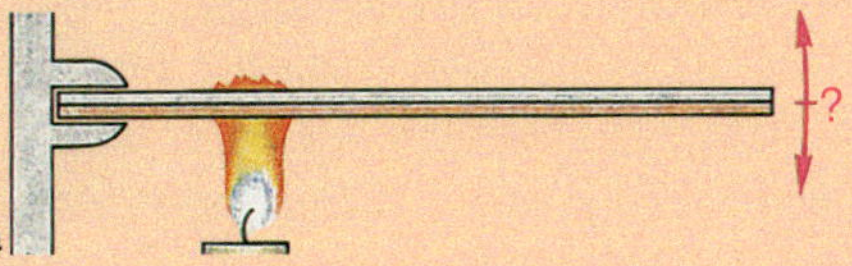

14

3. *Bild 15 ist nicht ganz ernst gemeint.*

a) *Beschreibe die dargestellte Situation.*

b) *Was wäre wohl, wenn die Sonne auch die Kanone erhitzt hätte?*

4. *Beim Tischtennisspielen wird manchmal ein Ball leicht eingedrückt, ohne dabei einzureißen. Was könnte man tun um ihn zu „retten"?*

5. *Eine nicht ganz einfache Aufgabe:*
Eine leere, kalte Flasche wird mit ihrer Öffnung nach unten vollständig in kaltes Wasser gesteckt. Das Wasser wird allmählich erwärmt ...
Was wird deiner Meinung nach zu beobachten sein?
Begründe deine Antwort.

15 So ein Mist, die Kugel hat in der Sonne gelegen!

Ohne Energie läuft nichts

Zum Erwärmen von Wasser, zum Bügeln und zum Heizen brauchen wir Wärmequellen.
Keine Wärmequelle funktioniert von ganz alleine.
Sie gibt nur Wärme ab, wenn ihr „etwas" zugeführt wird …

1 In der Campingdusche wird das Wasser von der Sonne erhitzt.

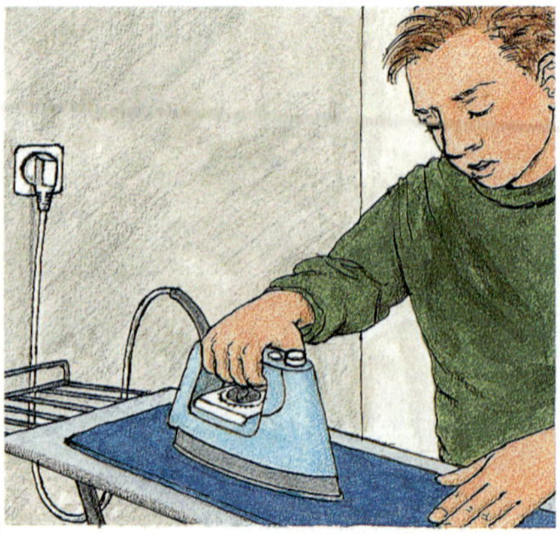

2 Das Bügeleisen muss an die Steckdose angeschlossen werden.

3 Das Kaminfeuer erlischt, wenn kein Holz nachgelegt wird.

Vorbereitende Aufträge

1. *Wohnungen können auf verschiedene Weise beheizt werden. Erkundige dich, wie eure Heizung betrieben wird. Welcher Brennstoff wird verwendet?*

2. *Dein Körper funktioniert nur bei einer Temperatur von 37 °C richtig. Wodurch wird er beheizt?*

3. *„Alle Wärmequellen benötigen so etwas wie einen Treibstoff."*
Überlege dir Beispiele, die diese Behauptung bestätigen. Trage sie in eine Tabelle nach diesem Muster ein:

Wärmequelle	*„Treibstoff"*
Gasbrenner	*Gas*
?	*?*

4. *Biege einen Eisendraht mehrmals hin und her.*
Prüfe die Biegestelle dann mit den Fingerspitzen.

5. *Bremse dein Fahrrad aus größerem Tempo ab. Berühre danach die Felgen.*

V1 *Halte eine Fahrradpumpe mit einem Lappen fest. Bewege den Kolben ca. 20-mal hin und her. Was spürst du, wenn du den unteren Teil der Pumpe berührst? Verschließe die Pumpenöffnung mit dem Daumen und wiederhole den Versuch.*

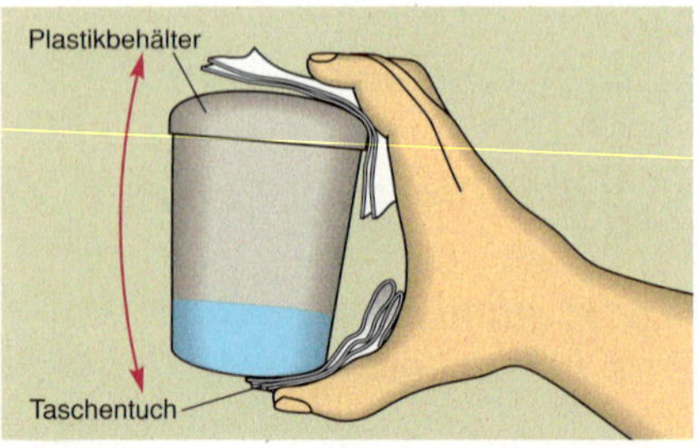

4

V2 *Du brauchst jetzt ein elektronisches Thermometer, das Zehntelgrade anzeigen kann.*
Prüfe mit ihm, ob du Wasser durch Schütteln (Bild 4) oder Quirlen mit einem Handmixgerät erwärmen kannst. Das Gefäß darfst du dabei aber nicht direkt berühren.

62645

Info: Was man unter Energie versteht

Wer kalte Füße hat, der steckt sie in warmes Wasser (Bild 5). Die Temperatur der Füße steigt, die des Wassers sinkt. Dabei geht „Wärme“ vom warmen Wasser in die kalten Füße über und bewirkt so die Temperaturänderung. Wärme ist eine Form der Energie. Allgemein kann man sagen:

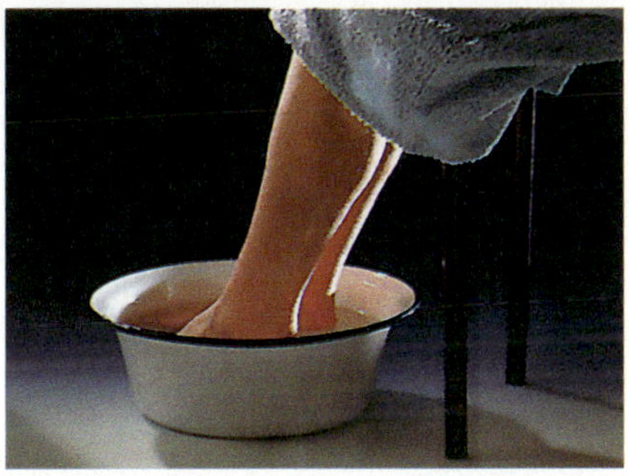
5

Ein Körper besitzt Energie, wenn er die Erwärmung eines anderen bewirken kann. Beim Erwärmen verliert der eine Körper Energie, der andere Körper gewinnt sie.

Wenn sich zwei Körper unterschiedlicher Temperatur berühren, strömt Energie vom wärmeren zum kälteren Körper. Die *Energieabgabe* führt zum Absinken der Temperatur des wärmeren Körpers, die *Energieaufnahme* zum Temperaturanstieg des kälteren.

Temperaturänderungen sind die Folgen von Energieübertragungen.

Um einen Topf mit Kartoffeln zu erwärmen, benötigt man eine Wärmequelle, z. B. einen Herd. *Woher erhält die Wärmequelle die nötige Energie?*

Beim Elektroherd wird die Energie mit Hilfe elektrischer Anlagen zugeführt (Bilder 6 u. 7). Für einen Gasherd oder für ein Lagerfeuer ist ein Brennstoff nötig. Brennstoffe wie Erdgas, Kohle, Erdöl oder Holz können die Erwärmung eines anderen Körpers bewirken.

Alle Brennstoffe enthalten Energie.

Die Energie kann auch durch die Strahlung der Sonne zugeführt werden, zum Beispiel mit Hilfe eines Sonnenkollektors.

Man kann einem Körper auch Energie zuführen, indem man ihn hin- und herbiegt oder kräftig reibt. Die Bremsscheibe in Bild 8 ist durch das Reiben der Bremsbacken zum Glühen gebracht worden.

6

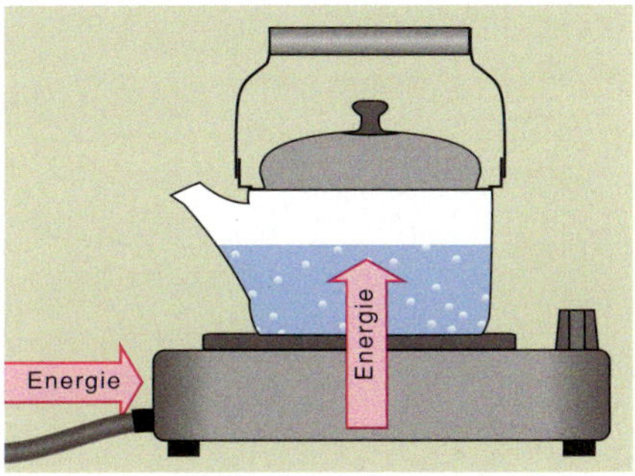

7

8

Aus dem Alltag: Dein Körper braucht Energie

Ohne die **Energie der Sonne** läuft nichts auf der Erde. Ohne sie würde keine Pflanze wachsen, kein Fisch schwimmen und kein Vogel fliegen. Auch wir selber brauchen Energie. Täglich führst du sie deinem Körper mit den Lebensmitteln zu. Dein Körper benötigt sie nicht nur um die Temperatur von 37 °C zu halten. Er verlangt nach zusätzlicher Energie, wenn du Sport treibst (Bild 9).

9

A1 *Warum muss die Nahrung der Eskimos mehr Fett enthalten als die Nahrung eines Mitteleuropäers oder Afrikaners?*

A2 *Nach einer sportlichen Anstrengung verspürst du Durst und Hunger. Erkläre das.*

A3 *Was geschieht wohl, wenn du deinem Körper mehr Energie zuführst, als er braucht?*

Wärmeleitung und Wärmedämmung

Wärme wird weitergeleitet

1

2

3

Durch welche Stoffe wird Wärme zurückgehalten, durch welche wird sie fortgeleitet?

Vorbereitende Aufträge

1. *Was fühlst du, wenn du eine Hand an einen Kochtopfboden und eine an Styropor® hältst? Probiere es auch mit anderen Gegenständen aus (z. B. Wolldecke, Fensterbank, Tischplatte). Lege dazu eine solche Tabelle an:*

Fühlen sich warm an	*Fühlen sich kalt an*
?	*?*

Vergleiche deine Ergebnisse und versuche sie zu erklären.

2. *Du brauchst zwei kleine, gleich große Gefäße (z. B. Filmdöschen).*

a) *Fülle beide mit heißem Wasser und verschließe sie. Wickle eines der Gefäße in Watte ein. (Am besten stellst du es dann in ein Trinkglas; Bild 4). Lass das andere daneben auf dem Tisch stehen.*

b) *Nach etwa 30 min prüfst du die Temperatur der beiden Gefäße, indem du sie an die Wange hältst. Was stellst du fest?*

c) *Wickle das eine Gefäß wieder ein und prüfe beide Gefäße am nächsten Tag.*

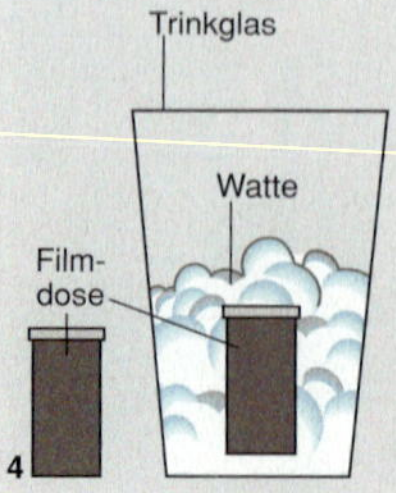

4

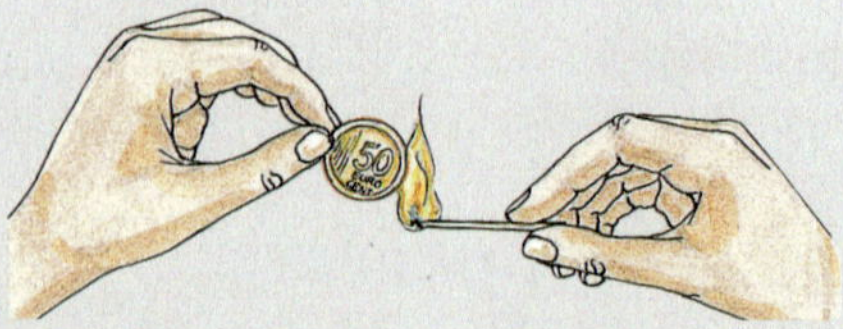
5

3. *Halte eine große Münze am Rand und erhitze sie am gegenüberliegenden Rand mit einem Streichholz (Bild 5). Wo wird es dir zuerst zu heiß – an der Münze oder am Streichholz?*

4. *Stelle einen hölzernen Kochlöffel und eine Suppenkelle aus Metall in heißes Wasser. Fasse sie nach einigen Minuten oben an. Was kannst du zu den Temperaturen sagen?*

5. *Baue dir aus einem Schuhkarton ein Versuchshaus (Bild 6). Als „Ofen" soll eine Limonadendose mit etwa 50 °C heißem Wasser hineinkommen. An der Decke befestigst du – frei hängend – ein Zimmerthermometer.*

a) *Stelle das Haus (ohne „Ofen") in einen kühlen Raum. Lies nach 30 min die Temperatur ab.*

b) *Jetzt kommt der Ofen in das Haus. Lies die Temperatur wieder nach 30 min ab.*

c) *Kleide das Haus mit Styropor oder Schaumstoff aus. Fülle den Ofen wieder mit 50 °C heißem Wasser. Lies nach 30 min erneut die Temperatur ab.*

d) *Vergleiche die Ergebnisse. Suche nach einer Erklärung für die Unterschiede.*

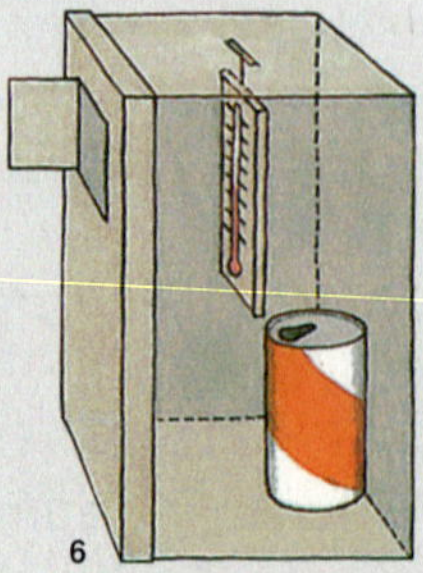
6

62590

V1 *Bei der Wärmedämmung eines Hauses spielt der Zustand der Fenster eine wichtige Rolle. Den Vorteil einer Doppelverglasung zeigt die Versuchsreihe von Bild 7.*

a) *Worin unterscheiden sich die drei Anordnungen von Bild 7? Beschreibe!*

b) *Plane die Durchführung des Versuchs.*

Tipp: Es wird eine Uhr benötigt.

c) *Bevor du zu experimentieren beginnst: Überlege, welche Ergebnisse zu erwarten sind.*

d) *Führt nun die Versuchsreihe durch. Vergleicht anschließend die Ergebnisse und versucht sie zu erklären.*

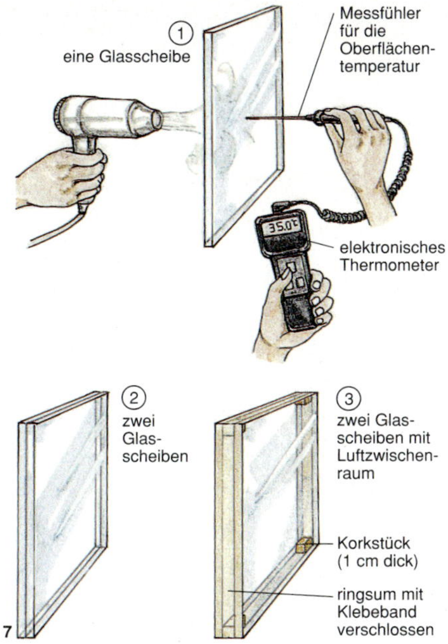

7

V2 *Zwei Bechergläser enthalten Wasser unterschiedlicher Temperatur (Bild 8).*
Durch einen U-förmigen Stab soll Energie vom heißen ins kalte Wasser strömen.

a) *Verwende einen gebogenen Kupferstab. Wie stark erwärmt sich das kalte Wasser innerhalb von 5 min?*

b) *Der Versuch wird mit einem Messingstab und mit einem Glasstab wiederholt. Worauf musst du achten, wenn du die Ergebnisse vergleichen willst?*

V3 *Was beobachtest du nach dem Entzünden des Brenners (Bild 9)? Was zeigt dieser Versuch?*

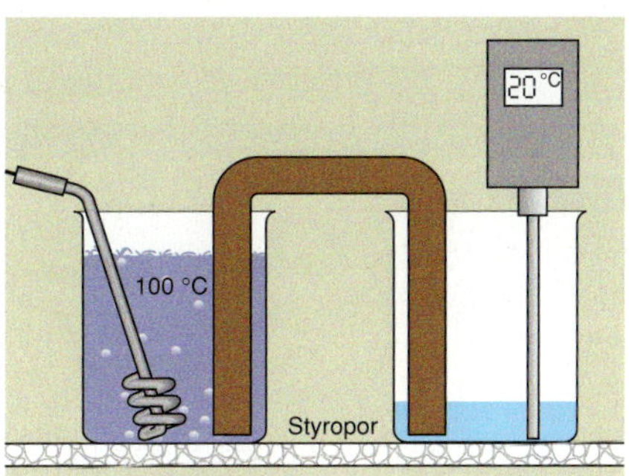

8

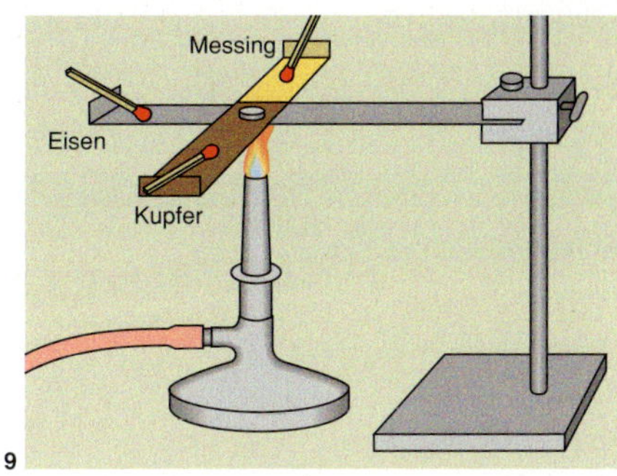

9

Praktikumsversuch

V4 *Mit diesem Versuch können wir herausbekommen, ob Wasser Wärme gut oder schlecht weiterleitet.*

Versuchsmaterialien:
1 hohes Becherglas mit Wasser, 1 kleiner Tauchsieder (300 W), 2 Thermometer, Tinte (evtl. mit einer Pipette zum Hineintropfen)

Versuchsaufbau: *Siehe Bild 10.*

Versuchsdurchführung:

a) *Schaltet den Tauchsieder ein. Achtet dann auf die Veränderung der Temperatur oben und unten im Wasser.*

b) *Wenn das Wasser im oberen Teil siedet, tropft ihr etwas Tinte ins Wasser.*
Wie verteilt sich die Tinte?

c) *Fasst eure Beobachtungen zusammen: Wie breitet sich die Wärme in Wasser aus?*

10
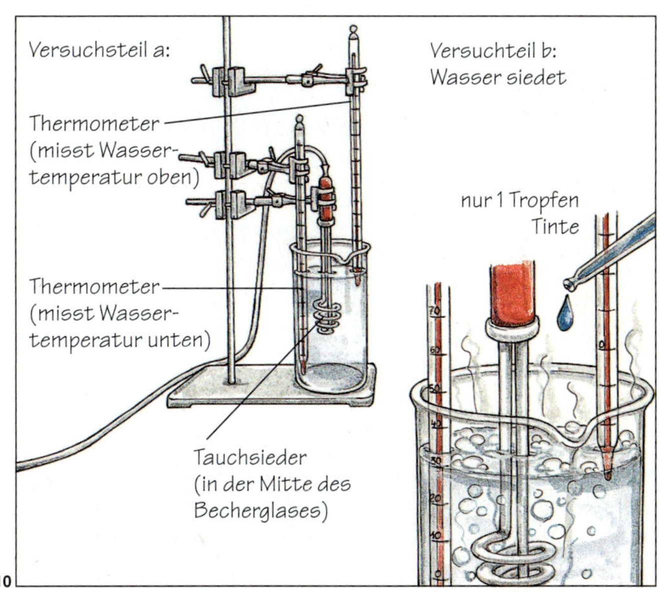

Info: Wärmeabgabe und Wärmeleitung

„Die Suppe soll man essen, solange sie heiß ist." Dieses Sprichwort erinnert uns daran, dass manchmal nicht viel Zeit bleibt um wichtige Dinge zu erledigen.

Überlässt man Körper sich selbst, nehmen sie allmählich die Temperatur der Umgebung an: Heiße Körper geben Wärme (Energie) an die Umgebung ab, kalte Körper werden von der Umgebung erwärmt.

Wenn sich Körper unterschiedlicher Temperatur berühren, geht Energie vom Körper höherer Temperatur auf den Körper niedrigerer Temperatur über.

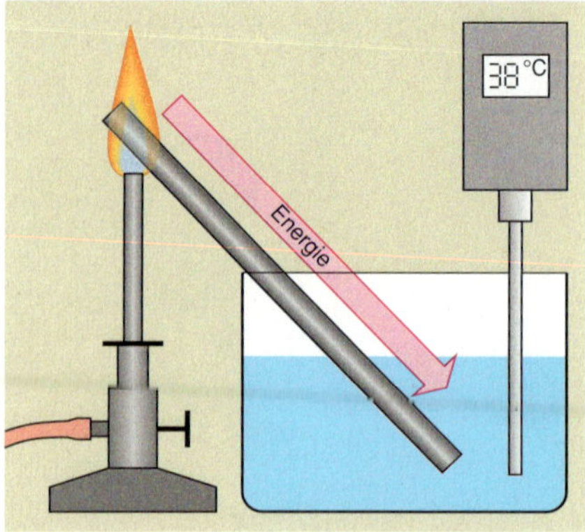

1

Bild 1 zeigt ein Beispiel zur *Wärmeleitung*. Der Metallstab wird in die Flamme gehalten. Man beobachtet, dass die Temperatur des Wassers ansteigt. Durch den Stab strömt also Energie ins Wasser.

Bei der Wärmeleitung strömt die Energie durch einen Körper – von einer Stelle mit höherer zu einer mit niedrigerer Temperatur.

Wie gut ein Körper die Wärme leitet, hängt von dem *Stoff* ab, aus dem er besteht (Bild 2). Silber leitet besser als Kupfer, Kupfer besser als Aluminium, Messing und Eisen.

Metalle leiten die Wärme sehr gut, Glas und Wasser schlecht. Luft leitet Wärme sehr schlecht.

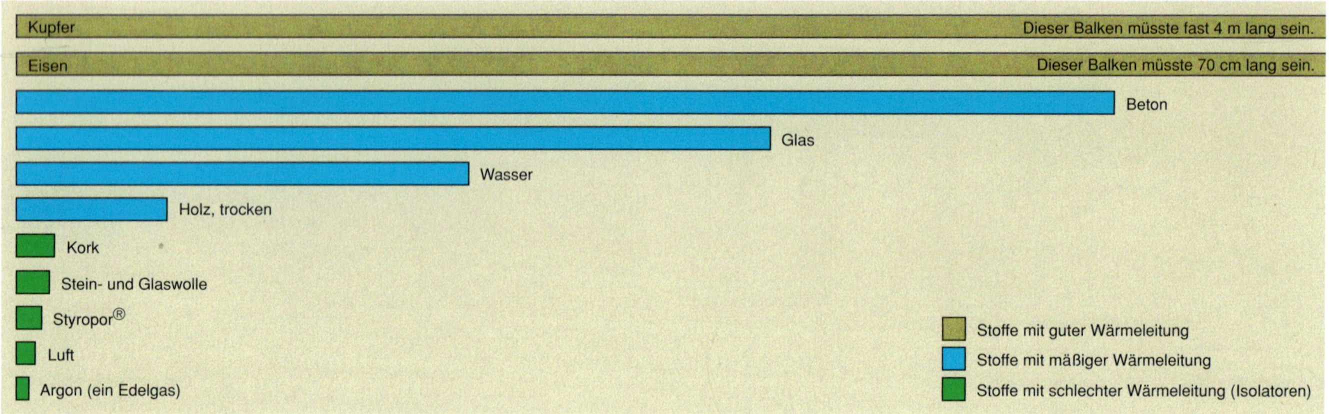

2

Aus dem Alltag: Dämmstoffe

Das gekühlte Getränk soll kalt, das gekochte Ei warm bleiben. Oft will man die Abgabe oder Zufuhr von Energie durch Wärmeleitung vermeiden.

Man verwendet dann schlechte Wärmeleiter. Solche Stoffe heißen *Wärme-Isolatoren* oder *Dämmstoffe*. (Du kannst dabei an das Wort *Damm* denken. Ein Damm soll verhindern, dass z. B. Wasser wegfließt.)

Das Geheimnis der meisten Dämmstoffe ist, dass sie viel Luft einschließen – und Luft ist ein sehr schlechter Wärmeleiter. Damit die Luft nicht entweichen kann, ist sie in vielen kleinen Hohlräumen der Dämmstoffe eingeschlossen. Winterkleidung besteht deshalb häufig aus bauschigem Gewebe. Auch das Haarkleid, ein Fell oder das Gefieder der Vögel sind gute Isolatoren, weil sie Luft einschließen.

Wärmedämmstoffe fühlen sich warm an: Durch das Styropor wird die Energieabgabe von der Hand an die Umgebung verringert. Weil keine Luft an der Hand vorbeistreicht, wird sie nicht mehr von der Luft gekühlt – die Hauttemperatur steigt etwas an.

Wenn man seine Hand dagegen auf eine Metallplatte (einen guten Wärmeleiter) legt, wird die Haut schnell abgekühlt. Die Metallplatte fühlt sich kalt an.

62592

Aus der Technik: Wärmedämmung beim Hausbau

Herr und Frau Stiller wollen bauen. Immer wieder sitzen sie über den Plänen um sich zu beraten.

Natürlich muss das Haus auch im Winter warm sein – und trotzdem soll sparsam geheizt werden. Brennstoffe sind bekanntlich teuer. Vor ihnen liegen die Bilder 3–5.

„Egal, welche Heizung wir einbauen – unser Haus muss so gebaut werden, dass wir nicht auch noch die Straße heizen", meint Frau Stiller.

„Ja", pflichtet ihr Herr Stiller bei, „die Wärmedämmung muss bei den Fenstern beginnen. Die Fenster dürfen nur so wenig wie möglich Wärme nach draußen lassen. Wir brauchen also Fenster mit einer guten Isolierverglasung, am besten mit einer Edelgasfüllung zwischen den Scheiben."

„Und außerdem dürfen die Außenmauern nicht zu dünn werden", sagt Frau Stiller. „Sieh mal, da gibt es ja verschiedene Möglichkeiten." ... So oder ähnlich mag die Unterhaltung verlaufen.

Als Außenmauer einigt sich Familie Stiller auf eine Mauer aus Hohlblocksteinen.

Und zusätzlich soll diese Mauer eine Wärmedämmung aus Styroporplatten und eine Holzverkleidung erhalten.

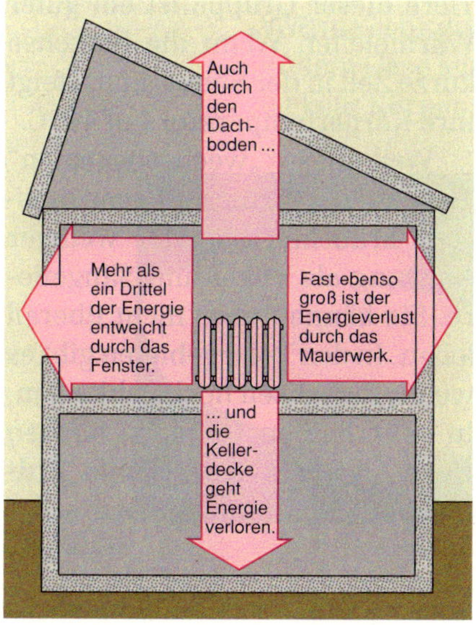

3

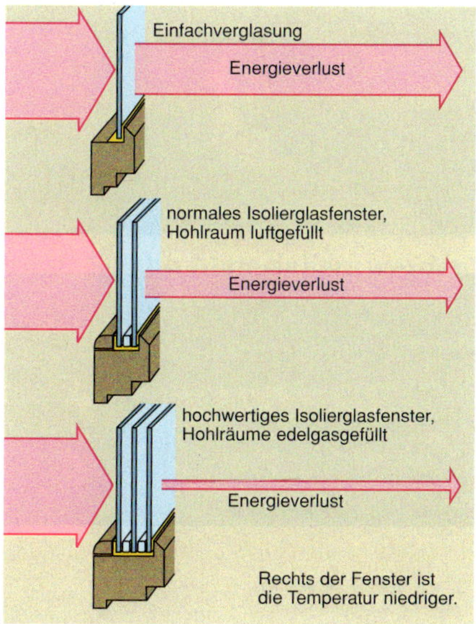

4

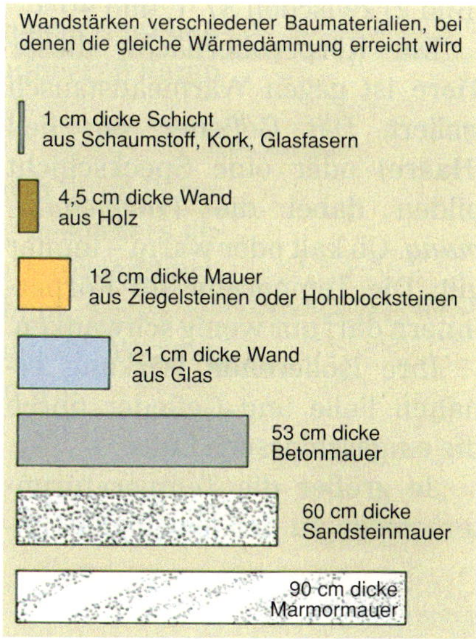

5

A1 *Warum werden Häuser wärmeisoliert? Wie wirkt sich die Wärmeisolierung im Sommer aus?*

A2 *Ordne folgende Stoffe nach ihrer Fähigkeit die Wärme zu leiten: Eisen, Glas, Kupfer, Luft, Styropor.*

A3 *Bei strenger Kälte plustern sich Vögel auf (Bild 6). Warum tun sie das?*

A4 *„Zieh dir eine warme Jacke an!" Das hast du bestimmt schon gehört. Worauf beruht ihre Wirkung? Wo steckt die Wärmequelle bei der „warmen Jacke"?*

6

A5 *Weshalb bestehen Kochlöffel immer aus Holz oder Kunststoff?*

A6 *Kleidung dient der Wärmedämmung.*

a) *Wie muss sie beschaffen sein, damit sie im Winter gut warm hält? Begründe!*

b) *Das Gewebe gut isolierender Kleidung ist elastisch. Nach dem Zusammendrücken wird es wieder bauschig. Warum ist das wichtig?*

A7 *Der Hohlraum zwischen den Scheiben eines Isolierglasfensters wird manchmal mit dem Edelgas Argon gefüllt. Weshalb wohl?*

Die Konvektion

Wärmetransport durch Kreisläufe

Der *Blutkreislauf* hat verschiedene Aufgaben. Eine dieser Aufgaben ist der Wärmetransport. Das erwärmte Blut transportiert Wärme (Energie) aus dem Innern des Körpers z. B. zur Haut.

Welche Gemeinsamkeiten haben Heizungsanlage und Blutkreislauf?

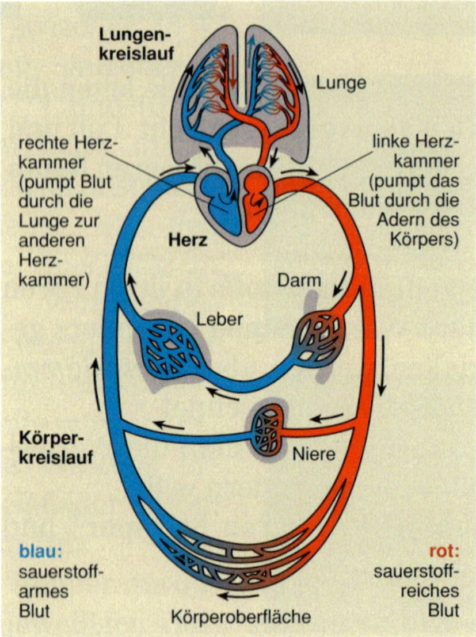

1

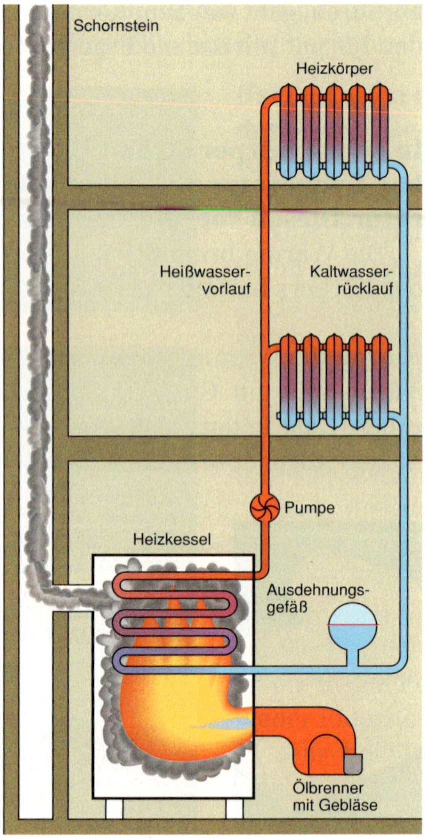

2

Vorbereitende Aufträge

1. *Sieh dir Bild 2 genau an.*

a) *Beschreibe den Weg, den das Wasser in der Heizungsanlage nimmt.*

b) *Welchen Weg nimmt die Wärme, die im Kessel erzeugt wird?*

2. *Bitte jemanden (z.B. den Hausmeister), dir einen Heizungskeller zu zeigen. Du wirst feststellen, dass Bild 2 die Heizung nur vereinfacht zeigt. Versuche die wichtigsten Teile der Heizungsanlage wiederzuerkennen.*

V1 *Mit diesen Geräten (Bild 3) kannst du das Modell einer Warmwasserheizung bauen.*
Plane den Versuch. Lege dazu eine Skizze an.
Funktioniert dein Modell der Warmwasserheizung?

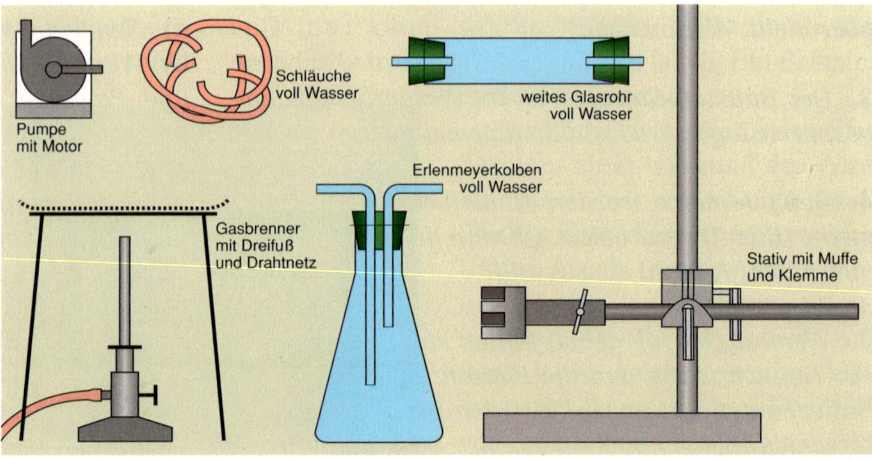

3

A1 *„Die Heizkörper werden warm, weil sie durch gut leitende Eisenrohre mit dem Heizkessel verbunden sind.“*
Ob diese Aussage richtig ist? …

A2 *Zum Heizkörper führen zwei Rohre (Bild 4).*
a) *Wie findest du heraus, durch welches Rohr das Wasser hinein- und durch welches hinausfließt?*
b) *Mit dem Heizkörperventil kann man den Wasserdurchfluss durch einen Heizkörper regeln.*
Warum wird dadurch auch die Zimmertemperatur geregelt?

A3 *Der Energietransport bei der Zentralheizung stellt ein Beispiel für die Konvektion dar (lat. convector: Reisegefährte).*
Erläutere den Begriff Konvektion.

A4 *Bild 6 zeigt die Motorkühlung bei einem Auto. Welche Teile entsprechen einander bei der Motorkühlung und bei der Heizung. Stelle sie in einer Tabelle gegenüber.*

A5 *Warum ist bei einer Heizungsanlage ein Ausdehnungsgefäß nötig (Bilder 2 u. 5)?*

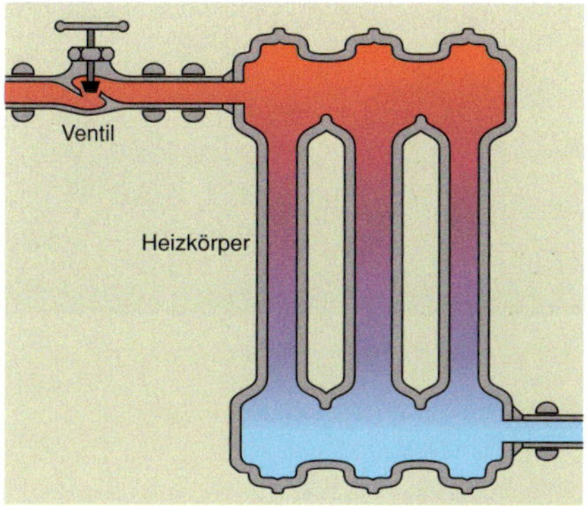

4

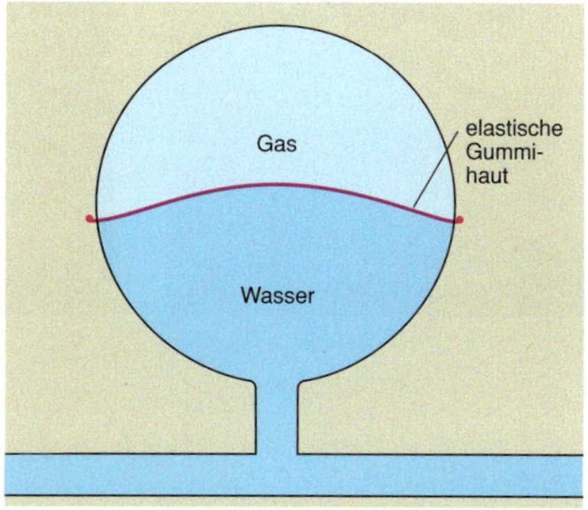

5

Aus der Technik: Wärmetransport beim Automotor

Zusatzangebot

Jeder Motor wird heiß, wenn er in Betrieb ist. Das gilt für Motoren von Autos, aber auch für die von Motorrädern oder Mopeds. Einige Teile erreichen so hohe Temperaturen, dass man sich an ihnen die Finger verbrennen kann.

Im Motor wird der Treibstoff verbrannt. Dabei wird Energie in Form von Wärme freigesetzt.

Nur ein Teil dieser Energie kann aber für die Fortbewegung genutzt werden. Der andere Teil muss an die Umgebung abgeführt werden.

Diese Aufgabe übernimmt bei vielen Motoren das *Kühlwasser*. Es wird in Kanälen durch den Motor gepumpt und nimmt dabei die Wärme auf (Bilder 6 u. 7).

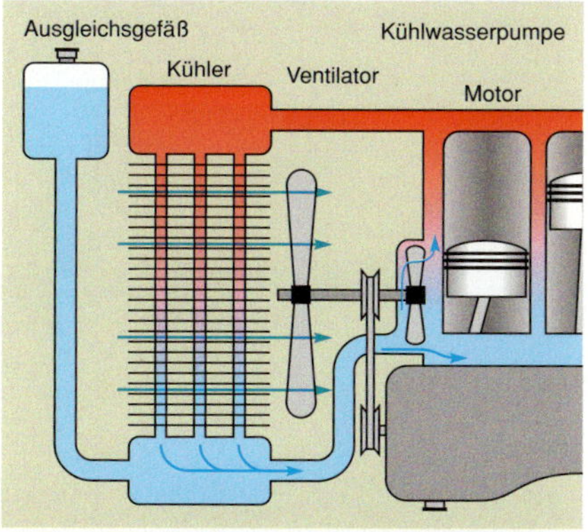

6

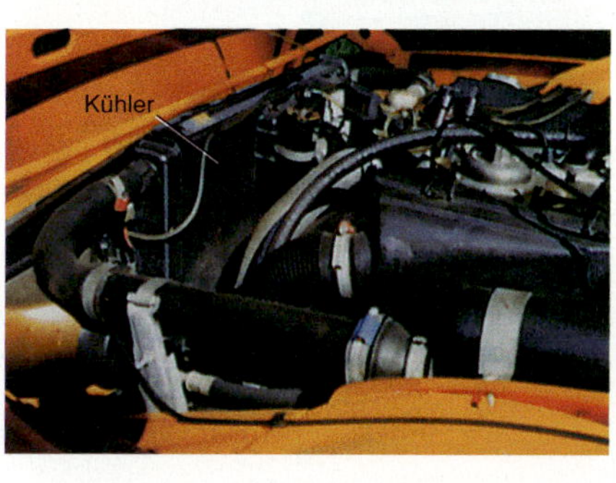

7

Über den *Kühler* wird die Wärme dann an die Luft abgegeben.

Kühleroberflächen sind mit *Lamellen* versehen (Bilder 8 u. 9). Dadurch wird die Oberfläche des Kühlers fast 40-mal so groß wie seine gesamte Vorderseite.

In den Rohren zwischen den Lamellen fließt das Kühlwasser; es führt dabei die Energie mit, die es aufgenommen hat. Dieses Wasser wird vom Fahrtwind gekühlt. Der Ventilator muss nur im Stand laufen (wenn der Fahrtwind fehlt).

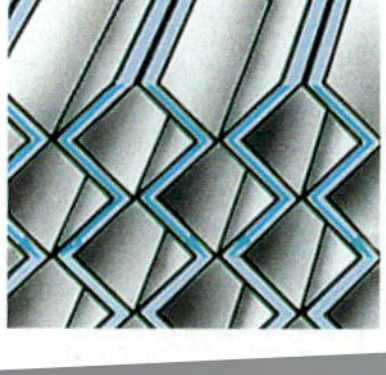
8

9

Wärmetransport ohne Pumpe

„Wie von Geisterhand" wird der Heißluftballon nach oben getragen (Bild 1) – wenn die Luft in ihm erwärmt wird.

Ohne Motor können sich auch Drachenflieger nach oben bewegen (Bild 2). Dabei benötigen sie keine Flamme wie beim Heißluftballon. Dennoch spielt erwärmte Luft dabei eine Rolle …

1

2

Vorbereitende Aufträge

1. *Das Aufsteigen von Warmluft kannst du mit einer selbst gebastelten „Warmluftspirale" (Bild 3) nachweisen:*

a) *Schneide aus einem Blatt Papier eine Spirale aus.*
Stecke dann am inneren Ende der Spirale von unten her eine Stecknadel durch das Papier. So kann sich die Spirale leicht um den Stecknadelkopf drehen.

b) *Halte deine „Warmluftspirale" an der Nadel über einen Toaster, eine Kochplatte, einen Heizkörper …*

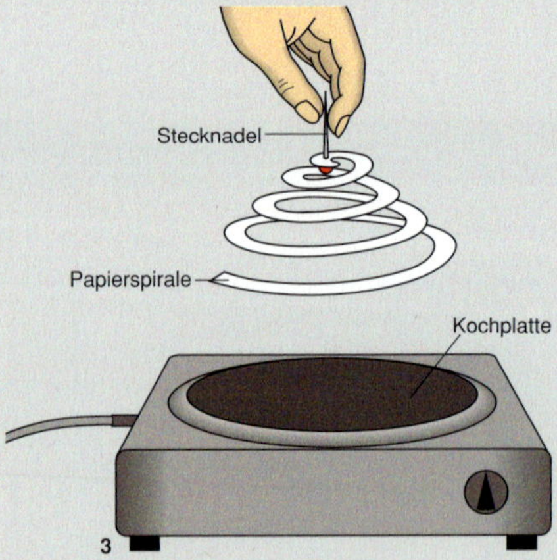

3

2. *Fülle einen kleinen Gummiballon (eine „Wasserbombe") mit kaltem Wasser.*

a) *Bereite in einem Topf heißes Wasser vor und lege den gefüllten Ballon hinein. Was geschieht?*

b) *Nach einigen Minuten nimmst du den Ballon aus dem heißen Wasser heraus (Bild 4). Stattdessen legst du ihn in einen Topf mit kaltem Wasser. Wie verhält sich der Ballon jetzt?*

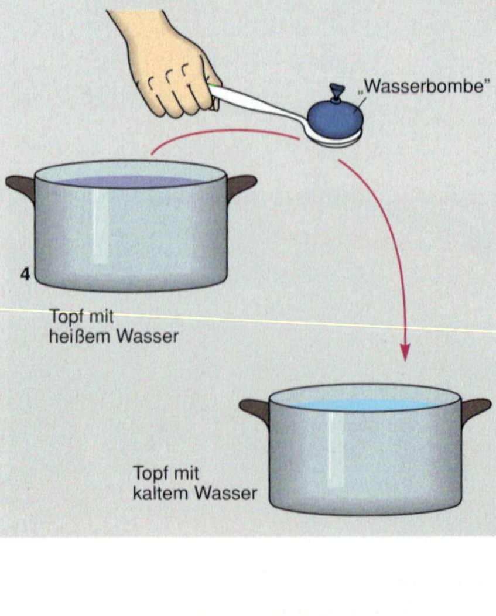

4

c) *Wenn man ein Holzstück oder einen Ball unter Wasser drückt und loslässt, steigt der Gegenstand auf. Ein Stein jedoch würde zu Boden sinken.*
Vergleiche mit dem Verhalten des Ballons in kaltem und in heißem Wasser.

3. *Wenn ein Zimmer beheizt wurde und es draußen kühl ist, kannst du einen interessanten Versuch machen:*

a) *Öffne ein Fenster oder eine Balkontür einen kleinen Spalt weit. Alle übrigen Fenster und Türen bleiben geschlossen.*
Halte eine brennende Kerze zunächst oben und dann unten an den Spalt. In welche Richtung wird die Flamme jeweils geblasen?

b) *Überlege dir eine Erklärung für deine Beobachtung.*

62602

V1 *Luft ist zwar unsichtbar, man kann aber aufsteigende Luft mit einem Trick sichtbar machen. Man beleuchtet sie dazu mit einem Diaprojektor.*

a) *Bild 5 zeigt den Versuchsaufbau. Beobachte das Schattenbild der Kerze.*

b) *Ob man die gleiche Beobachtung auch bei anderen Wärmequellen macht?*

Du kannst z. B. einen Toaster, eine Kochplatte oder ein Bügeleisen verwenden.

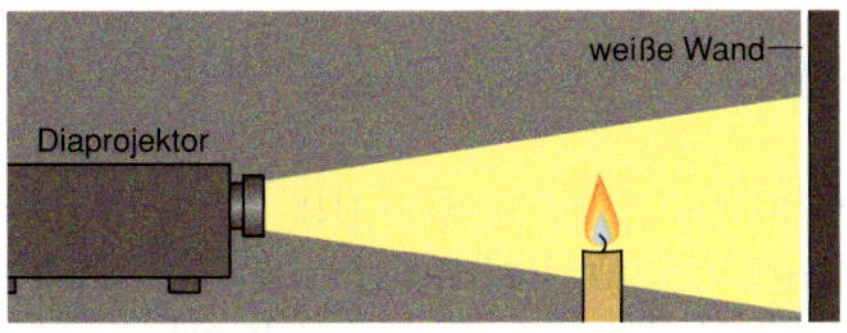

5

V2 *Bei dem Versuch nach Bild 6 werden alle 60 Sekunden die Temperaturen abgelesen.*

a) *Vergleiche jeweils die Wassertemperaturen oben und unten.*

b) *Ob du es schaffst, eine Erklärung für deine Beobachtungen zu finden?*

Versuche es.

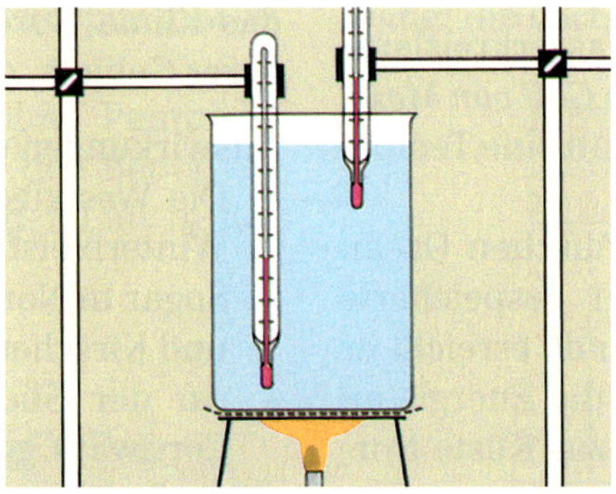
6

V3 *Ein Rundkolben wird mit kaltem Wasser gefüllt. Wenn es ruhig steht, fügt man einige Kristalle Kaliumpermanganat hinzu. Sie färben das Wasser am Boden violett. Nun wird seitlich an den Rundkolben ein Brenner gestellt (Bild 7). Beschreibe, was du in dem Wasser siehst.*

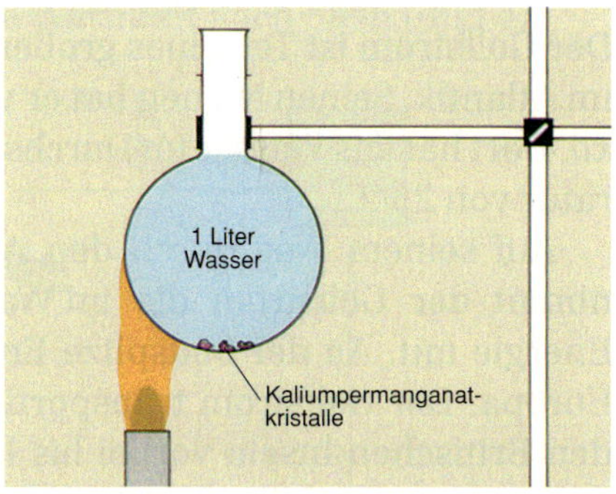

7

Info: Kreisläufe transportieren Wärme

In erwärmtem Wasser ist Energie (Wärme) gespeichert. Fließt das Wasser weiter, nimmt es die Wärme mit. Man spricht von Mitführung oder Konvektion. Auch bei Luft tritt Konvektion auf.

Häufig geschieht dieser Wärmetransport in *Kreisläufen* (Warmwasserheizung, Blutkreislauf). An einer Stelle wird dem Kreislauf Energie zugeführt – an anderer Stelle wird sie ihm entzogen (Bild 8).

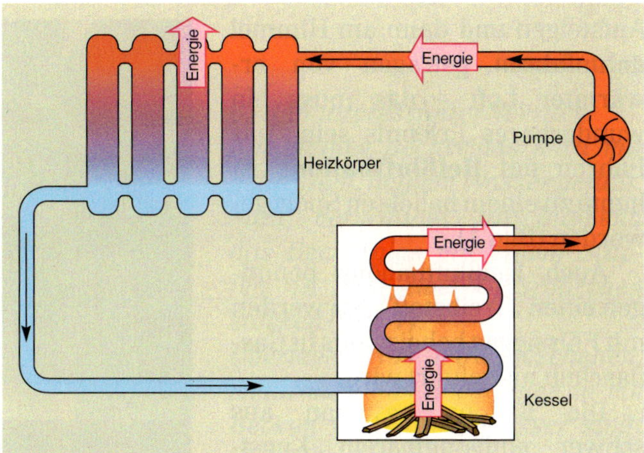

8

In der Natur kommen Kreisläufe von Wasser oder Luft scheinbar von allein in Gang. Sie müssen nicht durch eine Pumpe angetrieben werden.

Wie es zum Kreislauf kommt, ist leicht zu verstehen: Luftblasen in Wasser steigen nach oben. Luft ist ja leichter als Wasser. Das schwerere Wasser nimmt den Platz unten ein.

Was für die Luftblasen gilt, gilt auch für warmes Wasser, das von kälterem Wasser umgeben ist: Warmes Wasser ist leichter als kaltes Wasser (Bild 9), denn beim Erwärmen dehnt sich Wasser aus. Das schwerere kalte Wasser sinkt nach unten und drängt das leichtere warme Wasser nach oben.

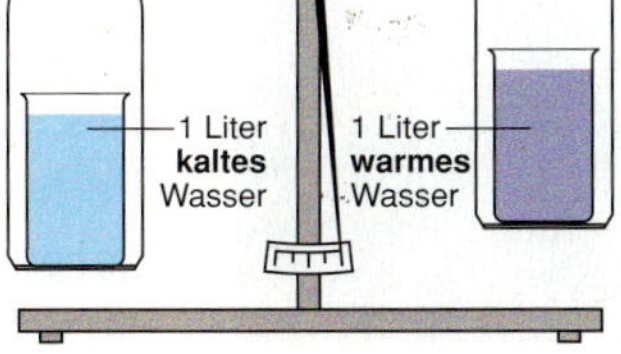

9

In der Lufthülle geschieht das Gleiche: Die Sonne erwärmt den Boden, sodass sich die Luft direkt über dem Boden erwärmt. Sie wird damit leichter als die kältere Luft über ihr. Die wärmere leichte Luft steigt nach oben, weil die schwerere kalte Luft nach unten sinkt. Oben kühlt sich die Luft wieder ab; sie sinkt nach unten usw. Der Kreislauf ist geschlossen.

Die Strahlung

So kommt die Sonnenenergie zur Erde

1

Die Luft ist noch ziemlich kalt. Trotzdem fühlen sich die Urlauber in der Sonne wohl.

2

Am Lagerfeuer bekommt man ein glühendes Gesicht und einen kalten Rücken.

Es ist nicht die Umgebungsluft, die uns in solchen Fällen erwärmt ...

Vorbereitende Aufträge

1. *Du brauchst eine Leuchte mit drehbarem Schirm.*

a) *Halte deine Hand unter die eingeschaltete Lampe. Auf welche Weise wird deine Hand warm – durch Leitung oder durch Konvektion?*

b) *Drehe den Schirm der Leuchte so wie in Bild 3. Kannst du mit geschlossenen Augen fühlen, ob die Lampe eingeschaltet ist oder nicht? (Die Lampe nicht berühren!)*

c) *Halte Papier zwischen Lampe und Hand. Was fühlst du?*

2. *Überziehe eine Postkarte glatt mit einer glänzenden Aluminiumfolie.*

a) *Halte die Postkarte mit der Folienseite nahe an deine Wange (Bild 4). Was stellst du fest? Welche Erklärung hast du für deine Beobachtung?*

b) *Mit der Alufolie kannst du „Wärme spiegeln": Halte die Postkarte über einen eingeschalteten Toaster oder vor ein senkrecht stehendes Bügeleisen (Bild 5).*
Drehe die Postkarte etwas hin und her. In welcher Stellung spürst du, dass dein Gesicht warm wird?

3. *Lege (im Freien) ein weißes und ein schwarzes Blatt Papier nebeneinander in die Sonne. Unter beide Blätter legst du eine Zeitung (zur Isolierung gegenüber dem Boden).*
Lass die Papiere 15 min lang liegen. Prüfe dann mit der Wange die Temperatur ihrer Oberfläche. Was stellst du fest?

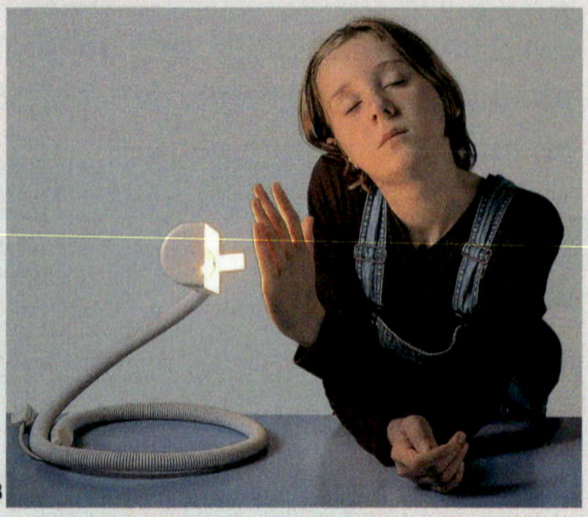

3

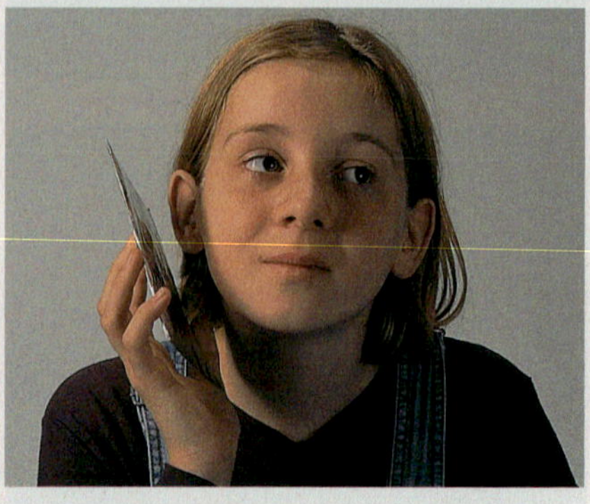

4

5

62606

V1 *Für diesen Versuch brauchst du ein Thermoskop (Bild 6): Ein mit Wasser gefülltes U-Rohr zeigt an, wenn sich die Luft im Reagenzglas erwärmt und dabei ausdehnt.*

a) *Nähere zunächst deine Hand vorsichtig der heißen Platte. Halte dann das Reagenzglas an die gleiche Stelle.*

b) *Wiederhole den Versuch. Verwende statt der Metallplatte eine helle Glühlampe oder einen Topf mit heißem Wasser.*

c) *Umwickle das Reagenzglas mit Aluminiumfolie. Halte es eine Minute lang neben die Glühlampe. Was stellst du fest?*

d) *Jetzt umwickelst du das Reagenzglas mit schwarzem Papier. Halte es anschließend wieder neben die Glühlampe.*

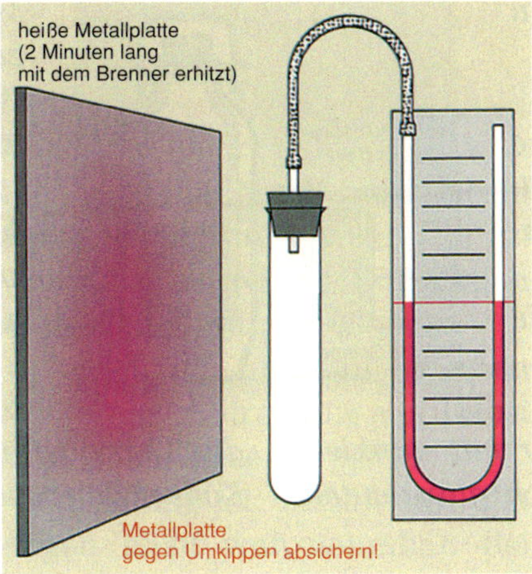

6

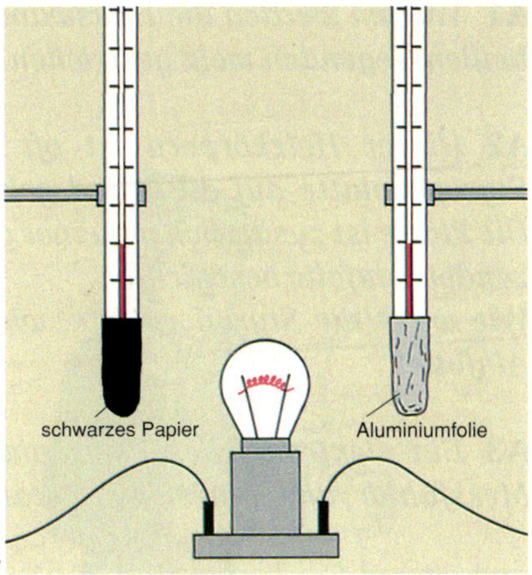

7

V2 *Auch in diesem Versuch (Bild 7) geht es um das „Empfangen" und „Aussenden" von Energie.*

a) *Bei welchem Thermometer steigt die Temperatur auf höhere Werte?*

b) *Bringe beide Thermometer auf die gleiche Temperatur. Welches kühlt schneller ab?*

Info: Strahlung überträgt Energie

Körper senden Strahlung aus

Wenn ein Auto „in der Sonne steht", wird es im Innern sehr heiß. Am Strand wird der Sand manchmal so heiß, dass man ohne Schuhe kaum darauf laufen kann.

In beiden Fällen werden Körper durch die Strahlung der Sonne erwärmt. Die Sonnenenergie wird nur durch Strahlung zur Erde übertragen (Bild 8).

Durch Strahlung wird Energie übertragen.

Strahlung breitet sich auch im luftleeren Raum aus – im Gegensatz zu Wärmeleitung und Konvektion, bei denen ein Stoff erforderlich ist.

Die Sonne strahlt nicht nur Licht aus. Einen Teil der Sonnenstrahlung können wir mit den Augen nicht wahrnehmen.

Auch andere Körper senden Strahlung aus und geben so Energie ab, z. B. eine heiße Herdplatte, der Glühdraht in einer Glühlampe oder dein Körper.

8

Abhängig von ihrer Temperatur senden Körper Strahlung aus. Nur sehr heiße Körper strahlen auch Licht aus.

Strahlung trifft auf Körper

Wenn Strahlung auf einen anderen Körper trifft, wird sie teilweise aufgenommen (absorbiert). Teilweise wird die Strahlung zurückgeworfen.

Körper mit *dunkler* Oberfläche absorbieren besonders viel Strahlung (lat. *absorbere:* verschlingen, aufsaugen). Dadurch erhalten sie viel Energie. Gegenstände mit glatter, blanker Oberfläche werfen den größten Teil der Strahlung zurück. Sie erhalten wenig Energie. Deshalb werden Körper mit dunkler Oberfläche stärker erwärmt als Körper mit heller Oberfläche.

Bei gleicher Temperatur strahlen Körper mit dunkler Oberfläche auch stärker als solche mit heller oder glänzender Oberfläche.

Magnetismus

Eigenschaften von Magneten

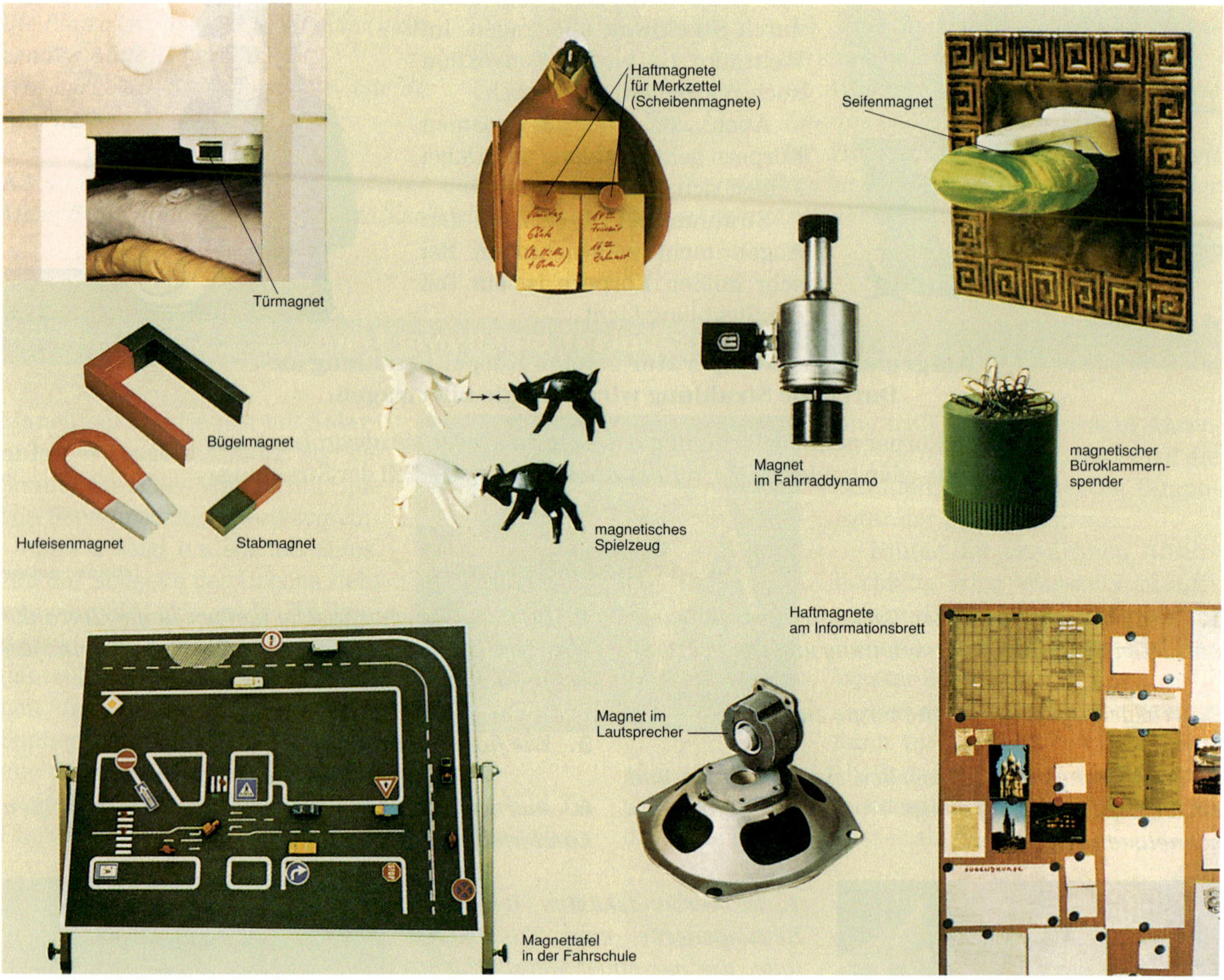

1

Vorbereitende Aufträge

1. *Bestimmt gibt es bei euch zu Hause viele Magnete.*
Nicht immer werden sie so eindeutig als Magnete zu erkennen sein wie der Hufeisen-, der Bügel- und der Stabmagnet in Bild 1. Die wirst du wohl nur in der Schule antreffen.
a) *Welche der Magnete von Bild 1 gibt es bei dir zu Hause?*

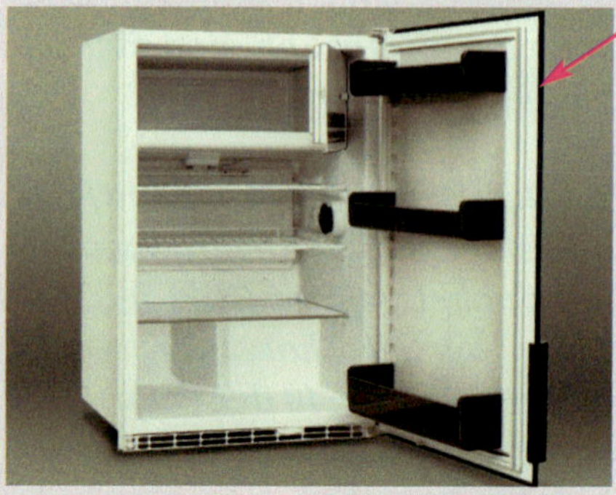
2

b) *Kennst du weitere Beispiele? (Bild 2 gibt dir einen Tipp.)*
c) *Bringe deine eigenen Magnete mit in die Schule.*

2. *Was weißt du schon von Magneten? (Die Versuche auf den folgenden Seiten zeigen ihre Eigenschaften. Aber vielleicht kennst du sie schon ...)*

62045

Info: Körper oder Stoff – magnetische Stoffe

Körper und Stoff

In der *Umgangssprache* versteht man unter „Körper“ z. B. den Körper eines Menschen oder den eines Tieres. Das Wort steckt auch in *Heizkörper* und *Fremdkörper*.

Unter dem Begriff „Stoff“ versteht man im Alltag das, woraus Kleidungsstücke hergestellt werden. Wir sprechen aber auch von *Klebstoff*, *Farbstoff*, *Kunststoff* oder *Treibstoff*.

In der Physik werden die Begriffe Körper und Stoff etwas anders verwendet.

Als Körper bezeichnet man alle Gegenstände. Körper sind z. B. Ohrringe, Büroklammern, Bleistifte, Bücher, Blumen, Tiere oder Menschen.

Als Stoff bezeichnet man das Material, aus dem die Körper bestehen. Stoffe sind z. B. Stahl, Gold, Glas, Kunststoff, Kalkstein, Luft oder Wasser.

Der Körper „Büroklammer“ besteht also aus dem Stoff „Stahl“ (oder aus dem Stoff „Kunststoff“). Der Körper „Teller“ besteht aus dem Stoff „Porzellan“.

Magnetisch – nichtmagnetisch

Magnete können dir bei der Suche nach bestimmten Stoffen zu helfen.

Ein Magnet zieht nämlich nur Eisen und Stahl stark an. Nickel und das ganz seltene Metall Cobalt zieht er schwach an.

Dabei kommt es nicht auf die Merkmale der Körper an, die man untersucht (z. B. auf deren Form). Wichtig sind vielmehr die *Stoffe*, aus denen sie bestehen: Büroklammern oder Schlüssel z. B. werden nur angezogen, wenn sie Eisen oder Nickel enthalten (Bild 3). Sie werden nicht angezogen, wenn sie aus nichtmagnetischen Stoffen bestehen (Bild 4).

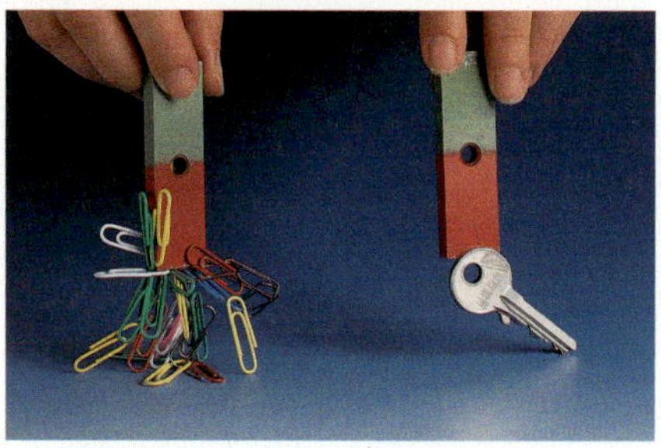
3

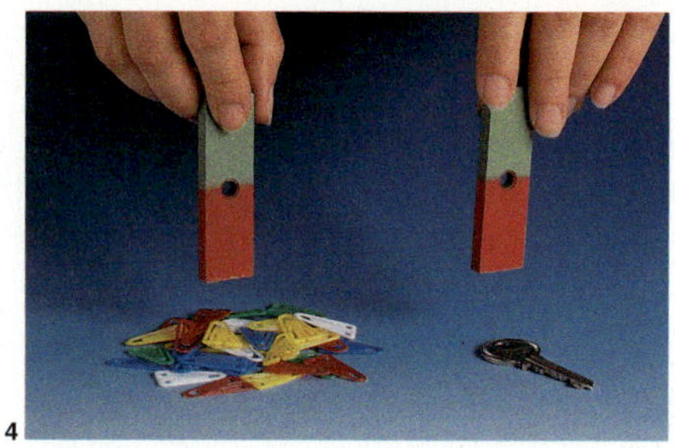
4

V1 *Untersuche, welche Gegenstände vom Magneten angezogen werden.*
a) Überlege dir vor dem Versuch, welche Gegenstände vermutlich angezogen werden.
b) Überprüfe, ob deine Vermutungen stimmen. Notiere deine Ergebnisse in einer Tabelle (→ Muster).

V2 *Die Stellen, an denen die magnetische Wirkung am größten ist, nennt man* **Pole** *des Magneten.*
a) *Untersuche bei verschiedenen Magneten, wo die Pole liegen. Am besten benutzt du kleine Nägel oder Stahlkugeln.*
b) *Zeichne das Versuchsergebnis auf.*

Mustertabelle zu Versuch 1

Vom Magneten werden angezogen		Vom Magneten werden nicht angezogen	
Körper (Gegenstand)	Stoff (Material)	Körper (Gegenstand)	Stoff (Material)
Schere	Eisen (Stahl)	Fingerring	Silber
Nagel	Eisen	Streichholz	Holz
Büroklammer	?	Büroklammer	?
?	?	?	?

63517

V3 *Man unterscheidet zwei Arten von Polen: Nordpole und Südpole. **N**ordpole sind oft **r**o**t** gekennzeichnet, **S**ü**d**pole **g**r**ü**n.*
Was geschieht, wenn sich zwei Magnete mit ihren Nordpolen nähern (Bild 1)? Was beobachtest du, wenn sich ihre Südpole nähern?
Was passiert, wenn sich der Nordpol des einen Magneten dem Südpol des anderen nähert. (Bild 2)?

1

2

V4 *„Nicht nur der Magnet zieht ein Stück Eisen an, sondern auch das Eisen den Magneten."*
Denke dir einen Versuch aus, mit dem du diese Aussage überprüfen kannst.

V5 *Ob ein Magnet auch durch Glas, Karton, Holz, Wasser oder Papier hindurch wirkt?*
Plane zu dieser Frage Versuche.
Führe die Versuche durch. Was stellst du fest?

V6 *Mit Magneten lassen sich einfache Kunststücke durchführen:*
Du kannst z. B. eine Figur aus Metall auf einem Karton bewegen (Bild 3). Vielleicht gelingt es dir auch, eine festgebundene Büroklammer schweben zu lassen …

3

A1 *Ein Fahrrad ist aus vielen Einzelteilen zusammengesetzt. Aus welchen Stoffen bestehen die einzelnen Teile? Werden Sie vom Magneten angezogen?*
Lege in deinem Heft eine Tabelle an (→ Muster) und fülle sie aus.

A2 *Zeichne die Bilder 4 u. 5 ab und male die Magnete mit den „richtigen" Farben aus.*

A3 *Du weißt bereits, dass Magnete immer zwei Pole haben.*
a) *Woran könnte es liegen, dass man sie nach zwei Himmelsrichtungen benennt?*
b) *Zwei Stabmagnete liegen nahe beieinander auf Rollen. Beschreibe, wie sie sich verhalten: „Pole mit gleichem Namen …" und „ungleichnamige Pole …"*

A4 *Michael Ende hat in einem Buch beschrieben, wie Jim Knopf und Lukas, der Lokomotivführer, um die Welt reisen. Eines Tages kommen sie zu einem geheimnisvollen Magnetberg, der alle eisernen Körper anzieht. Aus zwei Brocken von diesem Berg bauen sie sich einen Antrieb für ihre Lok (Bild 6).*
a) *Wie soll ihr Magnetmotor funktionieren?*
b) *Plane dazu einen Versuch.*

Körper	Stoff	wird vom Magneten angezogen
Lenker	Stahl	ja
Rahmen	?	?
Sattel	?	?
Felge	?	?
Speiche	?	?
Reifen	?	?
Schutzblech	?	?
Scheinwerfer	?	?
Reflektoren	?	?
Gepäckträger	?	?
Klingel	?	?
Tretkurbel	?	?
Rücklicht	?	?
Pedal	?	?

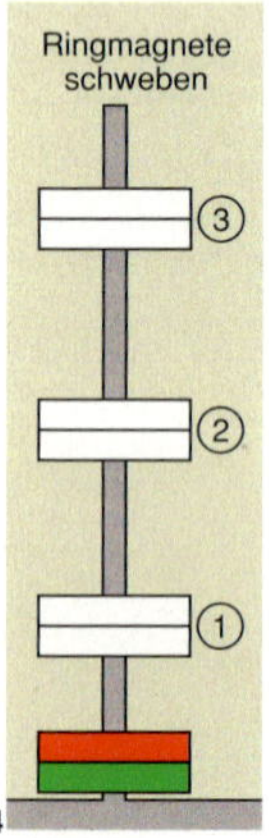

4

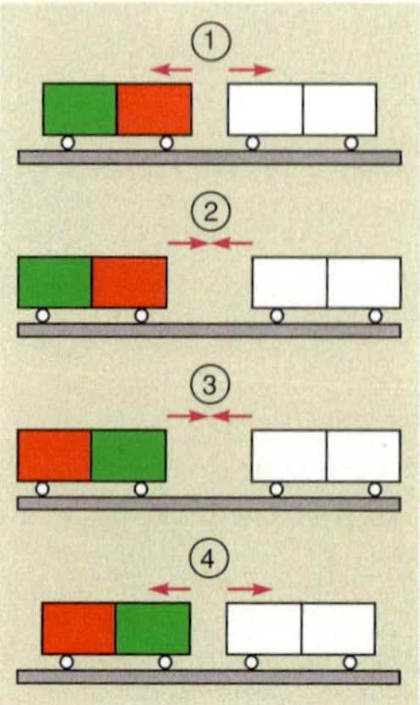

5

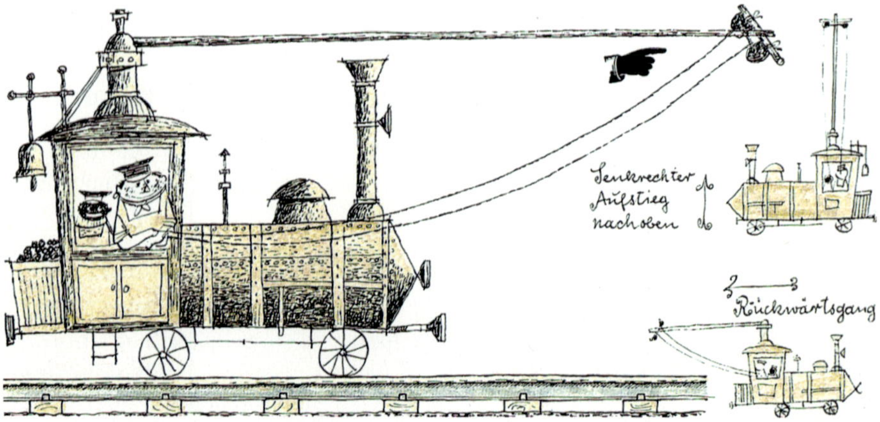

6

63518

Aus dem Alltag: Magnet rettet Zuchtbullen

Zusatzangebot

Bauer Grünert hat einen Verdacht: Sein Zuchtbulle hat wahrscheinlich *Drahtreste* mitgefressen. Sie waren beim Ausbessern des Zaunes liegen geblieben.

Gleich ruft er den Tierarzt. Der ist schnell zur Stelle. Er holt einen kleinen „Plastikkäfig“ aus der Tasche und sagt: „Das Ding müssen wir in den Vormagen des Bullen einführen. In der Mitte befindet sich ein starker Magnet. Daneben ist genug Platz – dort werden sich die Drahtstücke anlagern. Dann werden die Magenwände des Tieres geschützt.“

„Und wie holen Sie den Magneten mit den Eisenstücken wieder heraus?“, will Herr Grünert wissen.

„Überhaupt nicht“, erklärt der Tierarzt. „Der Magnet bleibt für immer im Magen des Tieres. Vielleicht frisst der Bulle ja noch mal was Eisernes, eine Haarklemme oder den Kronenverschluss einer Bierflasche. Man kann ja nie wissen, was das Tier noch auf der Weide findet.“

Gesagt – getan! Der Tierarzt führt dem Bullen den Plastikkäfig ein (Bild 7), auch wenn der Bulle das gar nicht so gerne mag.

Der Verdacht des Bauern bestätigt sich Jahre später auf dem Schlachthof. Am Magneten seines Tieres hängen die Reste von Stacheldraht (Bild 8, Mitte).

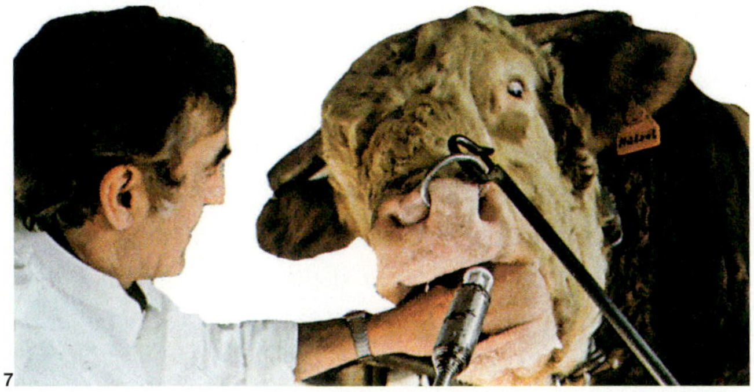

7

8

Aus der Technik: So werden Magnete hergestellt

Zusatzangebot

Magnete aus Stahl haben einen Nachteil: Ihre magnetische Wirkung lässt mit der Zeit nach – hauptsächlich infolge von Erschütterungen.

Alnicomagnete haben diesen Nachteil nicht. Sie bestehen aus Eisen, Aluminium, Nickel und Cobalt.

Bild 9 zeigt vereinfacht, wie sie hergestellt werden.

Beim Zusammenpressen werden die Metalle magnetisiert – mit Hilfe von Elektromagneten.

Alnicomagnete sind hart und spröde. Wenn sie zu Boden fallen, zerspringen sie leicht. Man kann bei ihrer Herstellung Kunststoffe oder Gummi beimengen. Dann entstehen biegsame Dauermagnete (Bild 10).

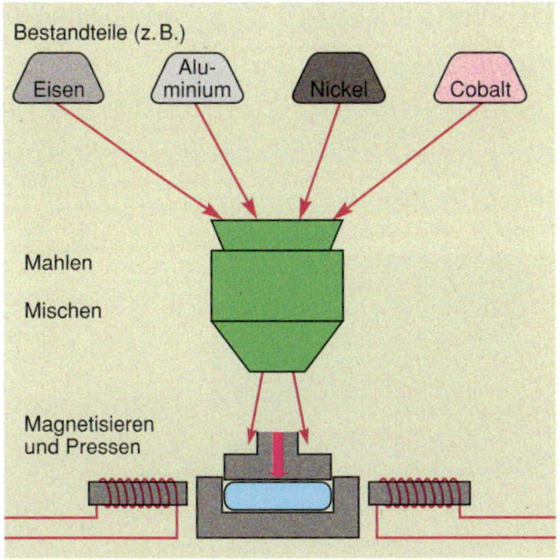

9

10

Magnetisieren und Entmagnetisieren

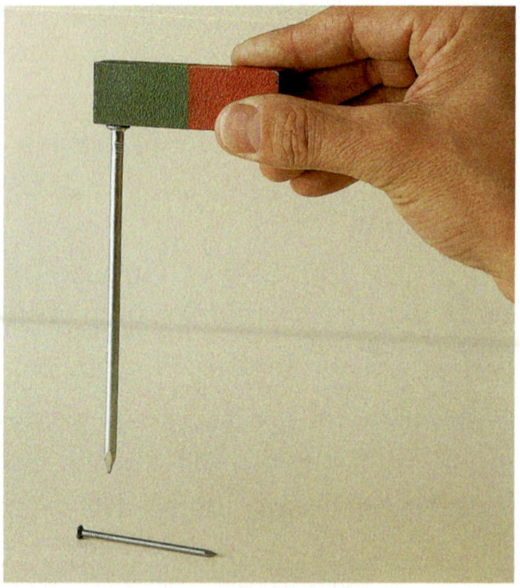

1

2

Mit Hilfe eines Magneten werden Nägel oder Nadeln selbst zu kleinen Magneten.

Vielleicht kannst du dir einen Magneten ausleihen. Dann kannst du die folgenden Versuche zu Hause durchführen.

V1 *Hänge einen langen Eisennagel an einen Magneten und an seine Spitze einen kleinen Nagel (Bild 1). Dann hältst du den großen Nagel fest und ziehst den Magneten von ihm weg. Was stellst du fest?*

V2 *Stärkere Magnete erhältst du so: Du streichst mit einem Pol eines Magneten mehrmals in gleicher Richtung über einen eisenhaltigen Körper (Bild 2).*

a) *Magnetisiere lange Eisennägel und Stahlnägel. (Eisennägel bestehen aus einer „weicheren" Stahlsorte als Stahlnägel.)*

b) *Überprüfe nach ca. 10 Minuten (einer Stunde, einem Tag), ob deine selbst gemachten Magnete immer noch Nägel anziehen.*

c) *Stelle fest, wo die Nord- und Südpole der von dir hergestellten Magnete sind. Dazu brauchst du eine kleine Magnetnadel oder einen Taschenkompass.*

V3 *Wiederhole V 2 auch mit anderen Körpern: Statt des Nagels kannst du z. B. eine Eisenschraube, eine Messingschraube, ein Eisenblech, ein Kupferblech, einen Schraubendreher aus Stahl nehmen. Kannst du vorhersagen, welche Stoffe magnetisierbar sind? Trage deine Ergebnisse in eine Tabelle ein.*

magnetisierbare Stoffe	*nichtmagnetisierbare Stoffe*
?	*?*

V4 *Mit einem Magneten kann man andere Körper magnetisieren. Untersuche, ob der Magnet dadurch schwächer wird.*

a) *Lege eine Büroklammer an den Nullpunkt des unten abgebildeten Lineals (Bild 3).*

b) *Schiebe dann den Magneten langsam von rechts nach links auf die Büroklammer zu. Von welcher Entfernung an wird die Büroklammer angezogen?*

c) *Magnetisiere zehn Nägel mit dem Magneten. Prüfe nach, ob er danach schwächer geworden ist.*

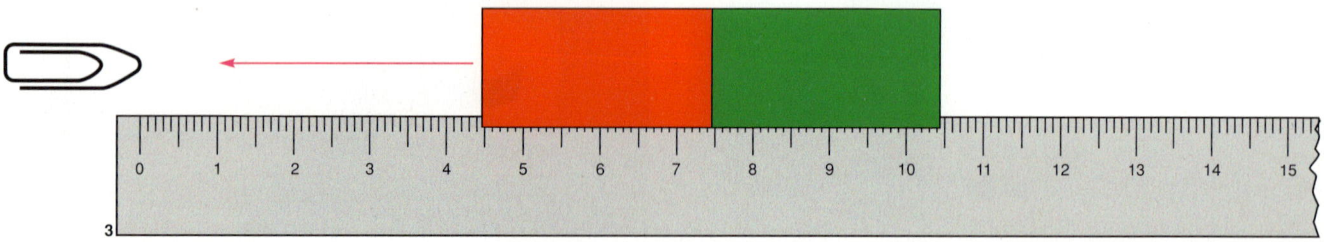

3

62051

V5 *Wir fügen mehrere kleine Magnete zusammen.*
a) *Wir verteilen Scheibenmagnete auf der Tischplatte (Bild 4) und lassen sie aufeinander zurollen.*
b) *Prüfe mit einer Magnetnadel oder mit Nägeln, wo die Pole des zusammengesetzten Magneten liegen.*
c) *Ist die magnetische Wirkung des zusammengesetzten Magneten größer als die eines einzelnen Magneten? Probiere es aus.*

V6 *In Bild 5 werden Magnete zusammengefügt.*
a) *Kannst du voraussagen, was du beobachten wirst? Probiere es dann aus.*
b) *Die Magnete sollen mit gleicher Polung nebeneinander stehen. Weise nach, dass sie zusammen eine größere Wirkung haben als ein einzelner Stabmagnet.*
c) *Auf dem Bild wurde der linke Magnet auf dem Tisch festgeklebt. Warum wohl?*

V7 *Durch Hammerschläge oder Glühen in einer Flamme lässt sich die Wirkung eines Magneten zerstören. Probiere es mit magnetisierten Nägeln aus.*

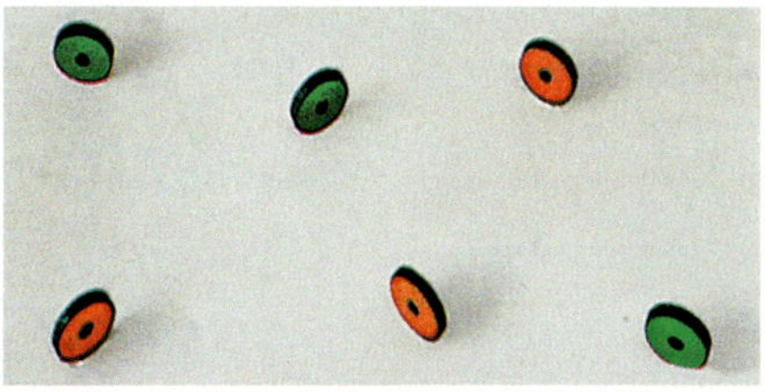
4

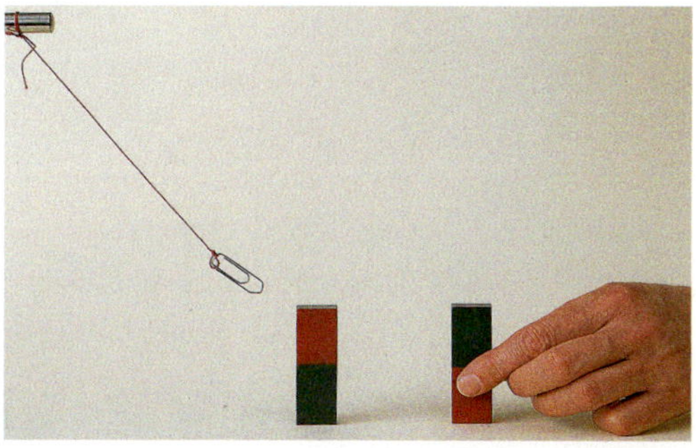
5

Info: Von Magneten und ihrem Aufbau

Zusatzangebot

Eine Stricknadel lässt sich magnetisieren. Man bestreicht sie dazu mit dem Pol eines Magneten. Die magnetisierte Stricknadel hat einen Nord- und einen Südpol (Bild 6).

Was entsteht wohl, wenn man eine magnetisierte Stricknadel genau in der Mitte durchtrennt? Ob man dann zwei Hälften mit nur *einem* Pol erhält? Die Bilder 6–9 zeigen die verschiedenen Möglichkeiten.

Tatsächlich entstehen beim Teilen niemals magnetischen Einzelpole, sondern immer zwei vollständige Magnete mit je einem Nord- und einem Südpol.

Und wenn man einen dieser Magnete weiter teilt, entstehen wieder zwei neue Magnete mit je einem Nord- und einem Südpol (Bild 10).

Um die Beobachtungen zu erklären, nimmt man Folgendes an: Jeder Magnet besteht aus vielen einzelnen winzig kleinen „magnetischen Bereichen" mit je einem Nord- und Südpol.

Im nichtmagnetisierten Eisen sind die Bereiche nicht geordnet. Die magnetischen Bereiche schwächen sich in ihrer Wirkung gegenseitig ab. Nach außen hin bemerkt man keine magnetische Wirkung.

Bestreicht man ein Stück Eisen mit einem Magneten, so ordnen sich die magnetischen Bereiche in ihm um. Die Nordpole zeigen alle nach der einen Seite, die Südpole nach der anderen. Die Bereiche wirken nun alle wie ein großer Magnet. Das Eisen ist magnetisiert.

Beim Teilen eines Magneten enthalten die beiden Hälften eine Vielzahl von ausgerichteten Bereichen und sind somit selbst wieder vollständige Magnete.

Wenn der Magnet erhitzt oder erschüttert wird, verlieren die Bereiche ihre Ordnung. Das Eisen ist entmagnetisiert.

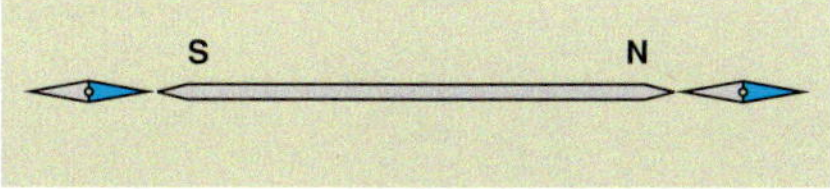

6

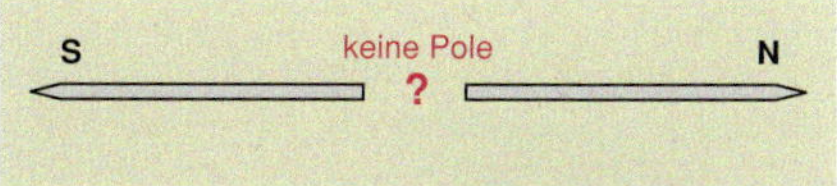

8

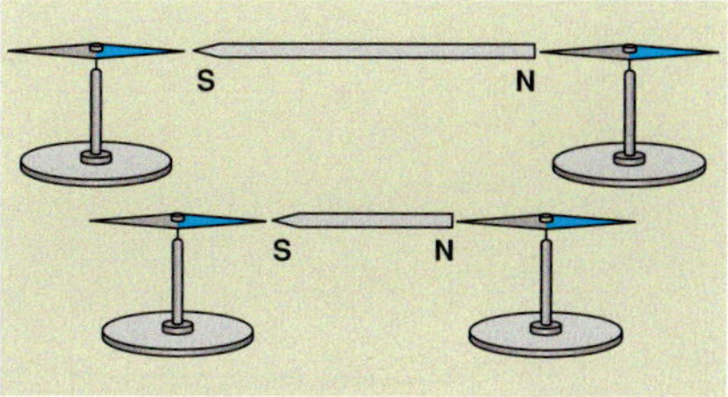

10

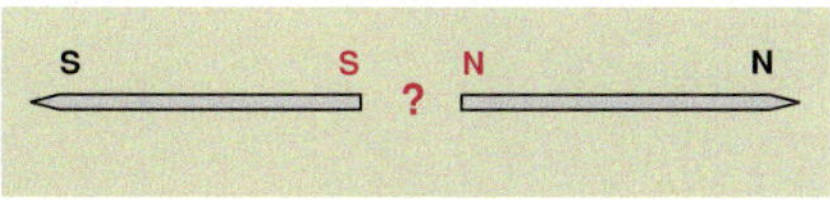

7

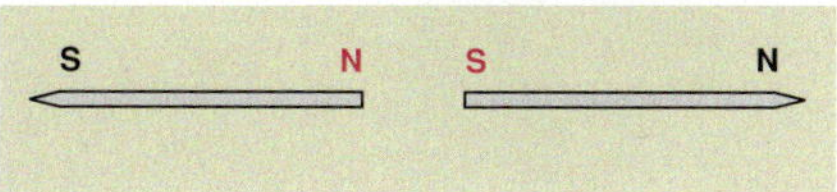

9

Wie funktioniert ein Kompass?

1

Aus der Geschichte: Der Kompass wird entdeckt

Zusatzangebot

Schon vor 2000 Jahren erzählten sich Seefahrer Geschichten von geheimnisvollen und gefährlichen *Magnetbergen*. Wer ihnen zu nahe käme, sei rettungslos verloren. Ein Magnetberg würde alle Eisenteile auf den Segelschiffen anziehen und sogar Krampen und Nägel herausreißen …

See- und Landkarten aus dem 16. Jahrhundert zeigen einen Magnetberg im Nordmeer. Von solchen Magnetbergen waren angeblich die *Magnetsteine* abgeschlagen worden, die teuer verkauft wurden.

Heute wissen wir, dass im Nordmeer kein Magnetberg liegt. Auf der Erde gibt es aber tatsächlich Stellen, von denen starke magnetische Wirkungen ausgehen. Alle **Kompassnadeln** zeigen mit einer ihrer Spitzen dorthin.

Wahrscheinlich haben die Chinesen vor über 1000 Jahren den Kompass erfunden (Bild 2). In einem Buch aus dem Jahr 1085 heißt es:

Wenn Zauberer die nördliche Richtung suchen, greifen sie zu einer Nadel, reiben sie an einem Magnetstein und hängen sie an einem Faden auf. Dann zeigt die Nadel nach Norden.

Aus dem Jahr 1250 stammt ein Bericht aus Frankreich: *Die Matrosen legen eine magnetisierte Nadel auf zwei Strohhalme, die im Wasser schwimmen. Die Nadel wendet sich in Nord-Süd-Richtung. Die Nadel hat vorher einen Stein berührt, der aus dem fernen Indien stammt. Die Nadel dreht sich zum Polarstern und hilft so den Seeleuten.*

Der erste Kompass, der eine **Windrose** besaß, sah vermutlich so wie auf den Bildern 3 u. 4 aus. Er stammt aus dem Jahr 1269.

Etwa zur gleichen Zeit wurden auch schon Kompasse gebaut, bei denen sich die magnetische Nadel auf einer Spitze drehte. Der Kompass von Bild 5 stammt von 1550.

2

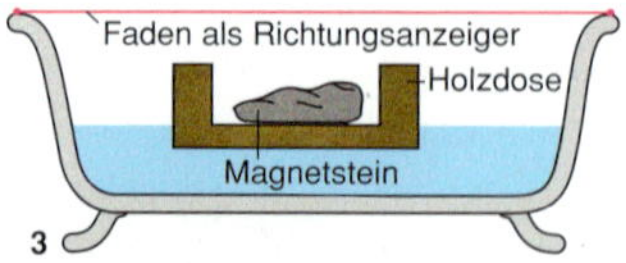

3

Kompass mit Windrose (1269)

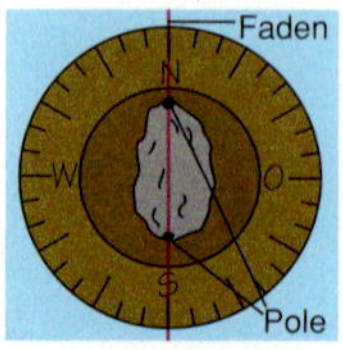

4

Kompass mit drehbarer Kompassnadel (1550)

5

62055

Vorbereitende Aufträge

1. *Lies den Bericht über die Entstehung des Kompasses. Wie wurden die Nadeln nach den Berichten aus China und Frankreich magnetisch gemacht?*

2. *Du kannst dir einen einfachen Kompass basteln:*
a) *Streiche mit einem Pol eines Magneten über eine Nähnadel, und zwar immer in gleicher Richtung.*

6

7

b) *Stich die magnetisierte Nadel durch einen Schraubverschluss, eine Korkscheibe oder eine Styroporscheibe hindurch (Bild 6).*
c) *Lass den Schraubverschluss (bzw. die Scheibe) mit der Kompassnadel auf dem Wasser schwimmen.*
Tipp: Mit ein wenig Spülmittel im Wasser schwimmt die Kompassnadel nicht immer zum Rand hin, sondern eher in der Mitte.
d) *Welche Lage nimmt die Kompassnadel ein? Was geschieht, wenn du die Nadel ein bisschen verdrehst?*
e) *Zum Schluss kannst du noch eine Windrose aufkleben (Bild 7).*

Info: Die Erde als Magnet

Der Seefahrer Kolumbus glaubte noch, dass die Kompassnadel vom *Polarstern* angezogen wird und daher nach Norden zeigt. Heute weiß man:

Die Erde selbst ist ein riesiger Magnet mit einem Nord- und einem Südpol.

Auch eine Kompassnadel ist ein Magnet. Die ungleichnamigen Pole von Erde und Kompassnadel ziehen einander an. Dadurch wird die Nadel ausgerichtet.

Die Magnetpole der Erde liegen nicht genau auf den geographischen Polen, sondern nur in ihrer Nähe.

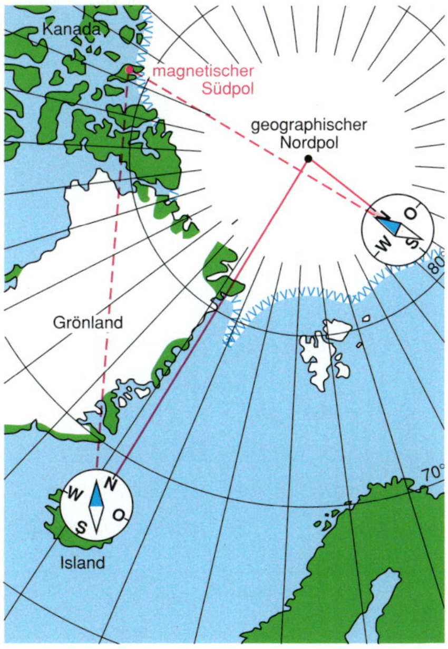

8

Eine Kompassnadel richtet sich daher nicht genau in Nord-Süd-Richtung aus. Wenn man ihr folgen würde, käme man im Norden Kanadas an, Hunderte Kilometer weit weg vom Nordpol (Bild 8).

Die Abweichung der Kompassnadel von der Nord-Süd-Richtung heißt *Missweisung*. Sie ist unterschiedlich groß, je nachdem, wo man sich befindet. Die Missweisung wird durch einen Punkt auf der Windrose angegeben (Bild 9).

9

A1 *Erkläre, wie ein Kompass funktioniert.*

A2 *Was stimmte an der uralten Geschichte von den Magnetbergen? Was stimmte nicht?*

A3 *„Die Kompassnadel zeigt genau zum Nordpol der Erde." Dieser Satz stimmt nicht ganz …*

A4 *In Deutschland beträgt die Missweisung zur Zeit etwa 0°. Was bedeutet das für die Benutzung eines Kompasses?*

A5 *Die Magnetpole der Erde liegen ihrem Innern. Wohin müsste die dunkle Spitze der Kompassnadel zeigen, wenn man am magnetischen Südpol der Erde steht?*

Das Magnetfeld

Wohin wird die magnetisierte Nadel wohl schwimmen, wenn sie losgelassen wird?

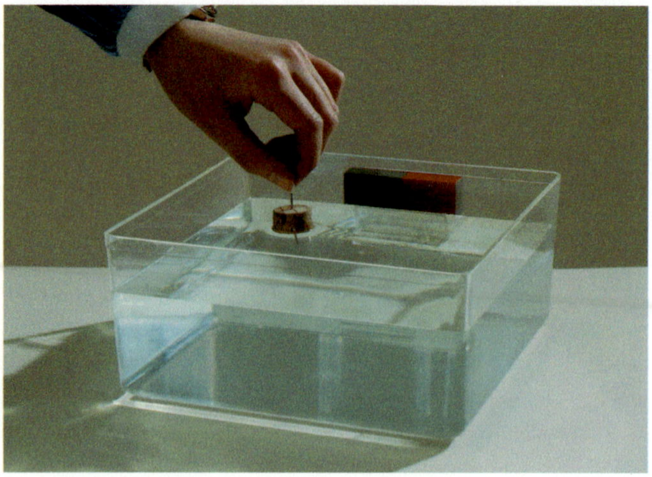
1

Wenn das Becken auf einem Tageslichtprojektor steht, kann man die Wege der Nadel auf einem Blatt Papier abbilden und mit einem Stift nachzeichnen.

V1 *So kannst du eine „Karte" von der magnetischen Wirkung eines Stabmagneten anfertigen:*
Lege einen Stabmagneten auf ein Blatt Zeichenpapier. Stelle eine Magnetnadel an verschiedenen Stellen auf das Papier (Bild 2).
Beginne an einem der Pole.

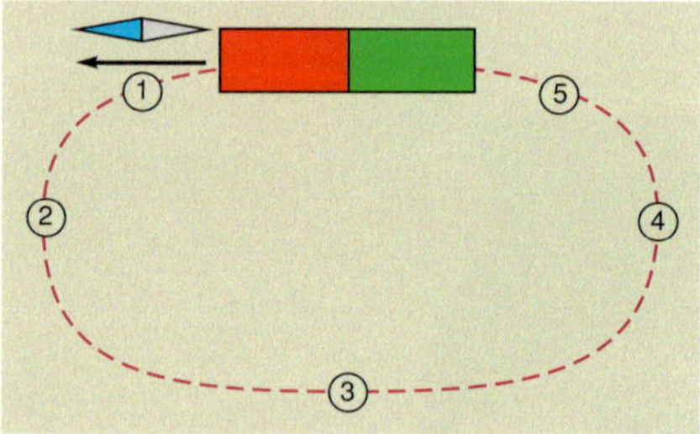

2

Bestimme an allen Punkten, die du dir ausgesucht hast, die Richtung, in die der Nordpol der Magnetnadel zeigt.
Zeichne die Richtung als Pfeil auf das Papier.

Praktikumsversuche

V2 *Wir untersuchen die Umgebung eines Magneten mit Hilfe von Eisenfeilspänen.*
Versuchsmaterialien: *1 Stabmagnet, 1 Stück Pappe, 1 Blatt Papier, 2 Bücher, Eisenfeilspäne (im Salzstreuer), Haarspray oder Lack aus der Sprühdose.*
Versuchsaufbau und -durchführung:

a) *Der Magnet wird wie in Bild 3 unter die Pappe und das Papier gelegt. Dann werden dünn und gleichmäßig Eisenfeilspäne auf das Papier gestreut.*
b) *Wiederhole den Versuch mit einem Pol (Bild 4).*
c) *Lege zwei Magnete unter die Pappe, die einander einmal abstoßen und einmal anziehen (Bild 4).*

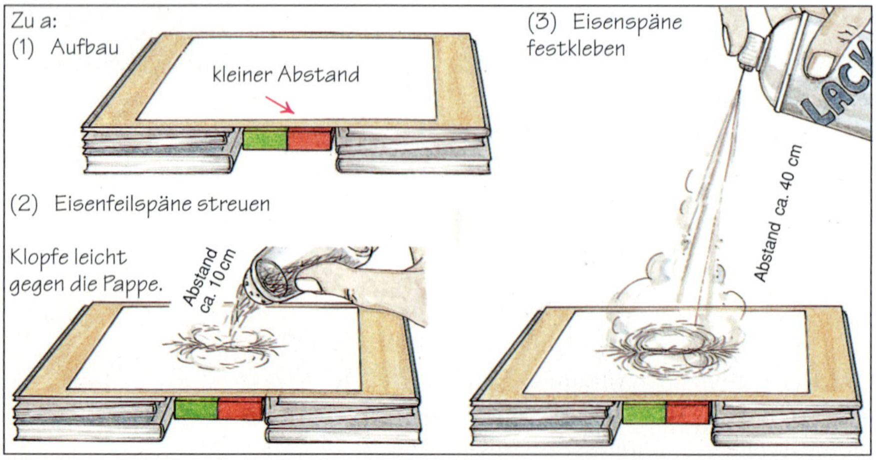

3

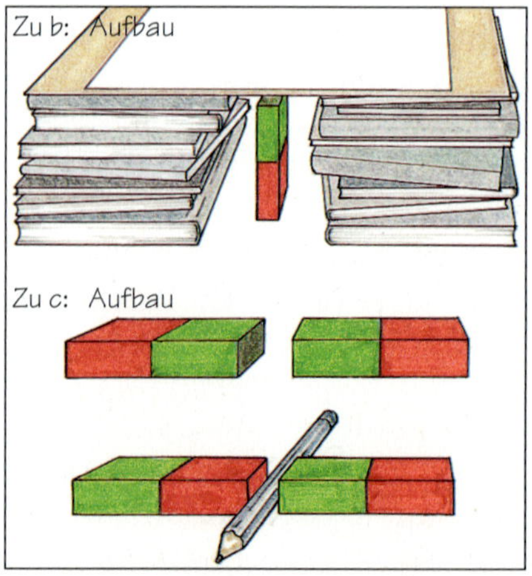

4

Info: Magnetfelder und Feldlinien

Im Versuch nach Bild 1 setzte sich die schwimmende magnetisierte Nadel – wie von einer unsichtbaren Hand geführt – in Bewegung. Diese „Hand" gehörte zu dem Magneten auf der Außenseite des Beckens.

Ein Magnet ist nämlich – genau genommen – nicht schon dort zu Ende, wo sein Metall aufhört. Um den Magneten herum befindet sich *das Magnetfeld*. **Jeder Magnet hat um sich herum ein Magnetfeld, in dem man magnetische Wirkungen feststellt.**

Im Magnetfeld schwimmt die Nadel in weitem Bogen von einem Pol des Magneten zum anderen. Die bogenförmige Linie, auf der sich die Nadel bewegt, bezeichnet man als *Feldlinie* (Bild 5). Feldlinien gibt es aber nicht in Wirklichkeit.

Feldlinien sind gedachte Linien in der Nähe eines Magneten, die seine Wirkung beschreiben.

Eine Magnetnadel stellt sich stets in Richtung der Feldlinie ein. Wenn man die Richtung der Magnetnadel in vielen verschiedenen Punkten aufzeichnet, erhält man einen Eindruck vom Magnetfeld (Bild 6). In der Umgebung des Magneten kann man durch jeden Punkt eine Feldlinie zeichnen. Um ein Magnetfeld darzustellen, zeichnet man immer nur wenige Feldlinien.

Man kann auch mit Hilfe von Eisenfeilspänen *Feldlinienbilder* erzeugen. Die Anordnung der Eisenfeilspäne auf dem Papier entspricht dabei dem Verlauf der Feldlinien.

Das Magnetfeld ist nicht eben wie ein Getreidefeld. Es befindet sich überall in dem *Raum* um den Magneten herum (also auch oberhalb und unterhalb des Magneten). In dem Würfel von Bild 7 zeigen Eisen-

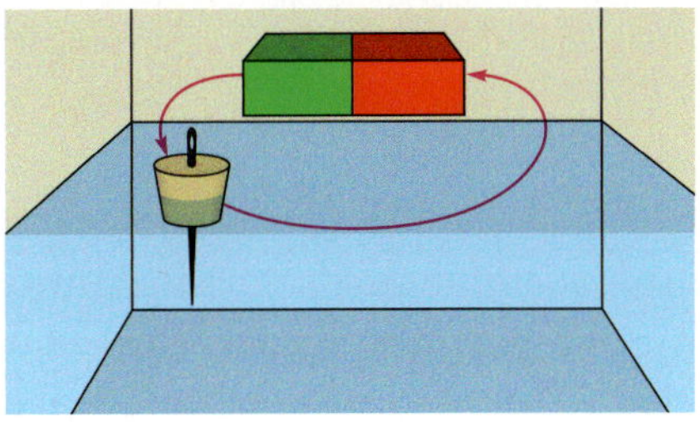
5

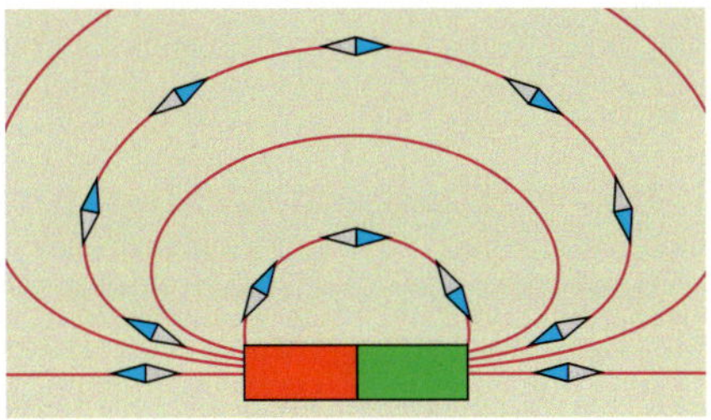
6

7

A1 *Harry behauptet: „Der Begriff Magnetfeld ist eigentlich falsch – ein Feld ist doch flach. Ich würde dazu ganz etwas anderes sagen."*
Was meint Harry wohl mit seiner Bemerkung?

A2 *In den Bildern 8 u. 9 zeigen Eisenfeilspäne, wie die Feldlinien zwischen den Polen von je zwei Stabmagneten verlaufen. Welches Magnetpaar stößt sich gegenseitig ab und welches zieht sich an?*

A3 *Mit der Anordnung von V 1 erhält man Feldlinienbilder wie in den Bilder 5 u. 6. Was ist in dem freien Raum zwischen den einzelnen Feldlinien? Ist dort keine magnetische Wirkung vorhanden?*
Was musst du tun, um deine Antwort im Versuch zu bestätigen?

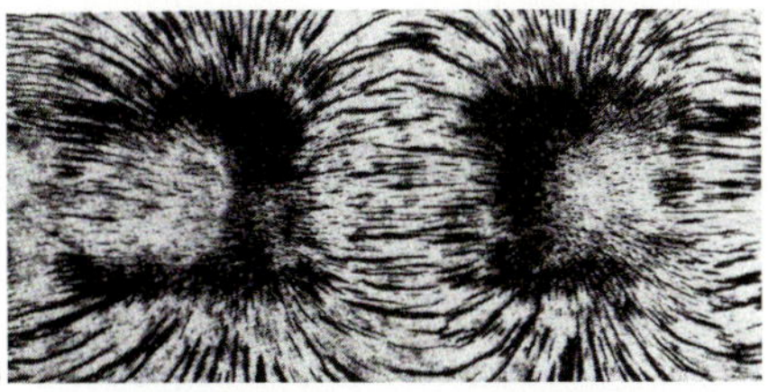
8

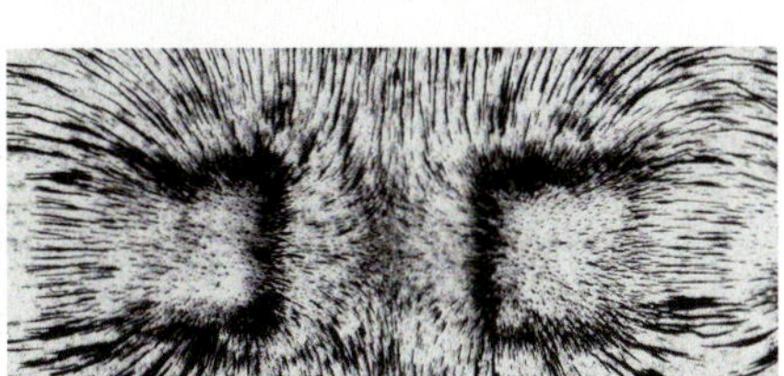
9

A4 *Wenn sich in die Nähe eines Magneten viele Kompassnadeln befinden, bekommen sie eine bestimmte Ordnung (Bild 10).*
Wie sieht sie wohl bei einem Stabmagneten aus? Und wie bei zwei Stabmagneten, die sich anziehen? Fertige zwei Zeichnungen an.

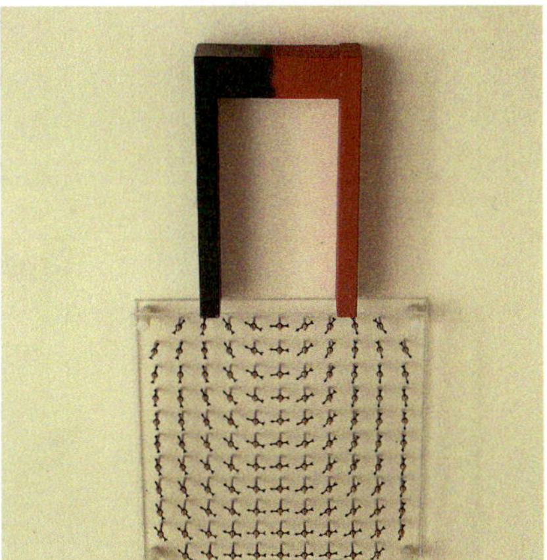
10

Zusammenfassung

Eigenschaften von Magneten

Mit Magneten kann man feststellen, ob ein *Körper* aus dem *Stoff* „Eisen" besteht oder Eisen enthält (Bild 1).

Körper aus Eisen (Nickel oder Cobalt) und ein Magnet ziehen sich gegenseitig an.

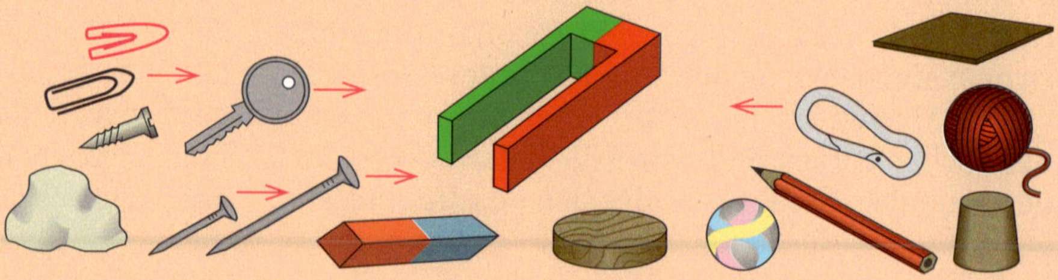

1

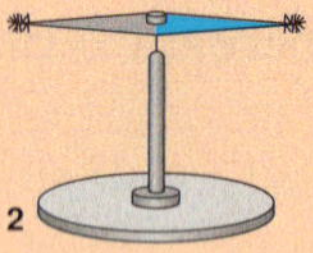

2

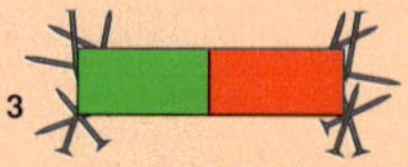

3

Die Stellen eines Magneten, an denen die magnetische Wirkung am größten ist, heißen Pole. Jeder Magnet besitzt zwei Pole, einen Nordpol und einen Südpol (Bilder 2 u. 3).

Als *Nordpol* bezeichnet man den Pol, der nach Norden zeigt, wenn sich der Magnet frei bewegen kann (Bild 4).

Wenn man einen Magneten zerbricht, entstehen wieder vollständige Magnete mit einem Nord- und einem Südpol.

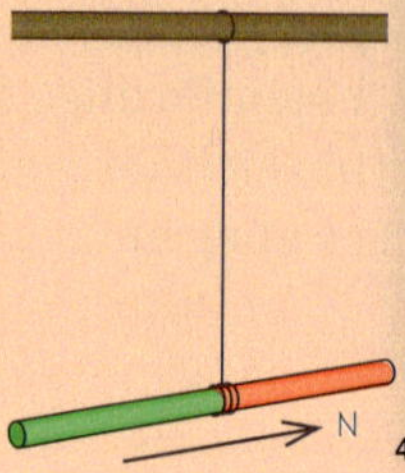

4

Die Wirkung von Magneten

Wenn sich zwei Magnete mit ihren Nordpolen gegenüberstehen, stoßen sie einander ab (Bild 5). Das Gleiche gilt bei zwei Südpolen.

Wenn der Nordpol des einen dem Südpol des anderen Magneten gegenübersteht, ziehen sich die Magnete an (Bild 6).

Gleichnamige Pole stoßen einander ab. Ungleichnamige Pole ziehen einander an.

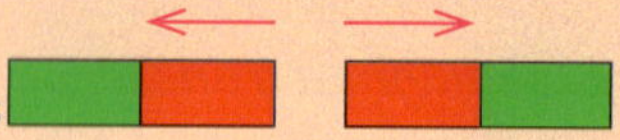

5

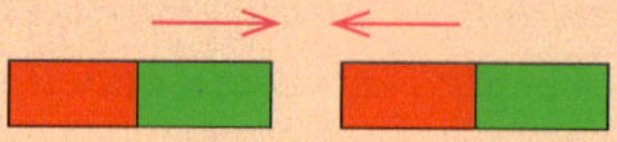

6

Ein Magnet wirkt durch nichtmagnetische Stoffe hindurch auf andere Körper, z. B. durch Luft, Holz und Wasser (Bilder 7 u. 8).

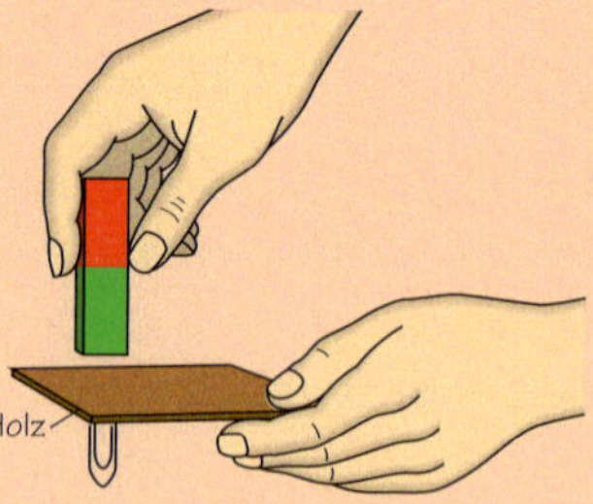

7

8

Magnetisieren und Entmagnetisieren

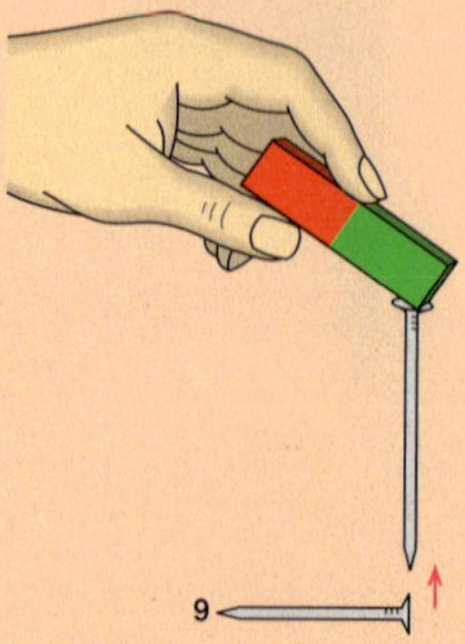

9

Körper aus Eisen (Nickel, Cobalt) lassen sich mit Hilfe von Magneten magnetisieren. Sie werden selbst zu Magneten (Bilder 9 u. 10).

Wenn Magnete erschüttert oder erhitzt werden, geht ihre Magnetwirkung verloren.

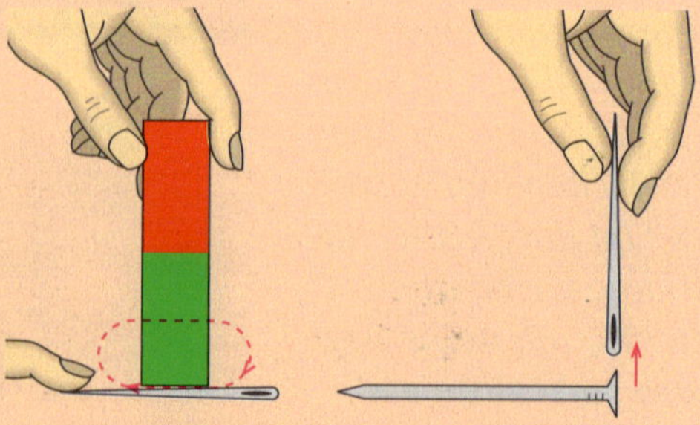

10

63521

Das Magnetfeld

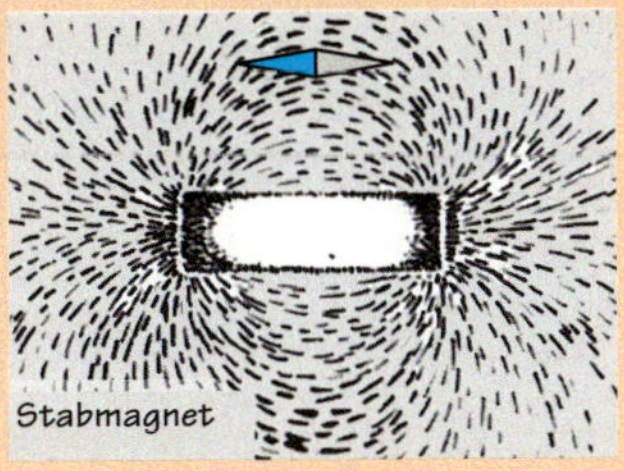

11

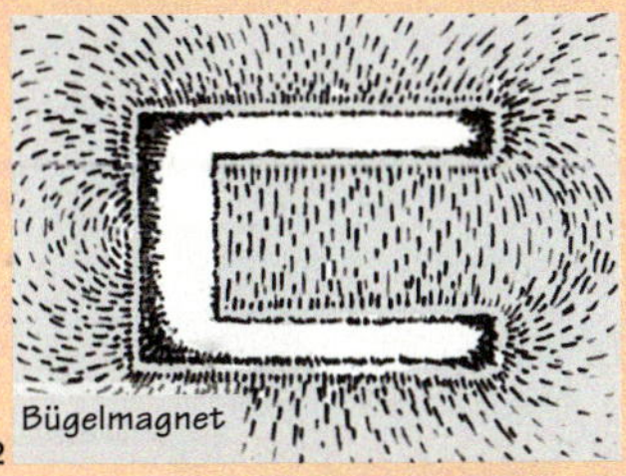

12

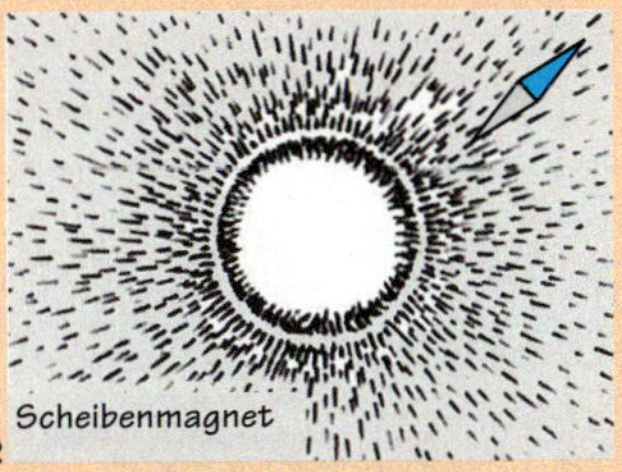

12

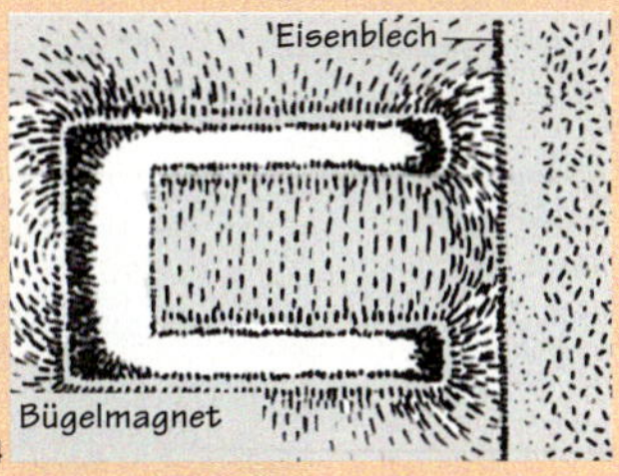

14

Die Wirkung eines Magneten reicht weit in den Raum um ihn herum. Diesen Raum nennt man **Magnetfeld**. Eisenfeilspäne zeigen an, wie sich eine Magnetnadel in dem Feld ausrichten würde (Bilder 11–14).

Die Erde als Magnet – der Kompass

Die Erde ist ein großer Magnet. Ihre Magnetpole liegen in der Nähe der geographischen Pole.

Ein Kompass besteht aus einer drehbar gelagerten Magnetnadel und einer Windrose mit den Himmelsrichtungen. Die Pole von Erde und Kompass ziehen sich gegenseitig an.

Alles klar?

Lösungen → Anhang

1. *Laura sagt: „Meine Büroklammer wird von einem Magneten angezogen.“ Niels behauptet: „Meine Büroklammer wird aber nicht vom Magneten angezogen.“ Welche Erklärung hast du für diese unterschiedlichen Aussagen?*

2. *Manche Geldstücke sehen aus, als seien sie aus Messing oder Kupfer. Sie werden aber von Magneten angezogen. Was kannst du daraus schließen?*

3. *Welche der folgenden Körper lassen sich magnetisieren: eine Stahlstricknadel, eine Messingschraube, ein Eisenblech, ein Nickeldraht, ein Kupferdraht?*

4. *Lena hat eine Schere magnetisiert.*

a) *Auf welche Weise hat Lena das wohl gemacht?*

b) *Lenas Mutter ist darüber gar nicht glücklich. Warum wohl?*

5. *Magnete sollte man nicht fallen lassen.*
Dafür gibt es mehr als nur einen Grund. Nenne die Gründe.

15

6. *Wenn man eine Stahlstricknadel mit einem Magneten bestreicht, wird die Nadel zu einem Magneten. Wenn man sie dann in der Mitte durchkneift, …*

7. *Ton- und Videobänder, Disketten, Scheckkarten und Parkscheine enthalten dünne magnetische Schichten. In diesen sind Töne, Bilder, Texte oder auch Zahlen gespeichert.*
Warum dürfen solche „Datenspeicher“ (Bild 15) nicht in die Nähe von Magneten gebracht werden?

8. *Tina Pfiffig hat eine von zwei Stricknadeln magnetisiert und nicht gekennzeichnet. Sie fragt: „Wer bekommt ohne ein weiteres Hilfsmittel heraus, welche der beiden Stricknadeln magnetisiert ist? Ich jedenfalls kenne einen Trick!“*
Du etwa auch? …

9. *Die blaue Spitze einer Kompassnadel ist selbst ein magnetischer Nordpol. Von welchem Pol der Erde kann sie deshalb nur angezogen werden? Wo liegt dieser Magnetpol?*

Die Fahrradbeleuchtung

1

Eine vorschriftsmäßige Fahrradbeleuchtung ist für deine Sicherheit wichtig. Mängel können an Leitungen, Anschlüssen, Lampen und Fassungen auftreten.

Vorbereitende Aufträge

1. *Sicher hast du schon die Radfahrprüfung gemacht? Dann weißt du bestimmt, womit ein verkehrssicheres Fahrrad ausgestattet ist.*
Unterlagen über den neuesten Stand der Vorschriften kannst du z. B. bei der Polizei oder bei einem Fahrradhändler bekommen.
a) *Welche der in Bild 2 genannten Teile sind für das Fahrrad vorgeschrieben?*
Welche Teile wären zusätzlich empfehlenswert?
b) *Überprüfe anhand neuester Unterlagen, ob das Fahrrad von Bild 2 verkehrssicher ist.*
c) *Sieh nach, ob bei deinem eigenen Fahrrad (oder bei einem anderen) alle vorgeschriebenen Teile vorhanden sind.*

2. *Sieh dir die Beleuchtungsanlage deines Rades genau an.*
a) *Beschreibe, wie du Scheinwerfer und Rücklicht überprüfen könntest.*
Welche Aufgaben haben die Beleuchtungsvorrichtungen?
b) *Neben den Lampen, die selber Licht aussenden, hat dein Fahrrad auch Reflektoren. Suche sie am Fahrrad und gib an, wo sie sich befinden.*
Wie wirken Reflektoren?
Beschreibe, welche Aufgaben die Reflektoren erfüllen.
c) *Vom Dynamo aus führen Kabel sowohl zum Scheinwerfer als auch zum Rücklicht.*
Sieh nach, um wie viele Drähte es sich dabei jeweils handelt.

2

① eine helltönende Glocke
② eine Vorderradbremse
③ eine Hinterradbremse (Rücktritt)
④ ein Scheinwerfer mit nach vorne wirkendem weißem Rückstrahler
⑤ mindestens zwei gelbe Speichenrückstrahler oder an jedem Rad Weißwandreifen
⑥ ein Dynamo
⑦ ein rotes Rücklicht und ein roter Rückstrahler
⑧ ein großflächiger roter Rückstrahler
⑨ gelbe Rückstrahler an beiden Seiten der Pedale

62027

Du darfst nie an der Steckdose experimentieren! Lebensgefahr!

V1 *Mit einer Flachbatterie kann man prüfen, ob eine Fahrradlampe in Ordnung ist (Bild 3).*

a) *Überlege: Bei welchen Anordnungen von Bild 3 wird die Lampe leuchten, bei welchen nicht (auch wenn sie in Ordnung ist)?*

b) *Probiere die vier Schaltungen von Bild 3 aus.*

V2 *Leichter geht es, wenn du zum Überprüfen der Glühlampen eine Lampenfassung und ein Netzgerät verwendest. Bild 4 zeigt den Versuchsaufbau.*

a) *Welche Möglichkeiten hast du, um die Lampe auszumachen?*

b) *Kannst du die Lampe mit nur einem Kabel leuchten lassen?*

V3 *Wir überprüfen die Leitungen der Fahrradbeleuchtung.*

a) *Sieh zuerst nach, wie sie (innen und außen) aufgebaut sind.*

b) *Mit dem Versuchsaufbau von Bild 5 kannst du untersuchen, ob sie in Ordnung sind.*

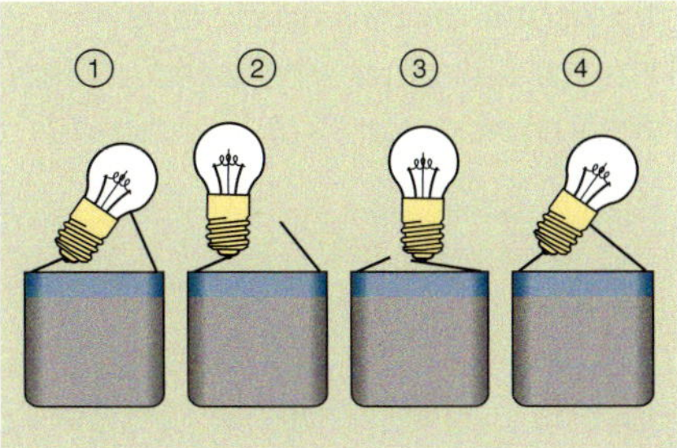

3

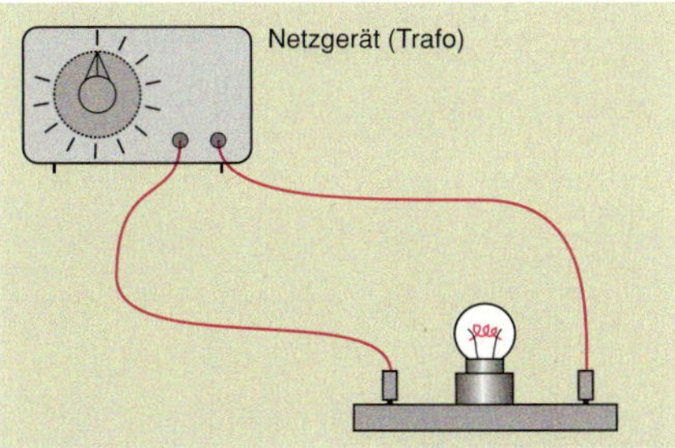

4

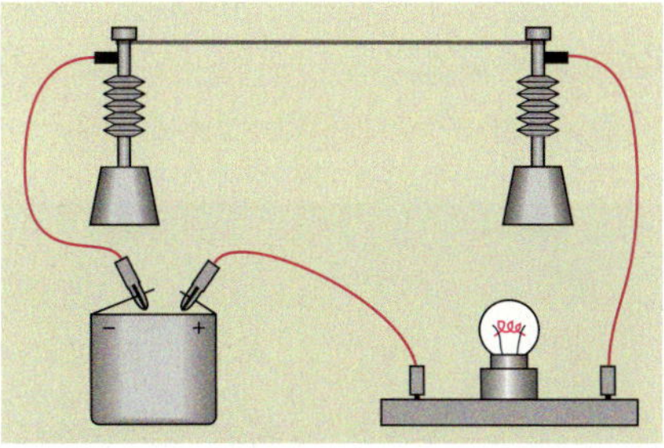

5

Info: Stromkreise – nicht nur beim Fahrrad

Damit eine Glühlampe leuchtet, muss sie an eine elektrische Energiequelle angeschlossen werden (Trafo, Batterie ...).

Die Lampe kann nur leuchten, wenn sie mit beiden Polen der elektrischen Energiequelle verbunden ist. Man spricht von einem Stromkreis (Bild 6).

- Wenn der Stromkreis *geschlossen* ist, leuchtet die Glühlampe.
- Wenn der Stromkreis *unterbrochen* ist, leuchtet sie nicht.

Bild 7 zeigt den Aufbau einer Glühlampe. Der Gewindesockel wird mit dem einen Pol der Energiequelle verbunden, der Fußkontakt mit dem anderen.

Im Innern der Glühlampe ist der Stromkreis über die Haltedrähte und den Glühdraht geschlossen.

Praktisch ist es, wenn man die Glühlampe in eine *Lampenfassung* einschrauben kann. Dann muss man sie nicht festhalten.

Die Metallteile der Lampenfassung sind ebenfalls Teil des Stromkreises (Bild 8).

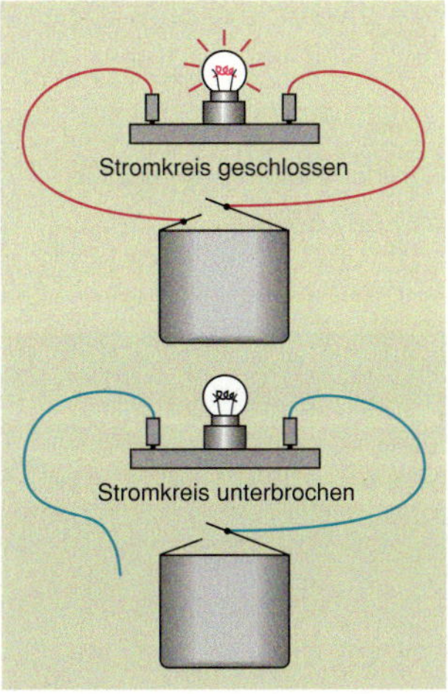

6

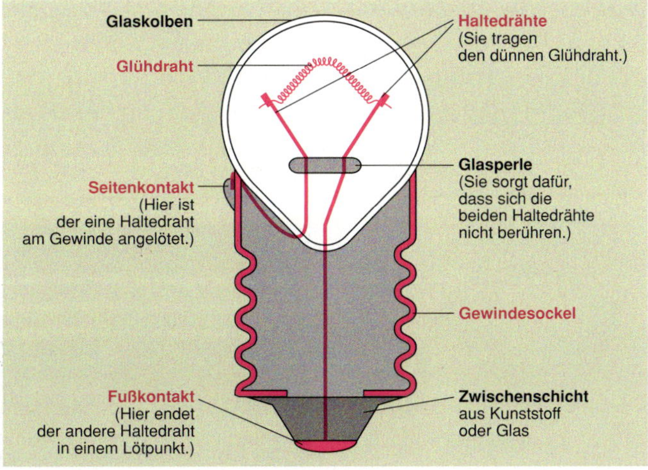

7

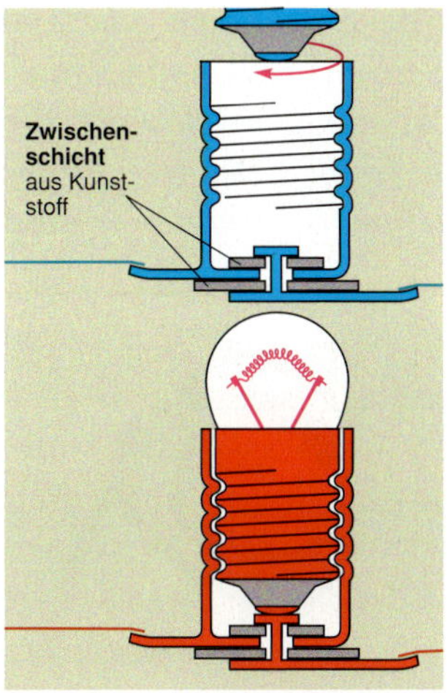

8

Info: Schaltzeichen und Schaltpläne

Elektrische Stromkreise werden übersichtlich in *Schaltplänen* oder *Schaltskizzen* dargestellt.

Man verwendet dazu *Schaltzeichen* oder *Schaltsymbole* (Bild 1). In den Bildern 2 u. 3 ist ein Stromkreis dargestellt, Bild 4 zeigt den zugehörigen Schaltplan.

Stromkreise stellt man in Schaltplänen mit Schaltzeichen dar.

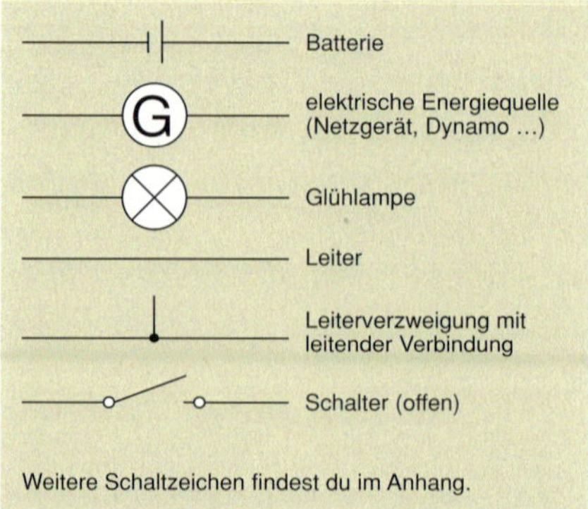

1

A1 *Sieh dir die Bilder 2–4 an.*
a) *Was haben die Darstellungen gemeinsam und worin unterscheiden sie sich?*
b) *Nenne Vor- und Nachteile dieser drei Darstellungsarten.*

A2 *Ein Strom„kreis“ müsste ja eigentlich anders aussehen … Warum hat man sich auf die Darstellungsart von Bild 4 geeinigt?*

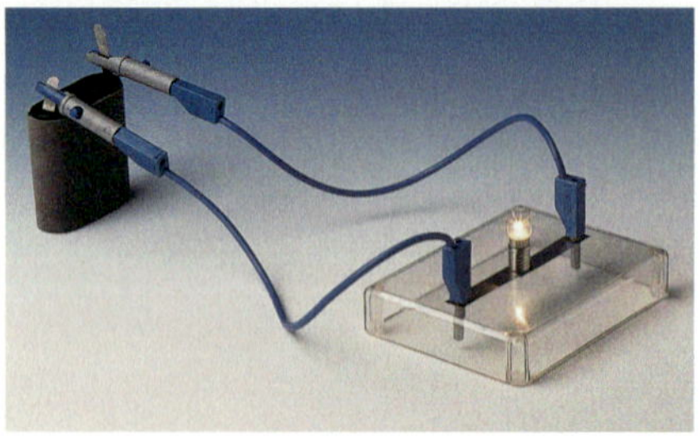
2

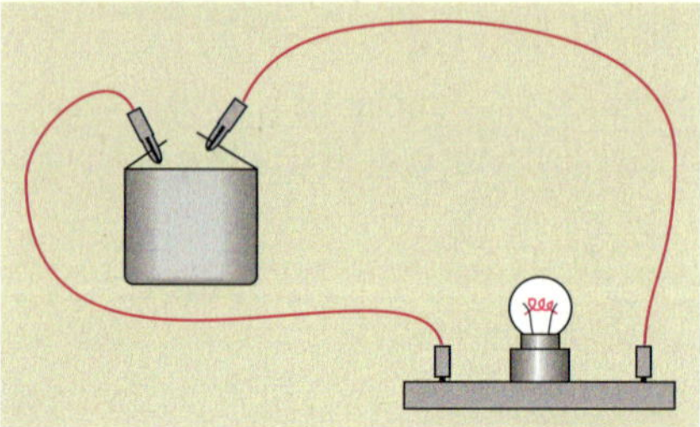
3

4

A3 *In einer Schaltung aus Batterie, Glühlampe und Fassung leuchtet die Lampe nicht.*
Gib mögliche Gründe dafür an. (Verwende bei deiner Antwort den Begriff „unterbrochener Stromkreis“.)

A4 *Wie kannst du mit einer Flachbatterie überprüfen, ob eine Glühlampe kaputt ist oder nicht? Zeichne deinen Vorschlag auf.*

A5 *Die Leitungen der Fahrradbeleuchtung enthalten keine dicken Drähte, sondern Litzen (Bild 5).*
Litzen bestehen aus feinen Drähten, die zusammengedreht und gemeinsam isoliert sind.
Warum werden nicht alle elektrischen Leitungen aus massiven Drähten hergestellt? (Bild 6 gibt dir einen Hinweis für deine Antwort.)

A6 *Übertrage die Zeichnung der Glühlampe von Bild 7 der Vorseite in dein Heft.*
Zeichne außerdem die Batterie und zwei Drähte, die die Lampe mit den Batteriepolen verbinden.
a) *Markiere den Stromkreis mit einem Farbstift.*
b) *Beschreibe den Stromkreis. Beginne am Pluspol und benutze dabei die Begriffe aus Bild 7 der Vorseite.*

A7 *Zeichne den Schaltplan eines Stromkreises aus Netzgerät, Lampe und Drähten.*
Beschreibe den Stromkreis von einem Pol des Trafos zum anderen Pol.

A8 *Warum leuchtet eine Glühlampe nicht, wenn man sie nur halb in die Fassung dreht?*

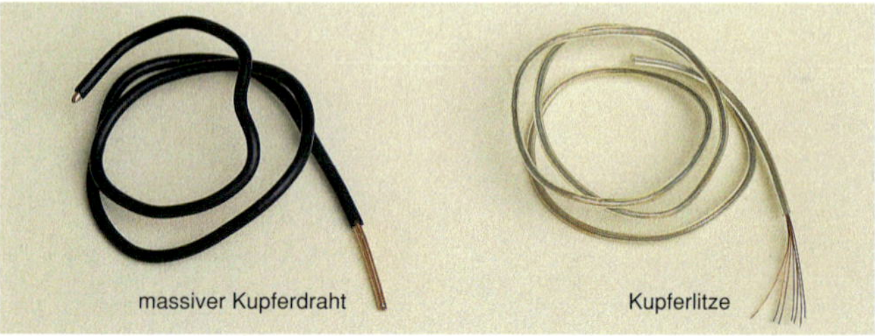

5

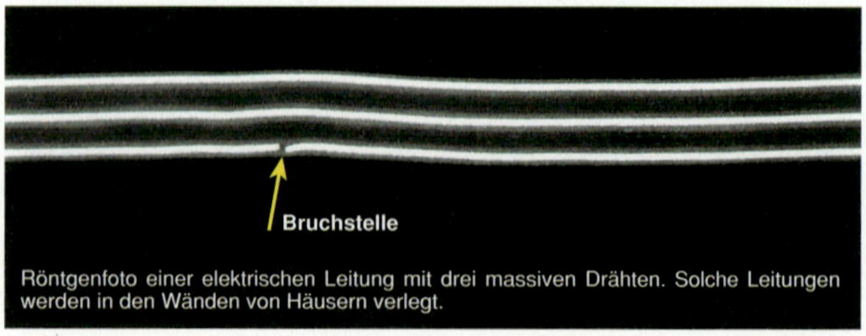

6 Röntgenfoto einer elektrischen Leitung mit drei massiven Drähten. Solche Leitungen werden in den Wänden von Häusern verlegt.

62029

Stromkreise beim Fahrrad

7

In den Versuchen haben wir immer *zwei Drähte* gebraucht, um eine Glühlampe zum Leuchten zu bringen. Beim Fahrrad führt nur *ein einziger* Draht zum Scheinwerfer und auch nur *einer* zum Rücklicht (Bild 7) …

V1 *Schließe deine Glühlampe so an einen Dynamo an, wie Bild 8 es zeigt.*

a) *Drehe das Rad mit dem angeklappten Dynamo. Was stellst du fest?*

b) *Wo befindet sich der zweite Pol des Dynamos?*

V2 *Der Fahrraddynamo wird jetzt durch eine Flachbatterie oder ein Netzgerät ersetzt (Bild 9).*

a) *Was ist zu tun, damit die Lampe leuchtet?*

b) *Führe den Versuch auch mit dem Rücklicht durch. Fertige eine Schaltskizze an.*

V3 *Bild 10 zeigt den Versuchsaufbau. Die Lampe soll leuchten, obwohl du – wie beim Fahrrad – nur einen Draht benutzt.*

a) *Welcher Teil des Versuchsaufbaus entspricht dem Fahrradrahmen?*

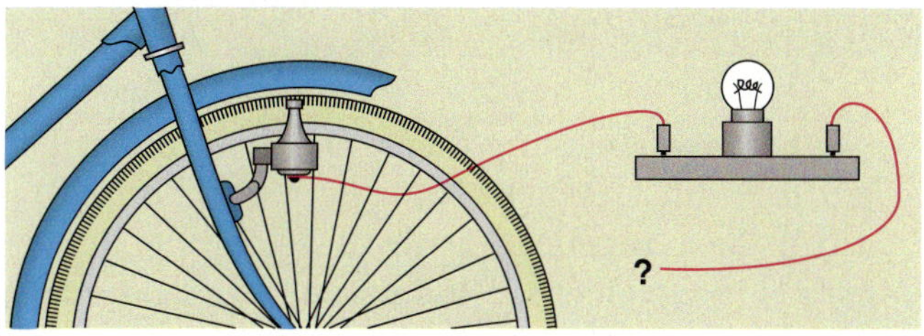

8

b) *Wie erreichst du, dass die Lampe aufleuchtet?*

c) *Nicht alle Teile des Laubsägebügels sind dafür geeignet, den Stromkreis zu schließen. Worauf musst du achten?*

d) *Übertrage deine Erkenntnisse auf die Schaltung bei der Fahrradbeleuchtung: Wo ist dort der „zweite" Leiter? Wie wird dort (trotz des isolierenden Lacks) für eine leitende Verbindung gesorgt?*

9

10

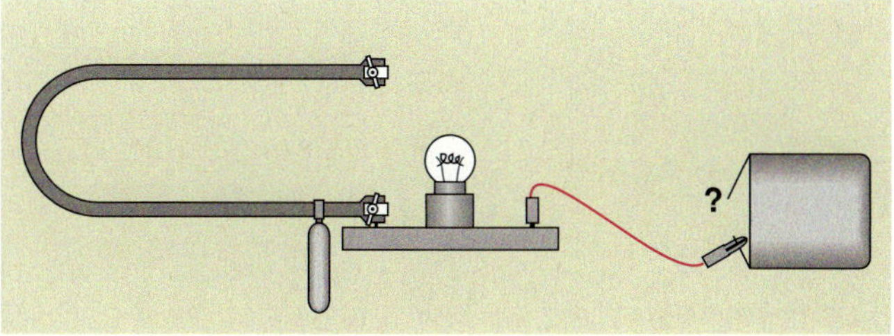

Info: Das Pfiffige am Fahrradstromkreis

Der Fahrradscheinwerfer ist Teil eines geschlossenen Stromkreises – auch wenn er mit nur einem Kabel an den Dynamo angeschlossen ist. Die zweite Verbindung zwischen Lampe und Dynamo bilden die Metallteile des Fahrrads (Bild 1).

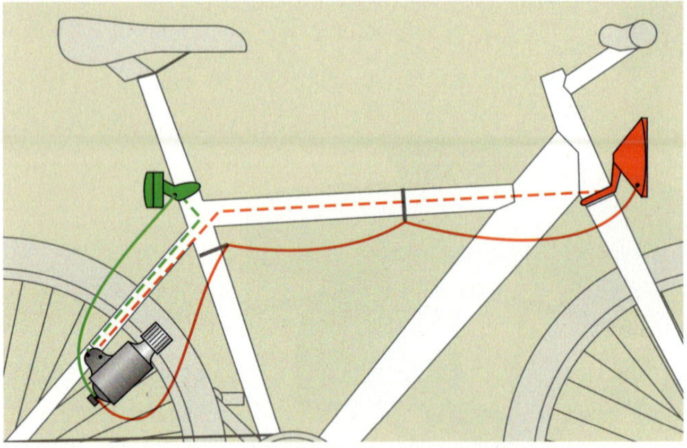

1 Stromkreis des Scheinwerfers: Fußkontakt des Dynamos (1. Pol) – Draht – Lampenanschluss – Fußkontakt der Lampe – Glühdraht – Gewinde der Lampe – Gehäuse des Scheinwerfers – Gabel – Rahmen – Halterung des Dynamos – Gehäuse des Dynamos (2. Pol)

Stromkreise müssen nicht immer über Drähte geschlossen sein. Auch die Metallteile des Fahrrads können Teile eines Stromkreises sein.

A1 *Wieso braucht man für den Fahrradscheinwerfer nur einen Draht zum Dynamo?*

A2 *Beschreibe den Stromkreis des Rücklichts.*

A3 *Welche Teile bilden den Stromkreis einer Taschenlampe (Bild 2)?*

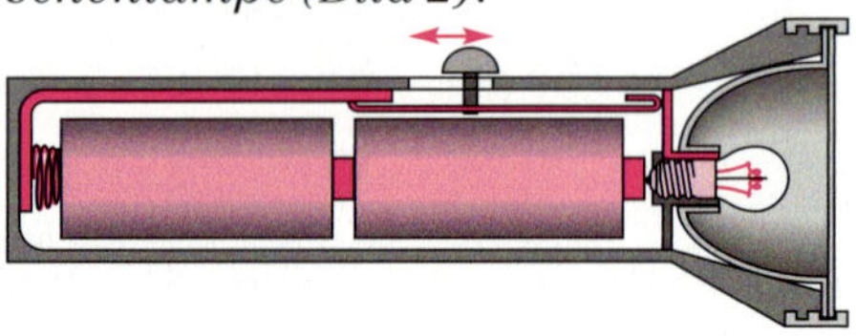

2

Aus dem Alltag: Der „Check" für die Fahrradbeleuchtung

Die Fahrradbeleuchtung dient vor allem dazu, *gesehen zu werden*. Sie ist wichtig für die Sicherheit!

Du solltest regelmäßig die Beleuchtung deines Fahrrads kontrollieren. Wenn eine Lampe nicht leuchtet, hilft dir die folgende *Checkliste*:

1. Überprüfe, ob die Leitung vom Dynamo zur Lampe richtig angeklemmt ist (Bild 3). Sind die Kontaktstellen blank und rostfrei? Den Belag kannst du mit einem Schraubenzieher abkratzen.
   Vielleicht hast du ein Rad mit Kunststoff-Schutzblechen, in die ein Metallstreifen eingelassen ist. Dann könnte sich der Steckkontakt gelöst haben, der zu dem Metallstreifen führt.
2. Öffne den Scheinwerfer des Fahrrads und schraube die Glühlampe heraus. Ist ihr Glühdraht in Ordnung (Bild 4)? Sieht der Fußkontakt der Lampe blank aus?
3. Schraube die Glühlampe ein. Achte darauf, dass sie fest in der Fassung sitzt. Der Fußkontakt muss auf den Blechstreifen im Scheinwerfer drücken (Bild 5).
4. Der Seitenkontakt des Rücklichts ist über die Halterung der Lampe mit dem Fahrradrahmen verbunden. Sieh nach, ob die Stelle, an der die Halterung befestigt ist, rostfrei ist (Bild 6).
5. Ob der Leitungsdraht unterbrochen ist (Bild 7) – womöglich sogar unter der Isolierung?
6. Wenn weder im Scheinwerfer noch im Rücklicht die Lampe leuchtet, könnte auch der Dynamo defekt sein. Zur Kontrolle solltest du eine Batterie anschließen. Vergiss dabei nicht den Anschluss der Batterie an den Rahmen (Bild 8).

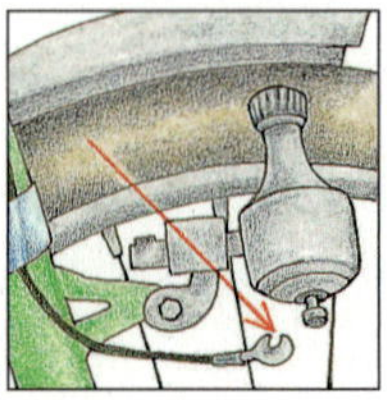

3

4

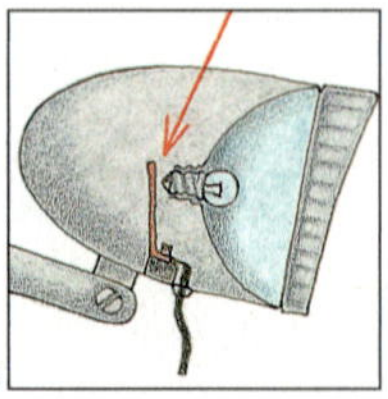

5

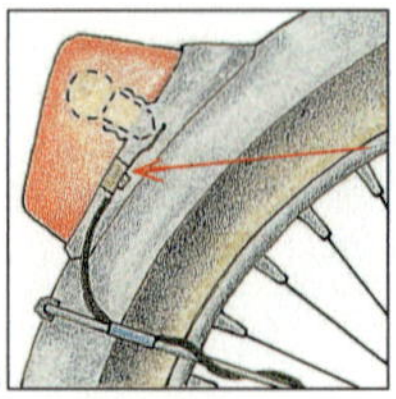

6

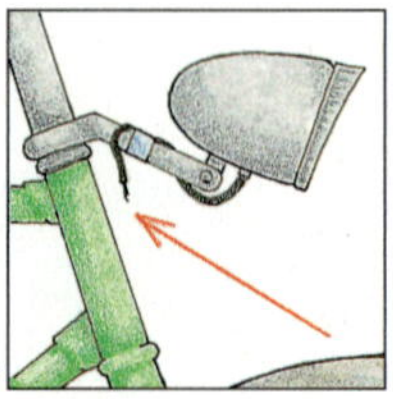

7

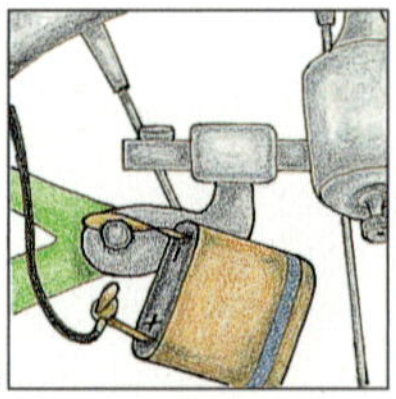

8

63524

Zwei Schaltungsarten

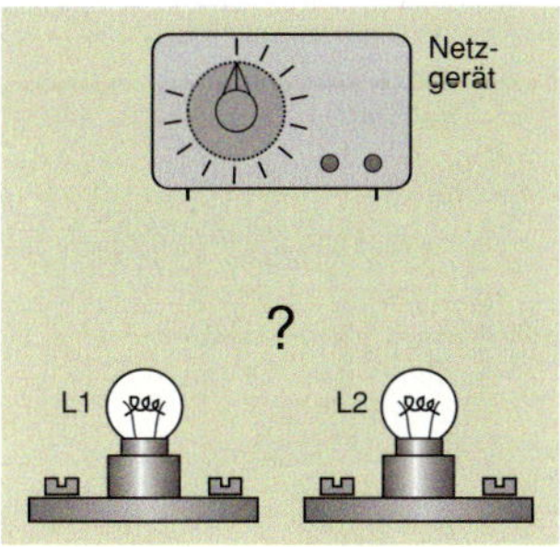

9

V1 *Beim Fahrrad sind an einem Dynamo zwei Lampen angeschlossen (Scheinwerfer und Rücklicht).*

a) *Probiere aus, wie man zwei Glühlampen an ein Netzgerät anschließen kann. Verwende die Geräte von Bild 9. Es gibt verschiedene Möglichkeiten.*

b) *Zeichne die Schaltpläne.*

c) *Beim Fahrrad leuchtet die eine Lampe weiter, wenn die andere aus ihrer Fassung gedreht wird. Hast du die Schaltung gefunden?*

Info: Reihenschaltung und Parallelschaltung

Zwei Lampen kann man auf unterschiedliche Weise an die Energiequelle anschließen (Bilder 10–13).

Bei der Reihenschaltung liegen beide Lampen hintereinander in einem Stromkreis.

Wenn eine Lampe ausfällt, erlischt auch die andere Lampe. Die Lampen in Lichterketten sind häufig in Reihe geschaltet.

Bei der Parallelschaltung bildet jede Lampe mit der Energiequelle einen eigenen Stromkreis.

Wenn eine der Lampen ausfällt, leuchtet die andere immer noch weiter. Bei der Fahrradbeleuchtung sind die Lampen parallel geschaltet.

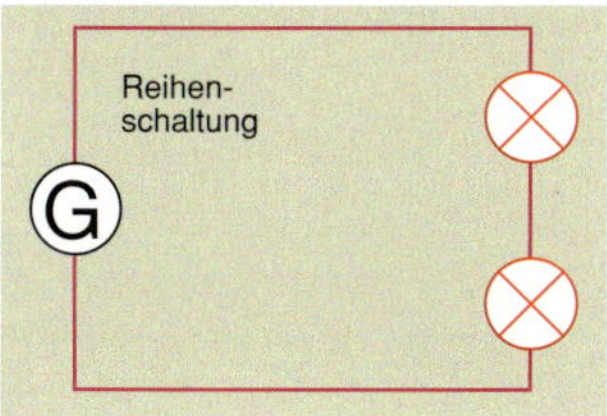

10

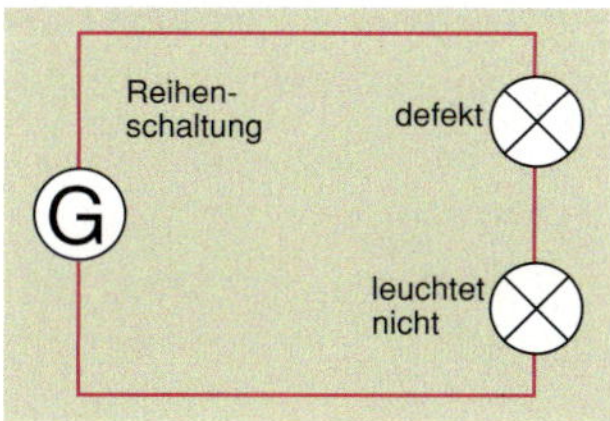

11

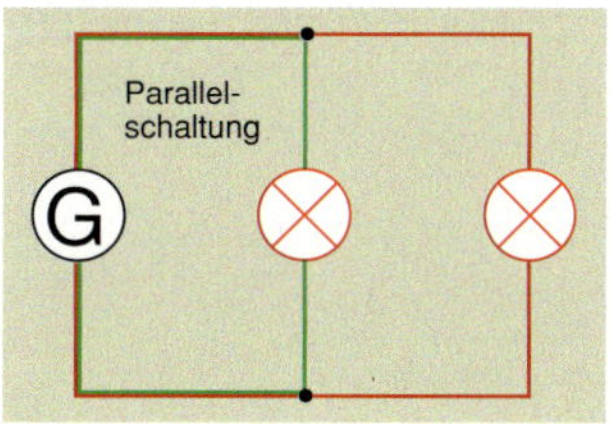

12

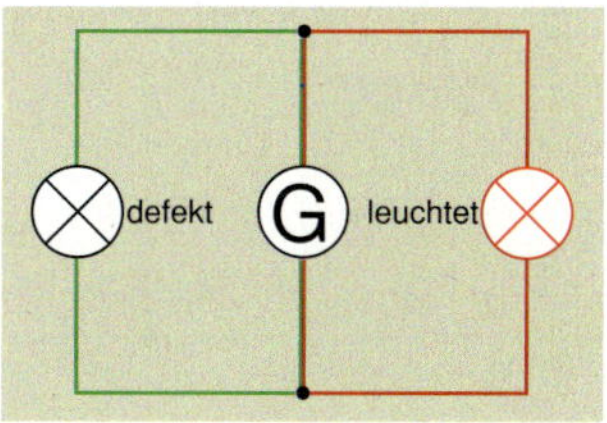

13

A1 *Um welche Schaltungsarten handelt es sich bei den Bildern 14 u. 15?*
Ordne die folgenden Sätze den Schaltungen zu: „Wenn man eine Lampe herausdreht, geht die andere aus.“ – „Jede Lampe hat einen eigenen Stromkreis.“

A2 *Die Fotos der Bilder 16 u. 17 zeigen, wie man Lampen schalten kann.*

a) *Zeichne die Schaltpläne.*

b) *Welches ist eine Reihenschaltung und welches eine Parallelschaltung?*

c) *Welche dieser Schaltungsarten verwendet man bei der Fahrradbeleuchtung? Begründe!*

d) *In eurer Wohnung können mehrere Lampen und Elektrogeräte gleichzeitig eingeschaltet sein.*
Welche Schaltungsart wird hier angewendet? Begründe!

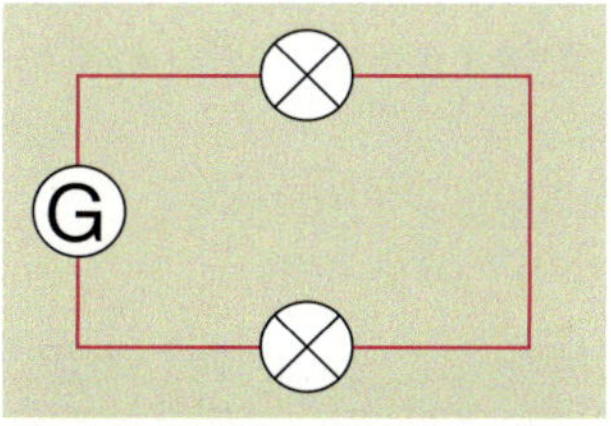

14

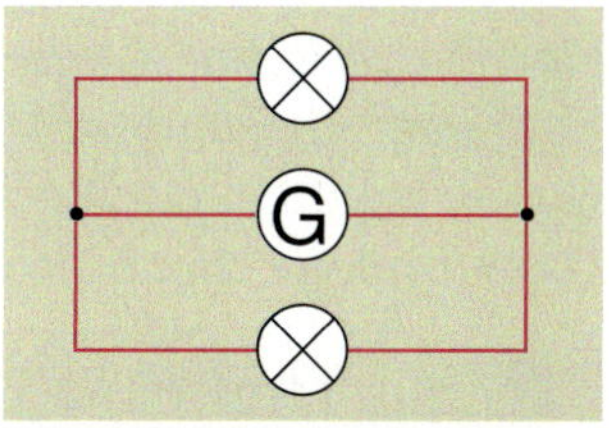

15

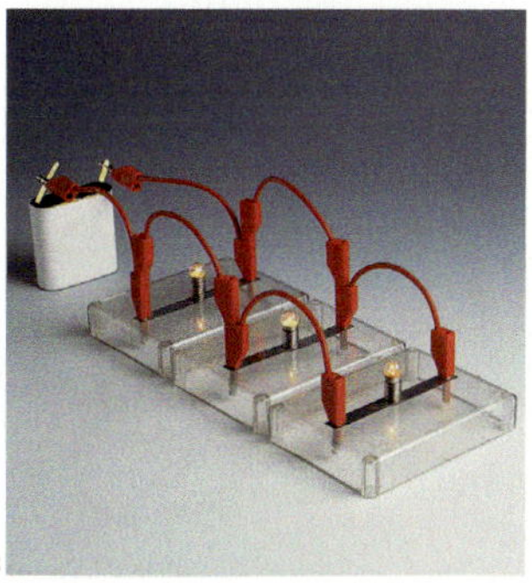
16

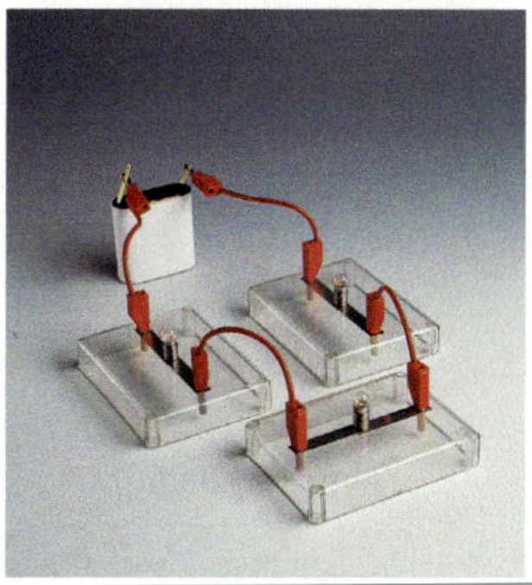
17

Leiter und Nichtleiter – Gefahren des elektrischen Stroms

Warum leuchtet hier die Lampe nicht?

1

Vorbereitende Aufträge

Im Unterricht wird untersucht, welche Stoffe (Materialien) elektrisch leiten und welche nicht.

1. *Sammle zu Hause Gegenstände aus unterschiedlichen Stoffen. Bringe sie – wenn sie nicht zu groß sind – in die Schule mit.*

2. *Versuche auch unterschiedliche Metallreste zu bekommen (z. B. bei einem Klempner). Zu den Metallen gehören z. B. Eisen und Kupfer.*

3. *Schreibe die Namen sämtlicher Metalle auf, die du kennst.*

4. *Notiere Merkmale einiger Metalle (z. B. Kupfer: rötlich; wird für elektrische Leitungen verwendet). Du kannst dazu auch Rätselaufgaben stellen: Schreibe einige Merkmale eines Metalls auf und lass jemanden das Metall raten.*

Praktikumsversuch

V1 a) *Wir prüfen, welche festen Stoffe den elektrischen Strom leiten und welche ihn nicht leiten.*
Versuchsmaterialien: *Prüfgerät der Bilder 4 u. 5 oder Flachbatterie und Glühlampe in Fassung, Krokodilklemmen, Anschlussdrähte.*
Versuchsaufbau u. -durchführung: *Siehe Bild 2.*
Mustertabelle zum Eintragen der Ergebnisse:

Körper	*Stoff, aus dem er besteht*	*Leitet der Stoff?*
Becher	*Porzellan*	*ja/nein*
Draht	*Kupfer*	*ja/nein*
?	*?*	*?*

Der Versuch wird entweder so mit dem Prüfgerät …

… oder so mit Batterie und Glühlampe durchgeführt.

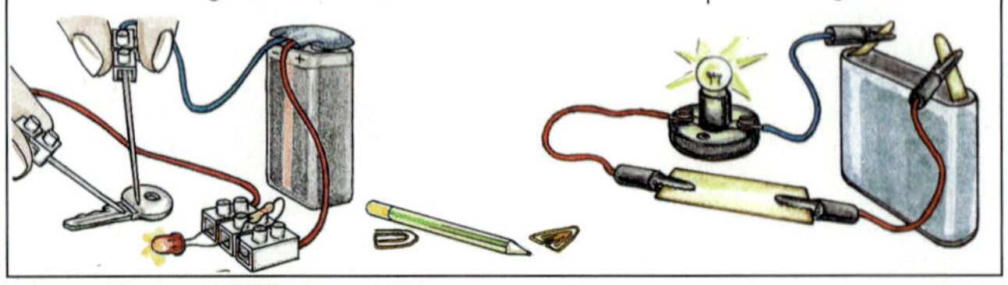
2

b) *Wir prüfen auch Flüssigkeiten.*
Versuchsmaterialien: *Prüfgerät der Bilder 4 u. 5 oder ein Messgerät mit Anschlusskabeln, 2 Kupferstreifen oder Kohlestäbe, Becherglas, verschiedene Flüssigkeiten.*
Versuchsaufbau u. -durchführung: *Siehe Bild 3.*
Mustertabelle zum Eintragen der Ergebnisse:

Flüssigkeit	*Leitet der Stoff?*
destilliertes Wasser	*ja/nein*
Apfelsaft	*ja/nein*
?	*?*

In das Becherglas werden verschiedene Flüssigkeiten gegossen.

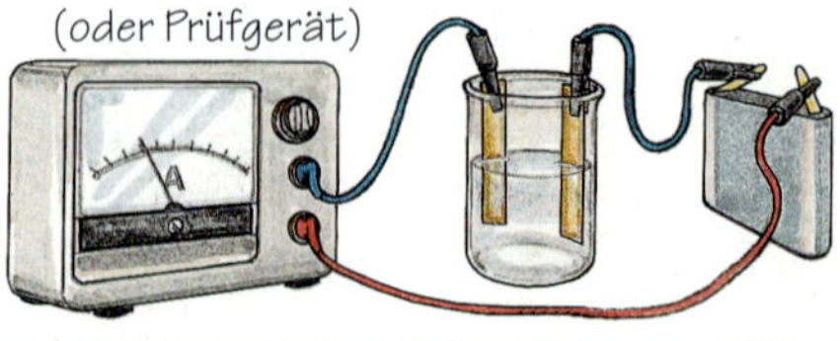

3

62033

A1 *Stoffe können* ***elektrische Leiter*** *oder* ***Nichtleiter*** *sein. Nichtleiter bezeichnet man auch als Isolatoren.*

a) *Schreibe fünf Leiter und fünf Nichtleiter auf.*

b) *Anja behauptet: „Mein Bleistift ist ein Leiter." Sven widerspricht: „Ein Bleistift ist ein Nichtleiter." Beide haben sogar Recht … Erkläre!*

c) *Wie hätten sie sich genauer ausdrücken müssen?*

A2 *Hier sind „Steckbriefe" von drei Metallen:*
1. Silberfarben, leicht, daraus werden z. B. Fensterrahmen gemacht.
2. Grau, rostet leicht, wird von einem Magneten angezogen.
3. Dunkelgrau, leicht biegbar, schwer.

a) *Gib an, welche drei Metalle in den Steckbriefen beschrieben sind.*

b) *Sind es Leiter oder Nichtleiter?*

A3 *Destilliertes Wasser ist frei von anderen Stoffen und wird z. B. in Dampfbügeleisen verwendet.*
Wie kannst du herausfinden, ob destilliertes Wasser ein elektrischer Leiter ist? Plane dazu einen Versuch (Schaltplan!).

Bauanleitung: **Ein Prüfgerät für Leiter und Nichtleiter**

Bild 4 zeigt das Prüfgerät im Einsatz. So kann man sogar an den Wurzeln direkt messen, ob genügend Feuchtigkeit vorhanden ist.
Als Prüfstrecke kannst du auch – wie hier – Stricknadeln nehmen. Wie wär's mit einem solchen Gerät als Geschenk für deine Mutter?

4

Du brauchst:
Lüsterklemmen, 5 Abschnitte ①;
1 Leuchtdiode ②;
1 Festwiderstand (330 Ohm ③);
3 flexible, leicht biegbare Kupferkabel ④, an den Enden abisoliert;
2 starre Kupferkabel ⑤, an den Enden abisoliert;
eine 4,5-Volt-Flachbatterie oder eine 9-Volt-Blockbatterie mit Anschluss ⑥.

Hinweis: Die Ziffern im Kreis verweisen auf die betreffenden Teile in Bild 5.

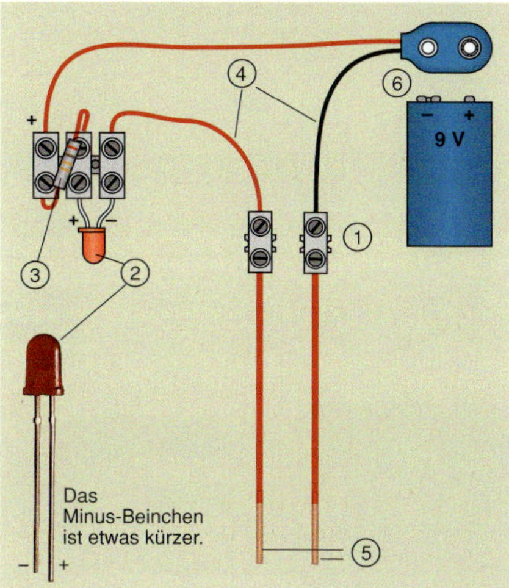

5

So wird's gemacht:

Entferne vorsichtig die Isolierung von allen Drahtenden. Baue dann das Gerät nach Bild 5 zusammen. Achte dabei auf die richtige Polung der Leuchtdiode!

So kannst du das Prüfgerät testen: Wenn sich die beiden Enden der Prüfstrecke berühren, muss die Leuchtdiode leuchten. (Tipps zur Fehlersuche: Richtige Polung der Leuchtdiode? Isolierung sauber entfernt? Schrauben der Lüsterklemmen fest? Batterie „leer"?)

Info: Der Mensch als elektrischer Leiter

Metalle und Kohlenstoff sind elektrische *Leiter*. Auch Salzwasser leitet.

Glas, Gummi, Porzellan, Kunststoffe, Öl und Spiritus sind Beispiele für *Nichtleiter*. Auch der menschliche Körper ist ein elektrischer Leiter.

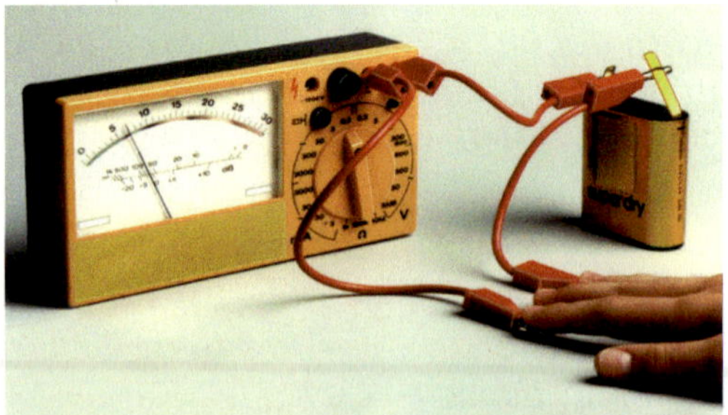

Hinweis: Im Anhang findest du eine Bauanleitung für ein Prüfgerät, das auch als „Lügendetektor" geeignet ist.

1

Das Hantieren an Steckdosen oder am Stromnetz sowie das Öffnen von Elektrogeräten sind lebensgefährlich.

Verwende beim Experimentieren immer nur Batterien, Netzgeräte oder kleine Dynamos als Energiequellen!

Dass der menschliche Körper leitet, zeigt das Messgerät in Bild 1.

Schon bei recht kleinen Strömen durch den menschlichen Körper besteht Lebensgefahr: Die Muskeln verkrampfen sich, das Herz kann außer Takt geraten und Verbrennungen sind möglich.

Wie kommt es, dass der menschliche Körper ein elektrischer Leiter ist? Der Mensch besteht zu zwei Dritteln aus salzhaltigem Wasser – und Salzwasser ist ein recht guter elektrischer Leiter.

Bei Elektrounfällen ist eine schnelle Hilfeleistung wichtig:

- Unterbrich zuerst den Stromkreis: Not-Aus-Schalter betätigen oder Sicherung ausschalten!
- Auf keinen Fall darfst du den Verunglückten vorher anfassen!
- Bei Atemstillstand muss sofort mit Wiederbelebungsmaßnahmen begonnen werden (z. B. Atemspende oder Herzdruckmassage).
- Außerdem muss ein Notarzt bzw. der Rettungswagen gerufen werden (Stichwort: Stromunfall).

Aus der Technik: Auch Nichtleiter sind wichtig

Vor rund 80 Jahren, als deine Urgroßeltern noch Kinder waren, gab es kaum Elektrogeräte in den Haushalten. Wasch- oder Spülmaschinen und Staubsauger waren weitgehend unbekannt. Erst allmählich setzte sich das elektrische Licht durch.

Obwohl die Elektrizität damals weniger verbreitet war als heute, gab es viele *Stromunfälle*. Das lag vor allem an den schlecht isolierten Leitungen. Die Leitungen waren in den Wohnungen sichtbar an Wänden und Decken angebracht (Bild 2). Heute befinden sich Leitungen meist „unter Putz". Sie sind unsichtbar und berührungssicher in den Wänden verborgen.

Die Isolierung der Leitungen (Bild 3) bestand aus Baumwollband und Gummi. Diese Materialien wurden schnell brüchig – vor allem in der Nähe von Lampen. Dort wurden die Leitungen heiß.

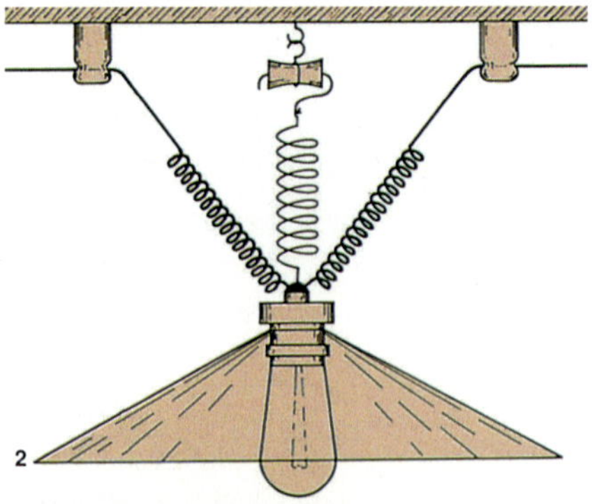

2

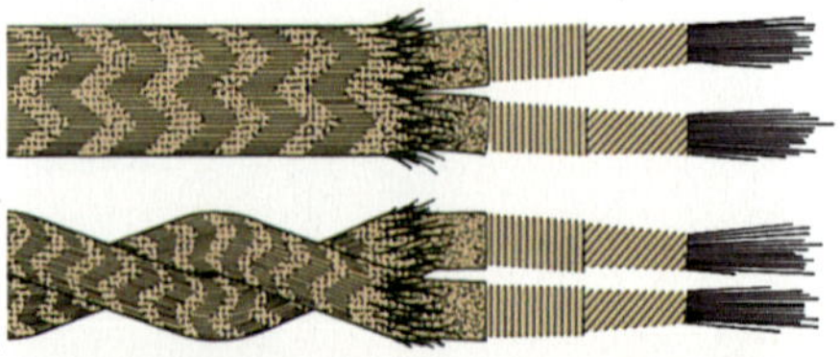

3

4

Beim Auswechseln von Lampen konnte man leicht mit den blanken Drähten in Berührung kommen. Das führte dann zu lebensgefährlichen Unfällen.

Heute sind elektrische Leitungen mit Kunststoffen isoliert. Diese sind ziemlich hitzebeständig und elastisch und werden auch nach Jahren nicht brüchig.

Erst diese neueren Kunststoffe haben es möglich gemacht, Leitungen überall gefahrlos zu verlegen – selbst im Wasser oder in der Erde (Bild 4, Erdkabel).

Kunststoffe als Nichtleiter waren für die Verbreitung der Elektrizität genauso wichtig wie die Metalle als Leiter.

62035

Aus dem Alltag: Gefahren beim Umgang mit Elektrogeräten

Haartrockner im Bad brachte den Tod

39-Jähriger erlitt Stromstoß

Unvorstellbarer Leichtsinn hat einem Menschen das Leben gekostet. Dies veranlasste die Kriminalpolizei und den Verband Deutscher Elektrotechniker (VDE) erneut auf Gefahren beim Hantieren mit Haartrocknern in Badezimmern hinzuweisen.

Am Montag wurde in einer Frankfurter Wohnung die Leiche einer 39 Jahre alten Person gefunden. Der Mann lag tot in der gefüllten Badewanne. Der eingeschaltete, noch unter Strom stehende Haartrockner lag im Wasser. Die Polizei stellte fest, dass das Gerät keinen technischen Mangel aufwies.

Der VDE bezeichnete die Gewohnheit, sich in Badewannen die Haare zu trocknen, als lebensgefährliche Dummheit. Sobald nämlich der Haartrockner in die Wanne rutscht, fließt ein großer elektrischer Strom durch den Körper. Es genügt auch, wenn man feuchte Stellen des Geräts berührt und gleichzeitig Kontakt mit der Wasserleitung hat. Haartrockner haben in der Badewanne nichts zu suchen!

Unwissenheit und Leichtsinn

Über die häufigsten Ursachen des Stromtodes

In der Deutschland sterben jährlich Hunderte von Menschen durch elektrischen Strom. Dabei sind häufig Unwissenheit und Leichtsinn im Spiel. Gefahr herrscht vor allem da, wo Wasser und Strom „einander begegnen“.

Einige Tipps zum Umgang mit dem elektrischen Strom:

1. Darauf achten, dass Elektrogeräte VDE-geprüft sind.
2. Nach Gebrauch des Geräts den Stecker aus der Steckdose ziehen.
3. Elektrogeräte niemals mit Wasser reinigen.
4. Wenn kleine Kinder in der Wohnung sind, Steckdosen mit Steckdoseneinsätzen sichern.
5. Stecker nicht an der Leitung aus der Dose ziehen.
6. Leitungen nicht unter Teppiche legen oder durch Türritzen quetschen.
7. In der Badewanne keinen Haartrockner bedienen.
8. Heizlüfter und Nachttischlampen gehören nicht ins Badezimmer.
9. Schadhafte Teile vom Fachmann reparieren lassen.

A1 *Suche nach VDE-Prüfzeichen (Bild 5) auf einigen Elektrogeräten.*

5

A2 *„Wo sich Wasser und Strom begegnen, da ist es gefährlich.“ Erläutere anhand der Bilder 6 u. 7.*

A3 *Wie funktionieren die Steckdoseneinsätze („Kindersicherungen“)? Was sollen sie verhindern?*

A4 *Welche der Werkzeuge von Bild 8 könnte ein Elektriker gut gebrauchen? Begründe!*

A5 *Bild 9 zeigt einen geschlossenen Stromkreis; er besteht aus mehreren Teilen.*
Übertrage zunächst den Stromkreis in dein Heft. Schreibe dann die leitenden Stoffe an die einzelnen Teile.

6

7

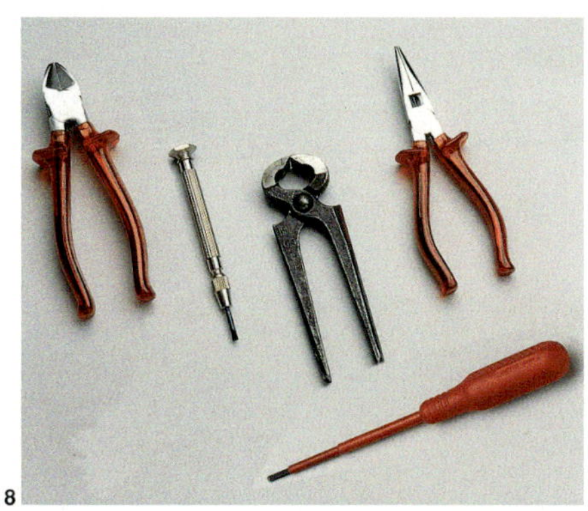
8

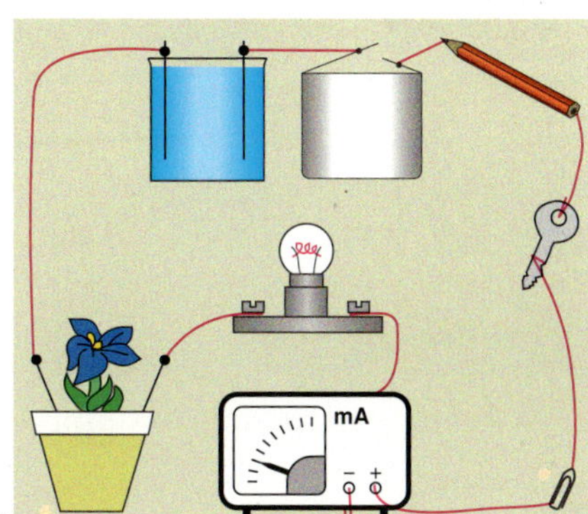

9

Zusammenfassung

Geschlossene und unterbrochene Stromkreise

1 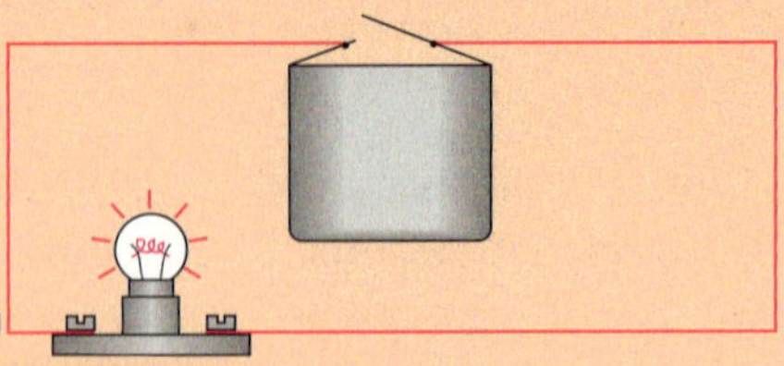

2 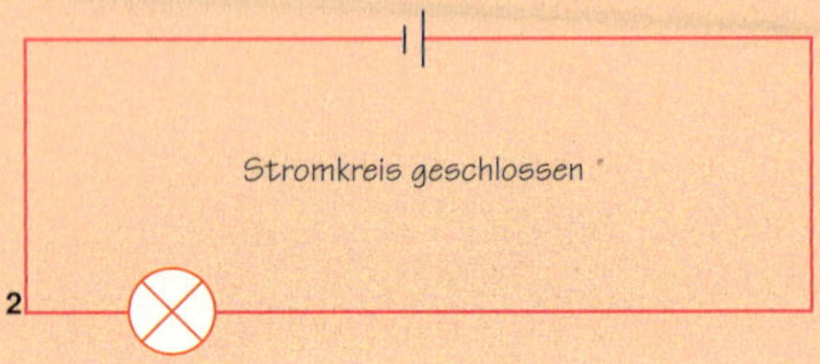

Eine Glühlampe leuchtet nur, wenn sie mit ihren *beiden* Kontaktstellen an die elektrische Energiequelle angeschlossen ist (Bilder 1 u. 2).

Damit ein Elektrogerät funktioniert, muss es Teil eines geschlossenen Stromkreises sein.

Wenn der Stromkreis *unterbrochen* ist, leuchtet die Lampe nicht (Bilder 3 u. 4).

3 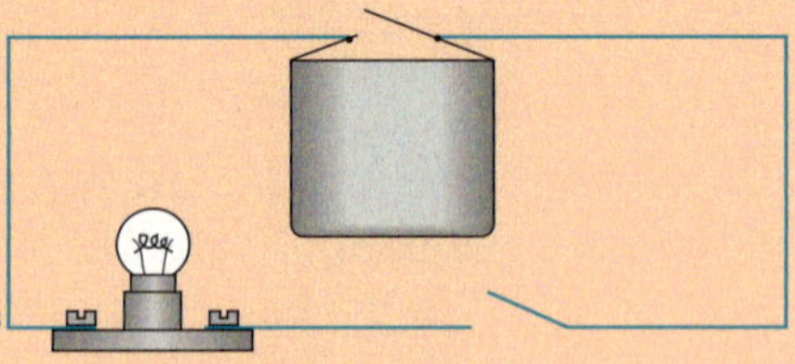

4 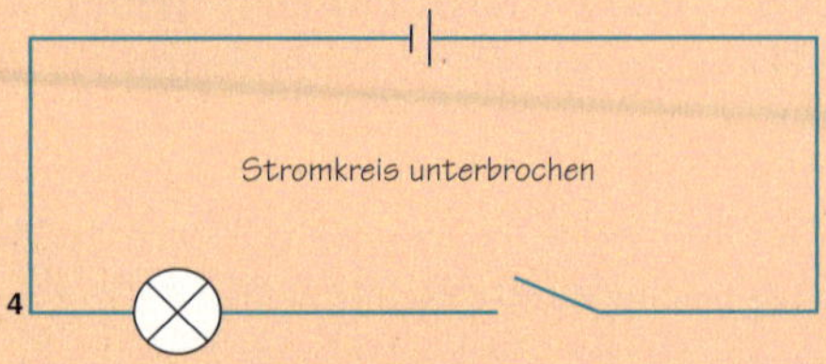

5 

Der Stromkreis der Fahrradbeleuchtung

Energiequelle und Elektrogerät müssen nicht durch zwei Drähte verbunden sein. Der Stromkreis kann auch z. B. über andere Metallteile geschlossen sein. Bei der Fahrradbeleuchtung ersetzt der Fahrradrahmen einen der Drähte.

Die Reihenschaltung

Bei der Reihenschaltung bilden beide Lampen gemeinsam mit der Batterie einen Stromkreis (Bilder 6 u. 7).

Wenn eine dieser Lampen ausfällt, erlischt auch die andere.

6 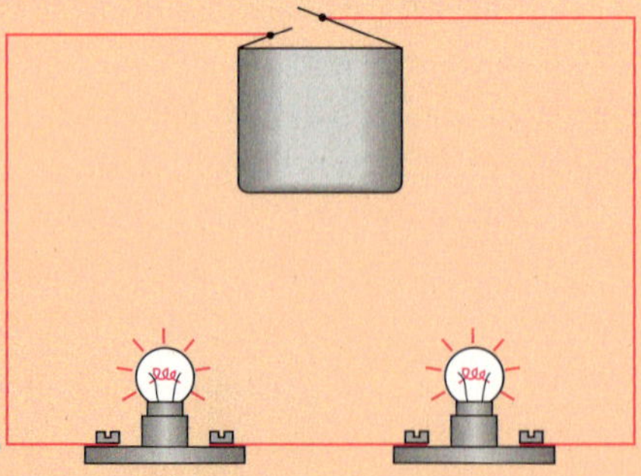

7 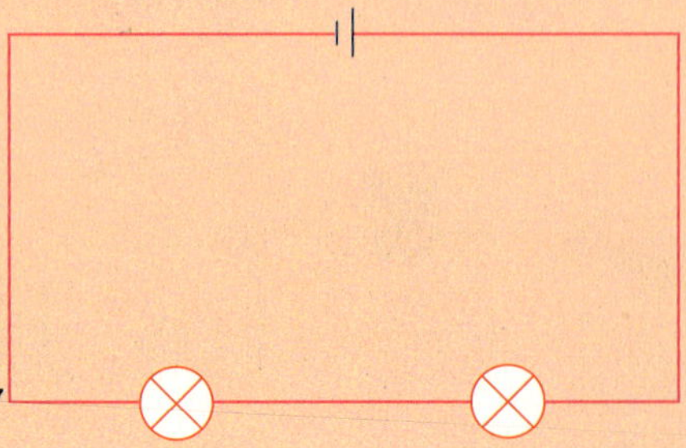

Die Parallelschaltung

Bei der Parallelschaltung bildet jede der Lampen mit der Batterie einen eigenen Stromkreis (Bilder 8 u. 9).

So entstehen zwei getrennte Stromkreise. Wenn eine der Lampen ausfällt, leuchtet die andere weiter.

8 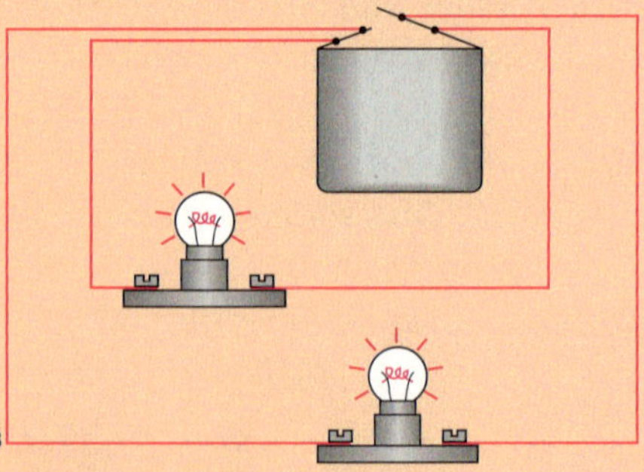

9 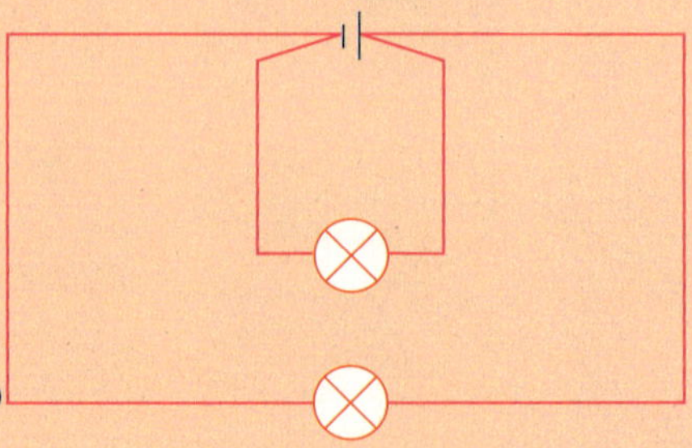

62037

Leiter und Nichtleiter

Zu den elektrischen Leitern gehören die Metalle und der Kohlenstoff (Bild 10).

Auch unter den Flüssigkeiten gibt es elektrische Leiter. Sie leiten nicht so gut wie die Metalle.

Leitende Flüssigkeiten sind zum Beispiel Leitungswasser, Salzwasser, Essig, Fruchtsäfte.

Kunststoffe, Glas, Gummi, Porzellan, Speiseöl, Spiritus und Benzin leiten den elektrischen Strom praktisch nicht. Sie sind Nichtleiter oder Isolatoren.

Unter den Isolatoren sind die Kunststoffe besonders wichtig (Bild 11).

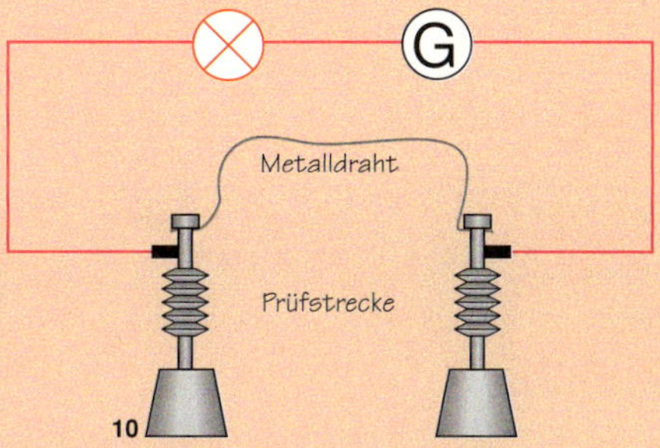

10

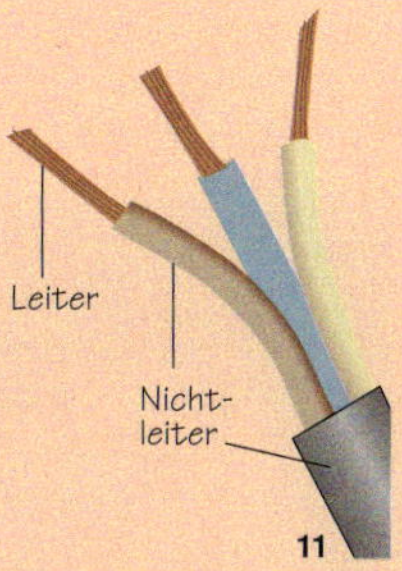

11

Gefahren des elektrischen Stroms

Der menschliche Körper ist ein Leiter. Wenn er Teil eines Stromkreises mit der Steckdose als Energiequelle wird, besteht Lebensgefahr.

Schon sehr geringe Ströme sind lebensgefährlich.

- Achte darauf, dass die Isolierung von Kabeln und Geräten nicht beschädigt ist.
- Benutze in der Badewanne keine Elektrogeräte.
- Bei Elektrounfällen muss der Stromkreis unterbrochen werden.

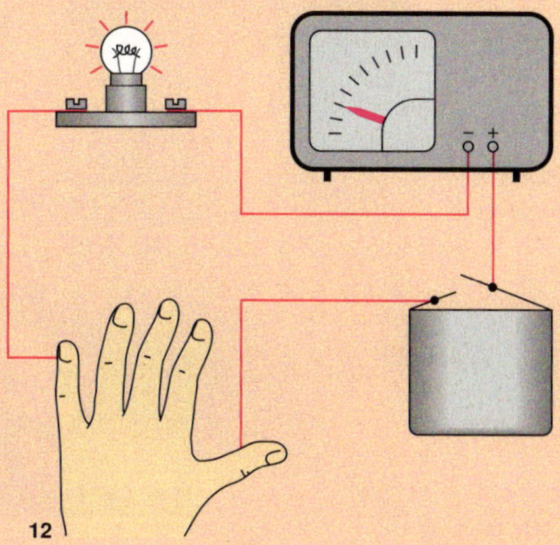
12

Alles klar?

Lösungen → Anhang

1. *In Bild 13 siehst du eine Glühlampe mit Fassung. Die Lampe ist mit zwei Drähten an eine Batterie angeschlossen.*

a) *Warum leuchtet sie trotzdem nicht?*

b) *Zeichne einen Schaltplan einer entsprechenden Schaltung, bei der die Glühlampe leuchtet.*

2. *Auch beim Fahrrad leuchtet die Lampe nur, wenn der Stromkreis geschlossen ist. Wie ist das möglich? (Bedenke, dass nur ein einziger Draht von der Lampe zum Dynamo führt.)*

3. *Beim Fahrrad sind zwei Lampen an den Dynamo angeschlossen – der Scheinwerfer und das Rücklicht.*

a) *Wie sind sie geschaltet – so wie in Bild 6 oder wie in Bild 8?*

b) *Begründe deine Wahl.*

c) *Wie heißen die Schaltungsarten?*

4. *Petra behauptet, ihr Armband sei aus Silber. Frank dagegen meint: „Das Armband ist aus Plastik und nur mit einer Silberfarbe angestrichen.“*
Wie können die beiden die Streitfrage klären, ohne dabei das Armband zu beschädigen? Hättest du eine Idee? ...

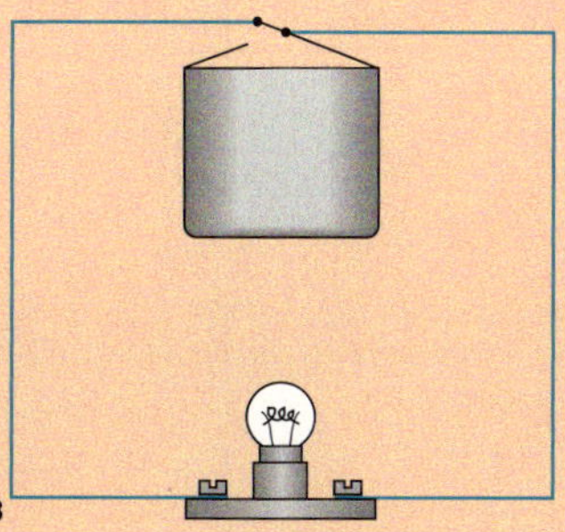
13

5. *Handelt es sich bei den folgenden Stoffen um Leiter oder um Nichtleiter?*
Lege eine Tabelle an und trage folgende Begriffe in die Spalten ein: Eisendraht, Aluminiumblech, Glasstab, Bleistiftmine, nasser Bindfaden, Badewasser, Öl.
Schreibe mindestens drei weitere Leiter und drei Nichtleiter hinzu.

6. *Einen Drachen darf man niemals in der Nähe von Hochspannungsleitungen steigen lassen, sonst bringt man sich in Lebensgefahr.*
Warum eigentlich – der Stoff, aus dem ein Bindfaden besteht, ist doch ein Nichtleiter?

Schaltungen mit mehreren Schaltern

Eine „Sicherheitsschaltung“

Bild 1 zeigt eine Schneidemaschine für Papier. Ihr scharfes Messer schneidet über tausend Papierbögen in einem Arbeitsgang.

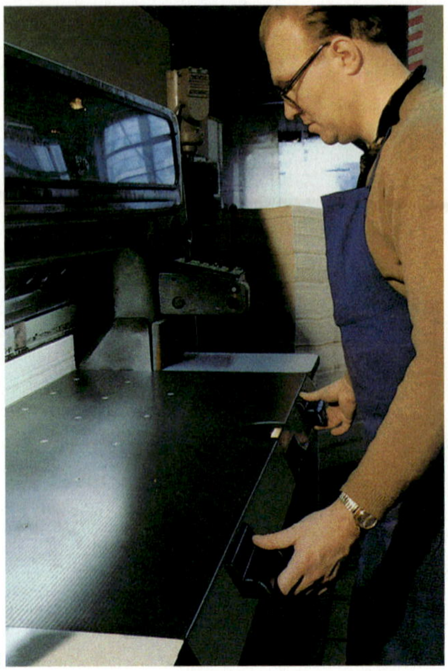
1

Der Arbeiter drückt mit *beiden Händen gleichzeitig* auf zwei **Taster**. Sie sind rechts und links von ihm angebracht. Erst wenn der Arbeiter beide Taster drückt, senkt sich das Messer …

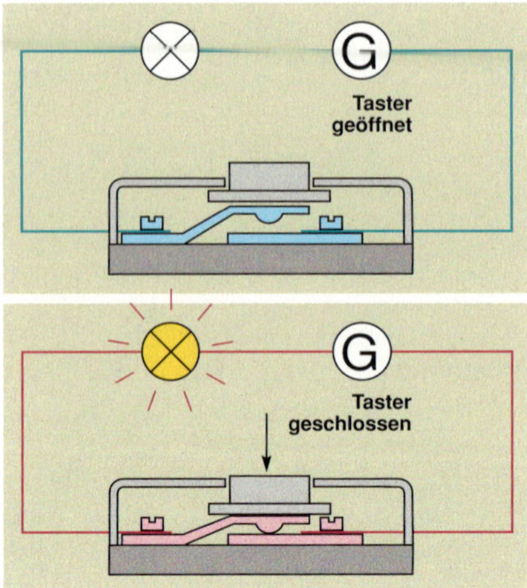

2

Taster sind Schalter, die von selbst zurückspringen, wenn man sie loslässt (Bild 2).

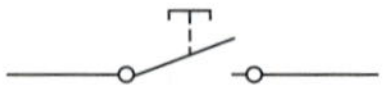
Schaltzeichen EIN-Taster

A1 *Zur Papierschneidemaschine (Bild 1):*

a) *Was muss der Arbeiter tun, damit die Maschine zu arbeiten beginnt?*

b) *Die zwei auseinander liegenden Taster stellen einen Schutz für den Arbeiter dar.*
Welche Unfallgefahr wird durch die zwei Taster gebannt?

c) *Wie müssen die Taster in den Stromkreis eingebaut sein, damit der Motor der Maschine laufen kann?*
Zeichne einen Schaltplan.

d) *Baue die „Sicherheitsschaltung“ der Schneidemaschine als* ***Versuch*** *auf. Falls du keinen Motor hast, nimm eine Glühlampe. Ihr Aufleuchten soll dem Anlaufen der Schneidemaschine entsprechen.*
Übertrage die Tabelle in dein Heft und notiere die Versuchsergebnisse.

1. Taster	*2. Taster*	*Leuchtet die Lampe?*
offen	*offen*	*?*
offen	*geschlossen*	*?*
geschlossen	*offen*	*?*
geschlossen	*geschlossen*	*?*

A2 *Wann beginnt ein Elektrogerät mit zwei in Reihe geschalteten Schaltern zu arbeiten? Ergänze: „Das Elektrogerät beginnt erst zu arbeiten, wenn …“*

A3 *Die Reihenschaltung von Schaltern wird auch UND-Schaltung genannt. Weshalb hat man wohl diesen Namen gewählt?*

A4 *Carola hat die Schaltung wie in Bild 3 aufgebaut, Frank wie in Bild 4.*
Wer hat es richtig gemacht?

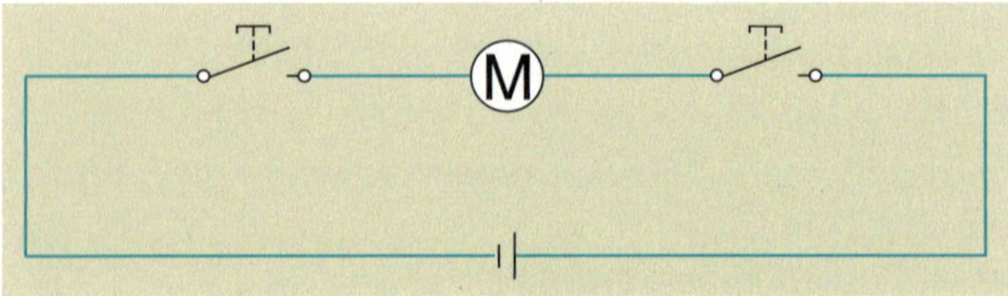

3

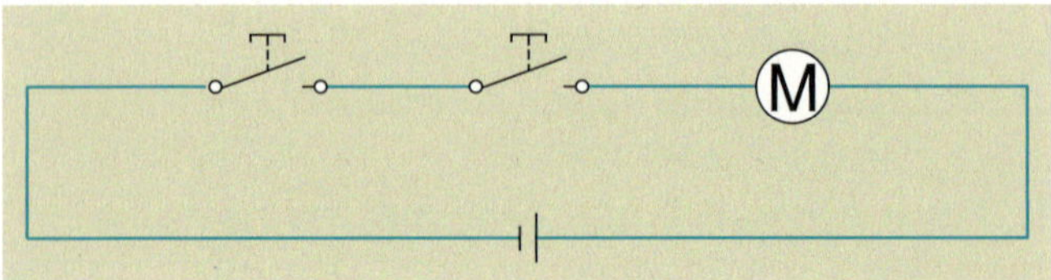

4

62041

Eine „Klingelschaltung"

In Mehrfamilienhäusern hat jede Wohnung zwei „Klingelknöpfe": einen Taster an der Haustür und einen an der Wohnungstür (Bild 5).

5

Die Klingel läutet – egal, ob der Taster an der Haustür oder an der Wohnungstür gedrückt wurde …

A1 *Auch bei dieser „Klingelschaltung" wird nur eine Energiequelle gebraucht. Kann es sich wieder um eine UND-Schaltung handeln? Begründe!*

A2 *Wie sind die beiden Taster eingebaut worden? Denke daran, dass der Stromkreis schon durch einen Taster geschlossen wird.*

a) *Fertige einen Schaltplan an. Bild 6 bietet dir eine Hilfe.*

b) *Baue den* ***Versuch*** *auf. Statt der Klingel kannst du wieder eine Glühlampe nehmen.*
Trage dein Ergebnis in eine solche Tabelle ein:

1. Taster	*2. Taster*	*Leuchtet die Lampe?*
ein	*aus*	*?*
ein	*ein*	*?*
aus	*ein*	*?*
aus	*aus*	*?*

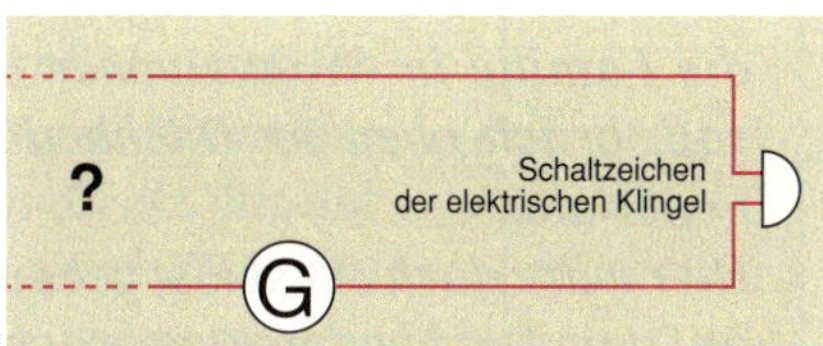

6

c) *Vergleiche deine Tabelle mit der, die zur UND-Schaltung auf der Nachbarseite entstand.*

A3 *Die „Klingelschaltung" ist eine ODER-Schaltung.*

a) *Ergänze: „Die Klingel (Lampe) ist in Betrieb, wenn man den Taster 1 … "*

b) *Suche nach einer Erklärung für die Bezeichnung ODER-Schaltung.*

c) *Sind die Schalter bei der ODER-Schaltung parallel oder in Reihe geschaltet?*

A4 *Die Innenbeleuchtung von Autos wird durch Taster an den Türen betätigt (Bild 7). Wenn eine Tür geöffnet wird, leuchtet im Wagen das Licht auf. Wie sind in dieser Schaltung die Taster angeordnet?*

7

Schaltzeichen AUS-Taster

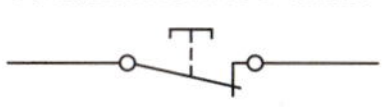

Elektrische Energiequellen

Der Dynamo

1

Wie werden die Lampen mit elektrischer Energie versorgt?

2

Vorbereitende Aufträge

1. *Stelle dein Fahrrad auf den Kopf und bringe das Vorderrad so stark wie möglich in Drehung. Wie lange dreht es sich? Zähle die Sekunden.*
Klappe den Dynamo ans Vorderrad und drehe wieder – möglichst gleich schnell. Wie lange dreht es sich jetzt?
Löse die Kabel am Dynamo, sodass die Lampen nicht mehr leuchten. Setze das Vorderrad wieder in Drehung. Merkst du einen Unterschied?

2. *Glühlampen wandeln elektrische Energie um und geben sie in Form von Licht und Wärme ab.*

Beispiel: Glühlampe ↗ *Wärme* ↘ *<u>Licht</u>*

Notiere bei den folgenden Geräten, wo die Energie jeweils bleibt: Bügeleisen, Bohrmaschine, Toaster, Haartrockner, Rührgerät.
Wenn die Energie auf verschiedene Weisen abgegeben wird, unterstreiche die erwünschte Nutzung.

3. *In jedem Haushalt gibt es „elektrische Helfer".*
a) *Notiere möglichst alle „Helfer", die ihr zu Hause habt. Welche Tätigkeiten führen sie für euch aus?*
b) *Auf welche Geräte könntet ihr verzichten, auf welche nicht?*
c) *Sicher habt ihr zu Hause eine elektrische Kaffeemühle. Vielleicht besitzt ihr auch noch eine alte Kaffeemühle mit Handkurbel. Dann kannst du im Versuch „am eigenen Leib spüren", wie nützlich die elektrischen Helfer sind.*
Mahle mit beiden Mühlen jeweils die gleiche Menge Kaffee. Die nötige Energie ist in beiden Fällen gleich. Wer schafft es in der kürzeren Zeit – du oder die elektrische Mühle?

V1 *Für diesen und den folgenden Versuch eignet sich am besten ein „Tischdynamo" wie in Bild 3.*
a) *Drehe die Kurbel am Tischdynamo zunächst, ohne ein Lämpchen anzuschließen.*
b) *Schließe jetzt eine Lampe (mit der Aufschrift „4 V; 0,6 A", „4 V; 1 A" oder „6 V; 5 A") an. Drehe langsam und achte auf die Helligkeit der Lampe.*
c) *Die Lampe bleibt angeschlossen. Was beobachtest du, wenn du die Kurbel schneller drehst?*

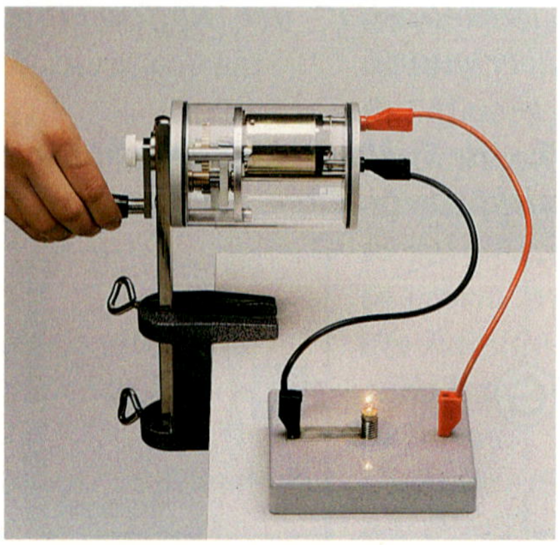
3

V2 *Drehe die Kurbel am Dynamo ohne angeschlossene Lampe schnell und möglichst gleichmäßig. Während du weiterdrehst, wird zunächst eine Lampe angeschlossen. Dann wird eine zweite und schließlich eine dritte parallel geschaltet. Beschreibe, was dir dabei auffällt.*

63526

Info: Elektrische Energie

Von alleine leuchtet keine Lampe. Beim Fahrrad muss das Rädchen am Dynamo gedreht werden. Bei der Taschenlampe von Bild 2 muss man den Griff betätigen.

Zum Leuchten benötigen die Lampen elektrische Energie. Elektrische Energie wird von einem Ort zum anderen mit Hilfe von Stromkreisen übertragen.

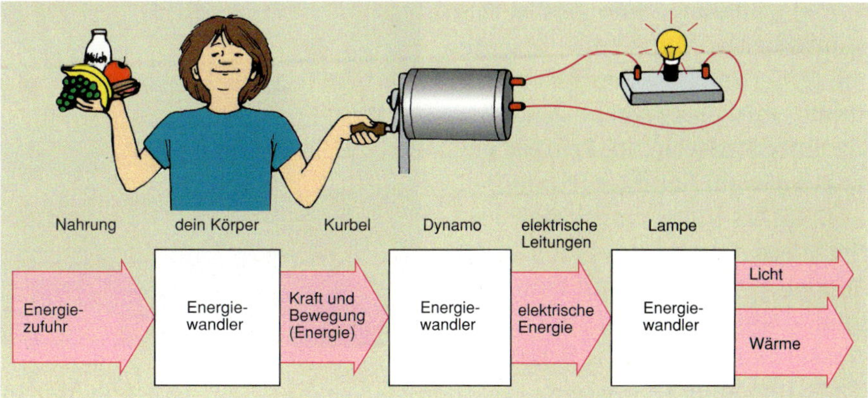

4

Der Dynamo liefert die Energie nicht „von selbst". Ihm wird Energie zugeführt, wenn du in die Pedale trittst, den Griff drückst oder eine Kurbel drehst.

Wenn zwei Lampen leuchten sollen, ist mehr elektrische Energie nötig als für eine. Du musst dann dem Dynamo mehr Energie zuführen – das Drehen geht schwerer.

Die Energie, die du beim Drehen dem Dynamo zuführst, liefert dein Körper. Er erhält die Energie mit der Nahrung, die du aufnimmst. Sowohl der Dynamo als auch dein Körper sind *Energiewandler* (Bild 4).

In der Glühlampe bewirkt die Energie, dass es hell wird und dass sich die Umgebung erwärmt. Auch die Glühlampe ist nichts anderes als ein Energiewandler: Die zugeführte Energie wird in Form von Licht und Wärme abgegeben.

Die Energie verteilt sich auf einen großen Raum und führt in beiden Fällen zu einer kaum merklichen Temperaturerhöhung der Umgebung. Die Energie kann nicht weiter genutzt werden und ist völlig wertlos. Man sagt, sie ist verbraucht oder *entwertet*.

Info: Elektrische Energie aus der Steckdose

Auch die elektrische Energie, die man aus der Steckdose bezieht, entsteht nicht „von selbst".

Im *Elektrizitätswerk* wird beim Verbrennen von Kohle Energie freigesetzt (Bild 5). Sie wird genutzt um Wasser zu verdampfen.

In der Dampfturbine strömt der Dampf gegen die Schaufeln großer Turbinenräder. Er treibt so die Turbine an und gibt dabei Energie an sie weiter. An die Turbine ist ein Generator (Dynamo) gekoppelt, der die Energie in elektrische Energie umwandelt.

Elektrizitätswerke belasten die Umwelt: Beim Verbrennen entstehen Abgase. Nur ein Drittel der eingesetzten Energie wird in elektrische umgewandelt …

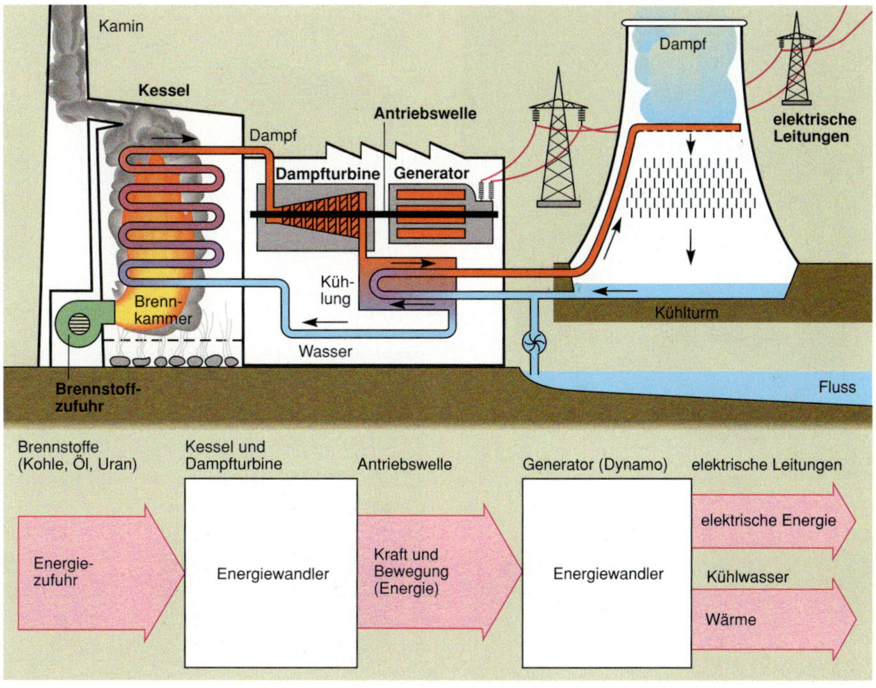

5

Aus der Technik: Der Generator – ein riesiger Dynamo

1

In Elektrizitätswerken gibt es riesengroße Dynamos (Bild 1). Solche *Generatoren* versorgen ganze Städte mit elektrischer Energie. Sie funktionieren im Prinzip genauso wie ein Fahrraddynamo:

In ihrem Innern muss ein riesiger Magnet gedreht werden. Zum Antrieb verwendet man zum Beispiel Dampfturbinen, in denen Wasserdampf gegen die Schaufeln eines Turbinenrads strömt.

Der Generator ist über einige Zwischenstationen mit den Steckdosen in den Wohnungen verbunden. Man kann sagen: Die Pole der Steckdose sind die verlängerten Anschlüsse eines Generators.

Einen ganz wichtigen Unterschied zwischen Fahrraddynamo und Generator musst du aber kennen: Die Anschlussstellen des Fahrraddynamos kann man ohne Gefahr berühren.

Im Gegensatz dazu darf man auf keinen Fall Kontakt zu den Polen einer Steckdose bekommen. Ein lebensgefährlicher Stromschlag wäre die Folge.

Deshalb darfst du niemals Versuche mit der Steckdose als Energiequelle durchführen!

Batterien, Akkus und Solarzellen

Wenn du Batterien oder Akkus kaufst, musst du auf die *Spannung* achten: Auf jedem Elektrogerät ist angegeben, welche Spannung die Energiequelle haben muss. Die Spannung wird in Volt (V) gemessen.

2

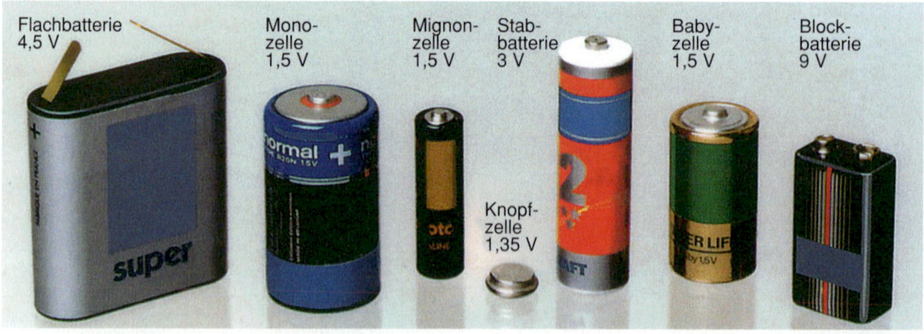

3

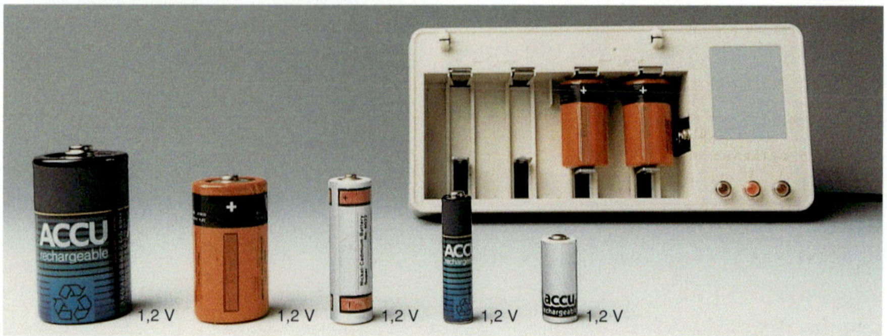

4

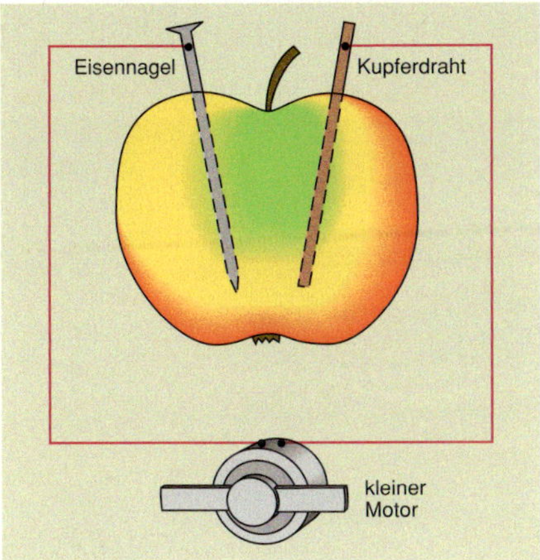

5

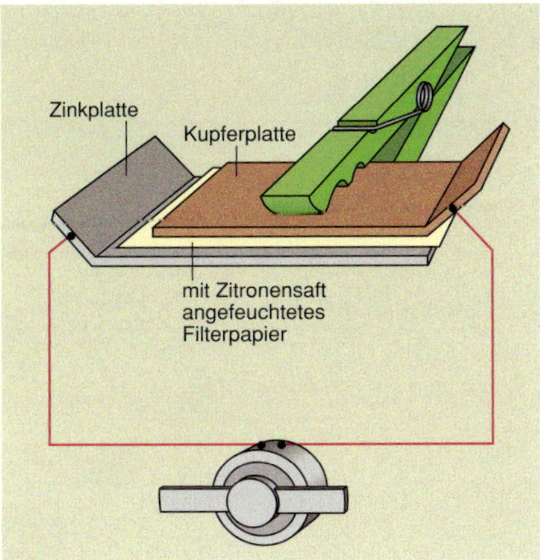

6

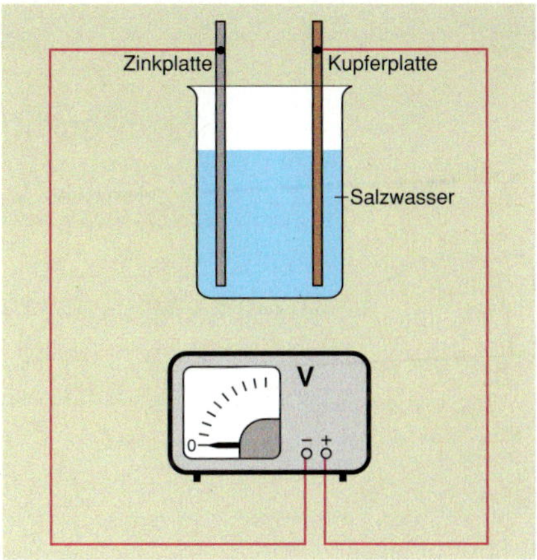

7

V1 *Eine 6-V-Fahrradlampe soll hell leuchten. Zur Verfügung stehen 1,5-V-Batterien (oder entsprechende Akkus). Wie viele Batterien brauchst du? Wie musst du sie zusammenschalten?*

V2 *Diese einfachen „Batterien" (Bilder 5–7) kannst du leicht selbst bauen.*

a) *Welche Gemeinsamkeiten erkennst du?*

b) *Probiere die Batterien aus. Statt des kleinen Motors kannst du auch ein Messgerät verwenden. Schau dir die Metallplatten genau an, wenn die Batterien keine Energie mehr liefern.*

c) *Säubere die Platten mit Schleifpapier. Baue die Stromkreise erneut auf.*

A1 *Was passiert, wenn eine Fahrradlampe (6 V) an eine 1,5-V-Batterie angeschlossen wird? Was geschieht, wenn man eine Glühlampe (3,5 V) direkt mit einer 9-V-Batterie verbindet?*

A2 *Bild 8 zeigt eine verbrauchte Batterie: Der Metallmantel der Batterie hat sich zersetzt. In Batterien und Akkus wandeln sich Stoffe um. Dabei wird Energie freigesetzt.*
Die Bilder 9–11 zeigen drei Vorgänge. Zeichne dazu „Energie-Schaubilder" (wie auf der vorigen Doppelseite beim Dynamo).
Trage folgende Texte ein: Energiewandler, Energie nimmt ab, Energie nimmt zu, Licht, Wärme, Energie ist „entwertet", Stoffe wandeln sich um.

A3 *Die Kamera von Bild 2 benötigt eine Spannung von 6 V. Keine Batterie von Bild 3 hat diese Spannung.*

a) *Wie hilft man sich?*

b) *Sieh im Batteriefach eines Elektrogeräts nach, wie dort die Batterien geschaltet sind.*

A4 *Batterien mit 1,5 V Spannung gibt es in verschiedenen Größen. Welchen Vorteil haben die großen Batterien (und Akkus)? Überprüfe deine Vermutung im Versuch, verwende dabei Akkus.*

A5 *Erkundige dich nach den Preisen für eine 9-V-Batterie und einen 9-V-Akku. Ein Akku lässt sich bis zu 1000-mal aufladen. Dazu benötigst du ein Ladegerät (für ca. 10 Euro). Vergleiche die Kosten!*
Welchen Vorteil hat der Akku gegenüber der Batterie, wenn du von den Kosten absiehst?

8

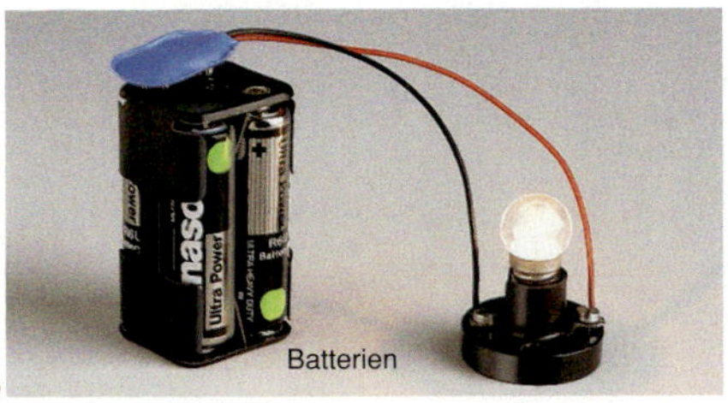

9

10

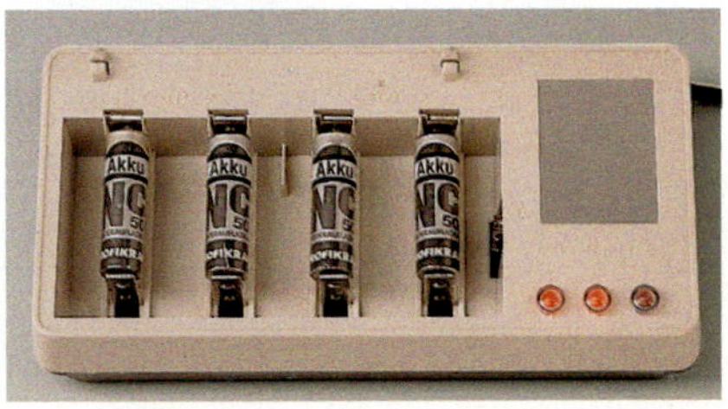
11

Aus der Technik: Batterie oder Akku?

Lena braucht Batterien für ihren CD-Player (Bild 1). „Nimm doch gleich Akkus, die sind billiger und besser für die Umwelt", rät Lara. „Was ist denn das für ein Unterschied? Und Akkus kosten doch mehr als Batterien?", zweifelt Lena.

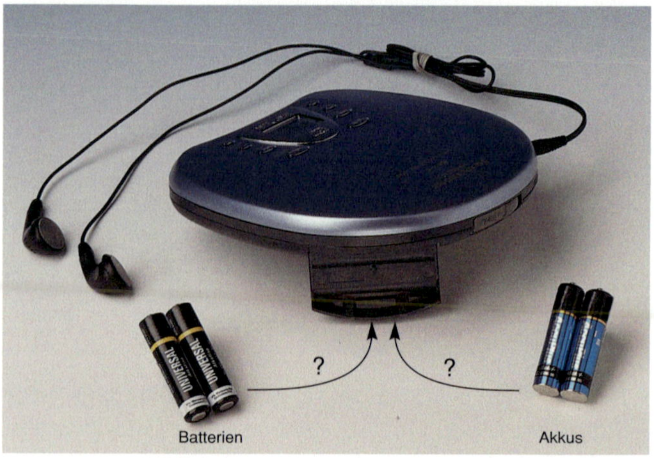

1

Kleine Batterie- und Akkukunde

Batterien sind nur einmal zu benutzen. Akkus können mit einem Ladegerät wieder aufgeladen werden.

Es gibt verschiedene Batterien und Akkus. Ihre Größe und Zusammensetzung bestimmen, wie lange und wie gleichmäßig sie elektrische Energie liefern.

Weit verbreitet sind *Zink-Kohle-* und *Alkali-Mangan-Batterien*. Die preiswerte Zink-Kohle-Batterie in der Taschenlampe wird immer schwächer und ist ziemlich schnell verbraucht. Die teure Lithiumbatterie im Fotoapparat liefert sehr lange und gleichmäßig Energie. Schließlich soll der Blitz auch beim letzten Foto noch hell genug sein.

Bei den Akkus unterscheidet man vor allem *Nickel-Cadmium-* und *Metallhydrid-Akkus*.

Nickel-Cadmium-Akkus sind billiger, gefährden aber die Umwelt, weil sie das giftige Schwermetall Cadmium enthalten. Außerdem kann man sie nur dann immer wieder aufladen, wenn sie stets nach Vorschrift behandelt werden. So dürfen sie möglichst nicht ganz entladen werden. Die vorgeschriebenen Ladezeiten sollten eingehalten werden.

Metallhydrid-Akkus sind nicht so gefährlich für die Umwelt und brauchen kaum Pflege.

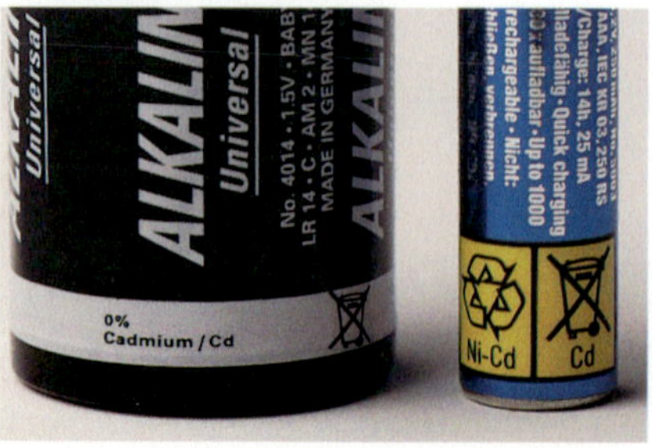

2

Umweltschutz

In Deutschland werden fast 900 Millionen Batterien und Akkus im Jahr verbraucht. Das sind 30 000 t alte Batterien! Hinzu kommen 14 Millionen Autobatterien. Nahezu *alle* Batterien und Akkus enthalten umweltgefährdende Stoffe.

Alle Batterien und Akkus müssen an die Geschäfte zurückgegeben werden. Sie dürfen nicht in den Hausmüll gelangen. Selbst die einfachen Zink-Kohle-Batterien enthalten neben Zink etwas Quecksilber!

Besonders wird die Umwelt durch Quecksilber und Cadmium gefährdet. Überlege daher, ob du auf Batterien mit solchen Stoffen nicht verzichten kannst. Achte auf die Kennzeichnung (Bild 2)!

Bisher werden nur Autobatterien (Bleiakkus) wieder verwertet. In Zukunft sollen auch aus den anderen Batterien und Akkus die Metalle zurückgewonnen werden. Das Trennen der Stoffe ist aber sehr aufwendig und teuer. Die meisten Batterien und Akkus werden noch in Sondermülldeponien gelagert.

Batterie oder Akku?

Bei vorschriftsmäßiger Behandlung können Akkus bis zu 1000-mal aufgeladen werden. Die Anschaffungskosten für Akkus lohnen sich also in der Regel.

Der Umwelt kann man mit einem Akku eine ganze Menge Batterien ersparen, aber gerade Nickel-Cadmium-Akkus gefährden die Umwelt besonders stark.

Wenn möglich, solltest du auf Batterien und Akkus verzichten und Netzteile oder Solarzellen nutzen.

Übrigens: Elektrische Energie aus Batterien und Akkus ist viel teurer als Energie aus der Steckdose. Bei Batterien ist sie rund 1000-mal so teuer!

63530

Aus der Technik: Elektrische Energie aus Sonnenenergie

3

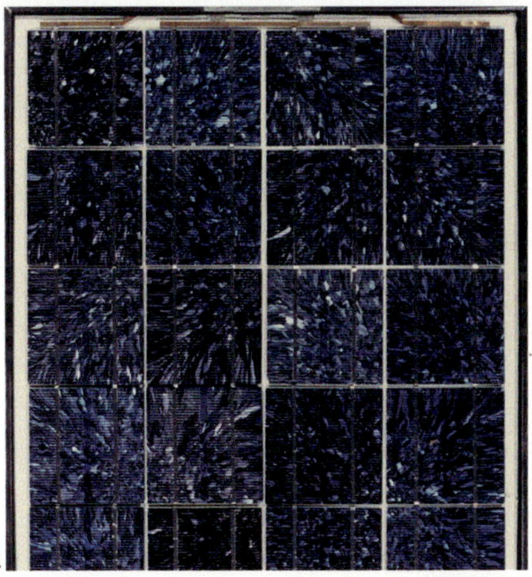
4

Die Energie der Sonnenstrahlung wird mit Solarzellen direkt in elektrische Energie umgewandelt.

In Deutschland gibt es mehrere Elektrizitätswerke, die die Sonnenenergie nutzen. Jedes dieser **Sonnenkraftwerke** kann aber nur rund 100 Einfamilienhäuser mit Energie versorgen.

Eines der ersten Sonnenkraftwerke wurde auf der Nordseeinsel *Pellworm* errichtet (Bild 3). Es ist mit mehr als 350000 Solarzellen ausgestattet (Bild 4). Jede einzelne Solarzelle ist 10 cm · 10 cm groß. Für die Aufstellung der Solarzellen benötigt man ein Gelände von der Größe zweier Fußballfelder.

Zwei riesige Akkus sorgen dafür, dass dieses Sonnenkraftwerk auch in der Nacht und bei trübem Wetter Energie liefern kann.

Obwohl Sonnenenergie nichts kostet, ist die Energie aus einem Solarkraftwerk heute noch zehnmal so teuer wie die aus Kohlekraftwerken.

Ein Grund dafür sind die hohen Anschaffungskosten für die Solarzellen. Ihre Herstellung erfordert nämlich viel Energie und besonders reine Rohstoffe.

Da die Umwandlung von Sonnenenergie in elektrische Energie viel umweltfreundlicher ist als z. B. Kohlekraftwerke, wird die Solarenergie trotz der genannten Nachteile vom Staat gefördert. Auf immer mehr Privathäusern findet man heute schon Solarzellen. Die elektrische Energie wird von dort direkt in das Stromnetz eingespeist. Damit spart man teure Akkus zur Speicherung. Die gelieferte Energie wird von den zuständigen Elektrizitätswerken bezahlt.

A1 *Erkundige dich, wie viel Geld das Elektrizitätswerk für die elektrische Energie aus Solarzellen bezahlt und wie teuer elektrische Energie für den Verbraucher ist.*

A2 *Nenne Geräte, die mit Sonnenenergie betrieben werden.*

A3 *Bild 5 zeigt eine Fahrradlampe mit Solarzellen. Unter den Solarzellen ist ein Akku verborgen.*

a) *Wie funktioniert die Lampe?*

b) *Zeichne zwei „Energie-Schaubilder": eines für den Betrieb bei Helligkeit und eines für den Betrieb bei Dunkelheit. Trage folgende Ausdrücke in die Zeichnung ein: Sonnenenergie, elektrische Energie, Energiewandler, Energie ist entwertet, Energie nimmt ab, Energie nimmt zu, Licht, Wärme.*

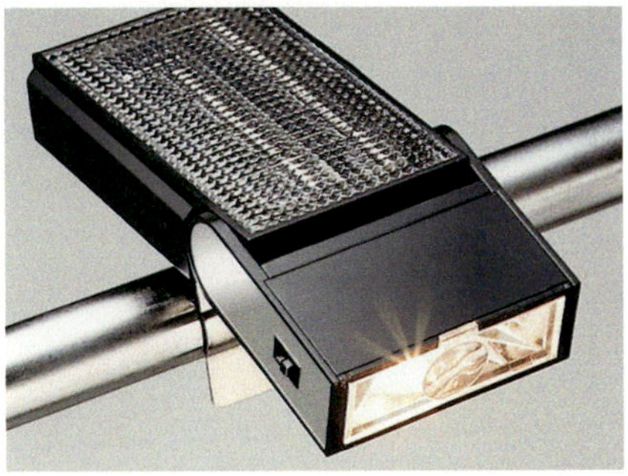
5

Zusammenfassung

Dynamos (Generatoren)

Der Dynamo liefert elektrische Energie. Damit er Energie abgibt, muss ihm durch Drehen Energie zugeführt werden.

Wenn man schneller dreht, wird mehr Energie zugeführt und die Lampe leuchtet heller. Sind mehrere Lampen angeschlossen, ist mehr Energie erforderlich. Das Drehen geht dann schwerer.

In Elektrizitätswerken wandeln große **Generatoren** Energie in elektrische Energie um.

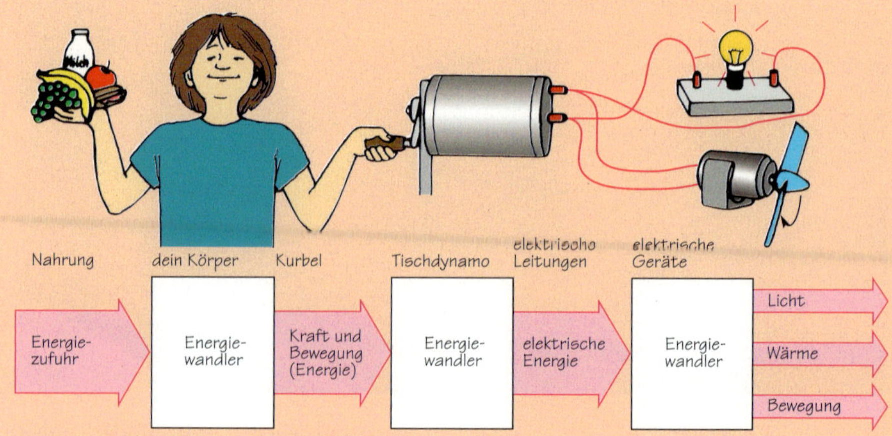

1 Energie-Schaubild Generator

Batterien und Akkus

Batterien und Akkus speichern Energie. Die Energie wird dadurch freigesetzt, dass sich in der Batterie oder im Akku Stoffe umwandeln.

Es gibt Batterien und Akkus mit unterschiedlichen Spannungen. Die Spannung wird in Volt (V) angegeben.
Batterien: 1,5 V; 3 V; 4,5 V; 9 V …
Akkus: 1,2 V; 6 V; 9 V …

Schaltet man zwei oder drei 1,5-V-Batterien in Reihe, beträgt die Spannung 3 V bzw. 4,5 V.

Auf jedem Elektrogerät ist die erforderliche Betriebsspannung angegeben (Typenschild). Die Spannung der Energiequelle muss mit der angegebenen Betriebsspannung ungefähr übereinstimmen. Sonst wird das Gerät zerstört oder funktioniert nicht richtig.

Batterien können so lange verwendet werden, bis sie verbraucht sind. Akkus kann man wieder aufladen und erneut verwenden.

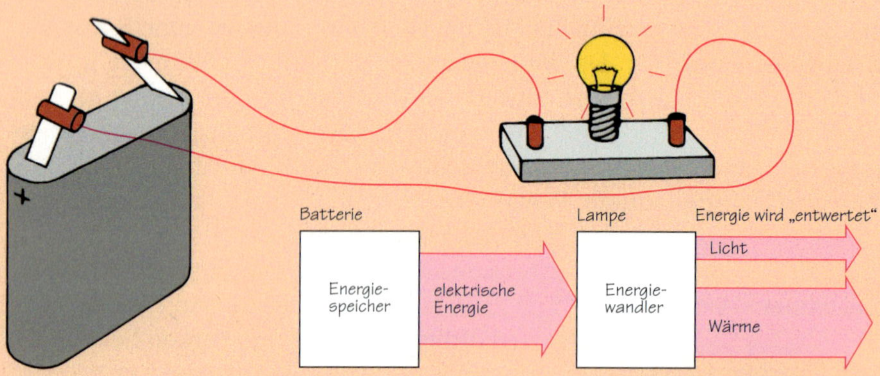

2 Energie-Schaubild Batterie

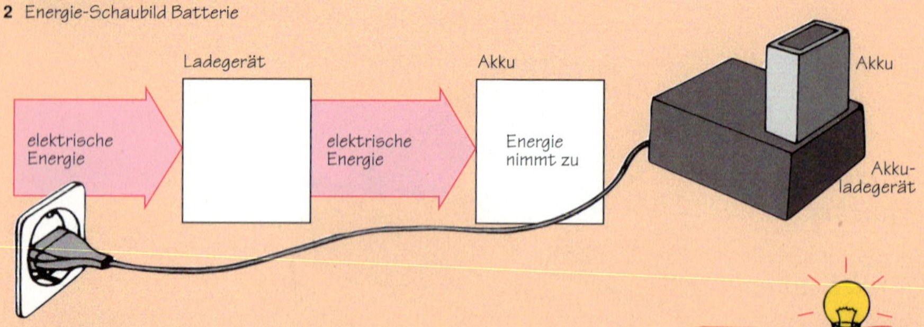

3 Energie-Schaubild Aufladen des Akkus

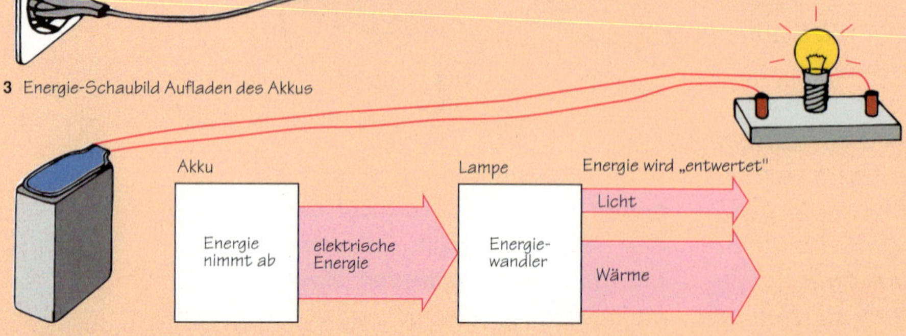

4 Energie-Schaubild Entladen des Akkus

63532

Solarzellen

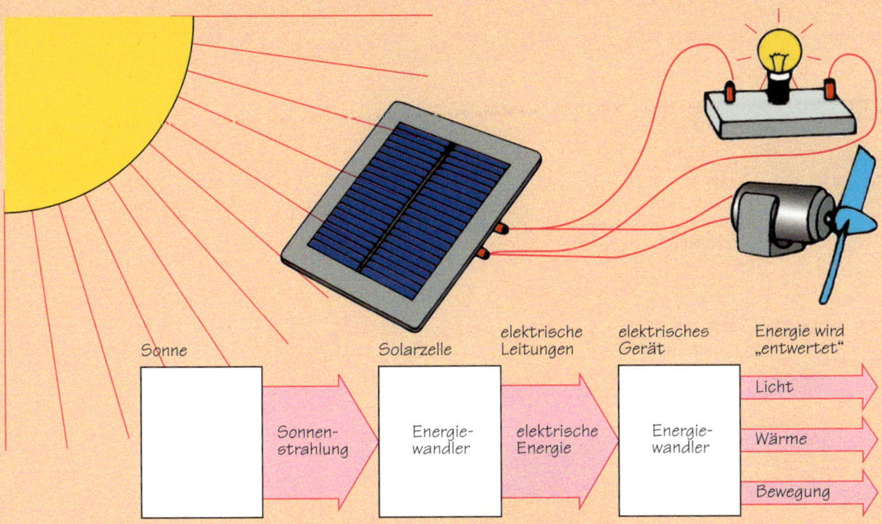

5 Energie-Schaubild Solarzellen

Solarzellen wandeln die Energie des Sonnenlichts direkt in elektrische Energie um.

Wenn viel Licht auf die Solarzelle fällt, wird viel elektrische Energie erzeugt. Der Motor läuft dann besonders schnell.

Bei der Umwandlung von Sonnenenergie in elektrische Energie entstehen keine Schadstoffe, die die Umwelt belasten.

Alles klar?

Lösungen → Anhang

A1 *Was ist zu erwarten, wenn man eine Fahrradrücklichtlampe (für 6 V) an eine 1,5-Volt-Monozelle anschließt?*
Was geschieht, wenn man eine Leuchtdiode (für 2,7 V) mit einer 9-Volt-Batterie verbindet?

A2 *Vergleiche Akkus und herkömmliche Batterien. Nenne Vorteile und Nachteile.*

A3 *Das Radio von Bild 6 hat drei verschiedene Energiequellen.*
a) *Im Gerät sind Akkus untergebracht. Welches sind die beiden anderen Energiequellen?*
b) *Wann würdest du das Radio mit welcher Energiequelle betreiben?*
c) *Fertige „Energie-Schaubilder" für den Betrieb mit den verschiedenen Energiequellen an.*

A4 *Was zeigt Bild 7? Beschreibe, was mit der eintreffenden Energie geschieht.*

A5 *Peter hat in sein Taschenradio drei neue Akkus eingesetzt. Nun funktioniert es plötzlich nicht mehr. Was könnte Peter falsch gemacht haben?*

A6 *In Bild 8 siehst du einen elektrischen Feuchtigkeitsmesser für Topfpflanzen. Er besteht aus einem Fühler, der in die Blumenerde gesteckt wird, und einem Messgerät.*
Kann das Gerät ohne zusätzliche Energiequelle funktionieren? Begründe deine Antwort.
Welchen Nachteil hat das Gerät?

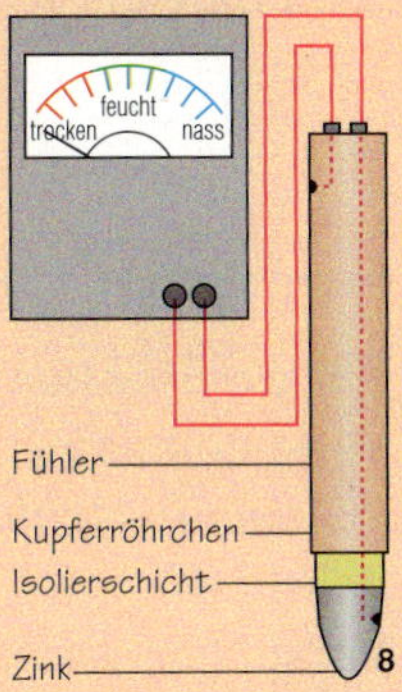

8

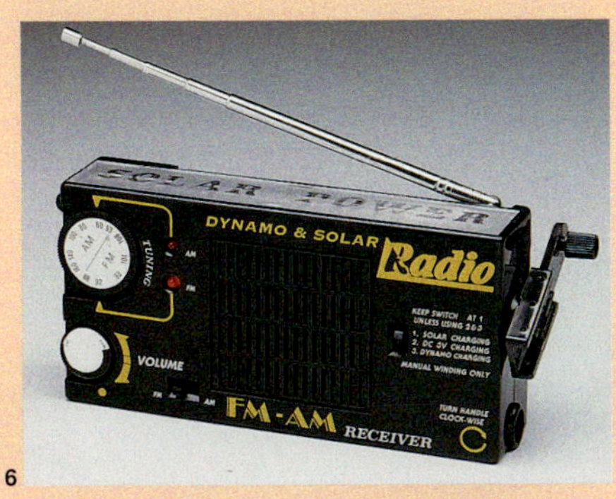

6

7

Elektrische Geräte

Heizgeräte und Lampen

Mit einem Styroporschneider geht das Schneiden von Styropor® wie von selbst. Da kommt selbst das schärfste Messer nicht mit …

1
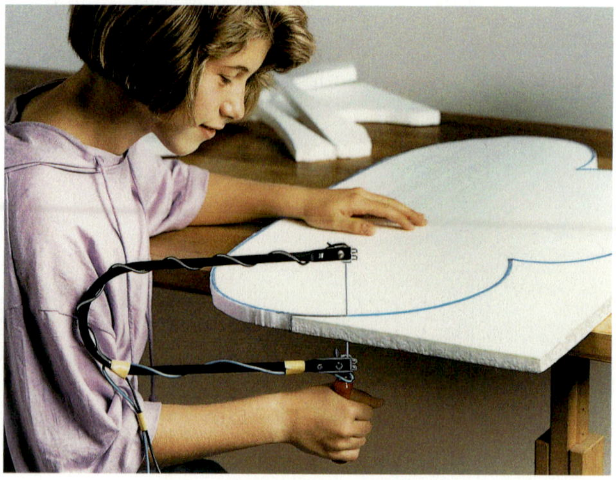

Vorbereitende Aufträge

1. *Viele Elektrogeräte haben die Aufgabe, elektrische Energie in Wärme umzuwandeln. Nenne fünf Beispiele für solche Geräte.*

2. *Bei anderen Elektrogeräten wird elektrische Energie in Wärme umgewandelt, die Wärme ist aber nicht erwünscht.*
Sammle dazu einige Beispiele und schreibe sie auf.

3. *Versuche einmal mit einer Stahlstricknadel oder mit einer dicken Stopfnadel ein Loch in ein Stück Styropor zu stechen.*
Erwärme dann die Nadel über einer Kerzenflamme und probiere es noch einmal.
Du wirst einen Unterschied feststellen …
Suche eine Erklärung für dein Versuchsergebnis.

Praktikumsversuch

V1 *So funktioniert ein Styroporschneider.*
Versuchsmaterialien: *Netzgerät (Trafo), 2 Isolatoren, 2 Anschlusskabel, ein „Heizdraht" (z. B. 50 cm Konstantandraht, 0,2 mm dick), 1 Thermometer*
Versuchsaufbau: *Siehe Bild 2.*
Versuchsdurchführung: **a)** *Lässt sich das Styropor mit dem kalten Draht schneiden?*
b) *Regelt das Netzgerät so hoch, dass der Draht zu glühen beginnt. Schneidet der Draht jetzt?*
c) *Werden auch die Zuleitungsdrähte wärmer?*

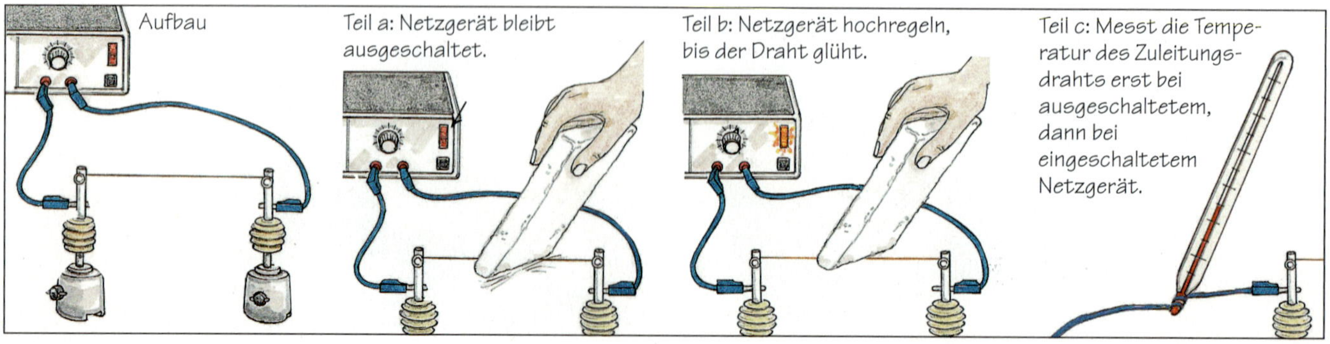

2

63534

V2 *Die Erwärmung eines Drahts könnte von dem Material abhängen, aus dem er besteht. Mit dem Aufbau von Bild 3 kannst du das untersuchen.*
Die eingespannten Drähte sind gleich dick und gleich lang.
Auf jeden Draht ist ein Wachskügelchen gedrückt. Was zeigt dir dieser Versuch?

V3 *Ob die Temperatur des Heizdrahts auch von der Dicke des Drahts abhängt?*
Plane dazu einen Versuch.

V4 *Baue das Modell einer Glühlampe. Für den Glühdraht brauchst du 50 cm Konstantandraht (Durchmesser: 0,2 mm). Du wickelst den Draht um eine Stricknadel oder Kugelschreibermine, sodass eine Wendel entsteht (Bild 4). Ziehe die Nadel dann wieder heraus.*
Baue den Versuch nach Bild 5 auf. Stelle das Netzgerät so ein, dass die Wendel gerade glüht.
Ziehe die Ständer jetzt auseinander, bis der Draht nicht mehr gewendelt, sondern gespannt ist.
Was beobachtest du? Erkläre!

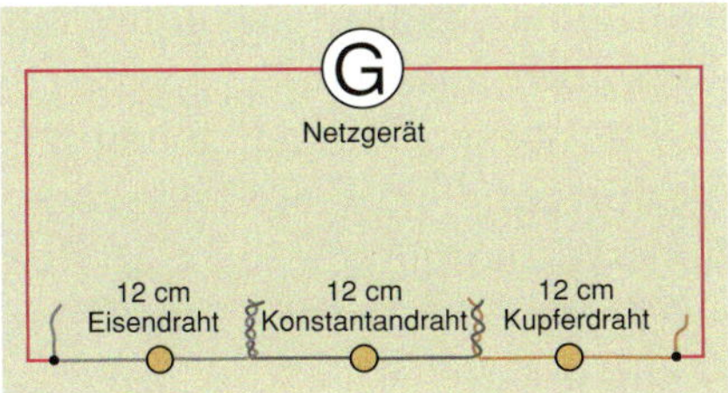

3

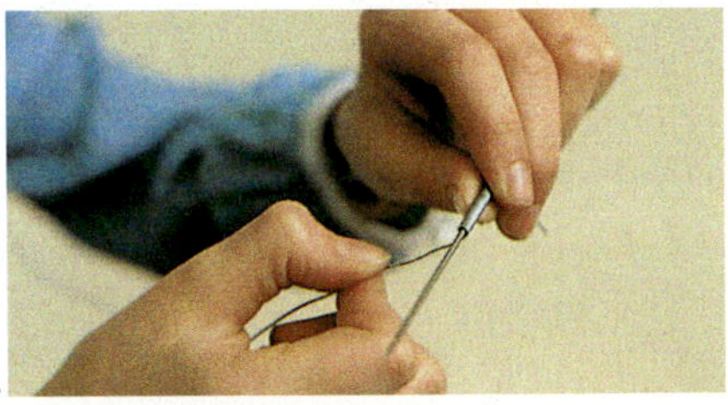
4

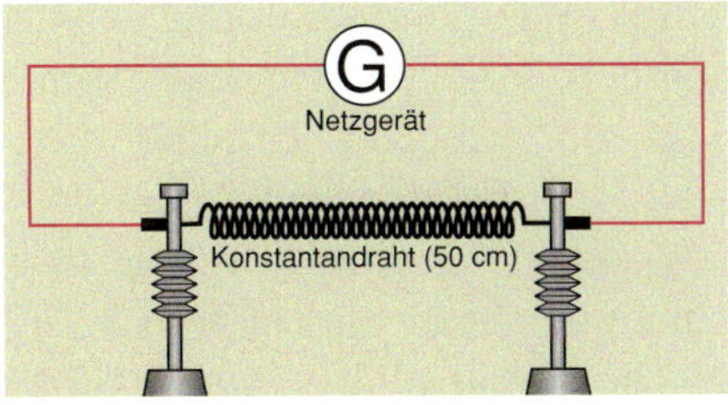

5

Info: Beleuchten und Erwärmen mit elektrischer Energie

Viele elektrische Geräte im Haushalt nutzen die elektrische Energie zum Erwärmen: Sie wandeln elektrische Energie in Wärme um.

Alle elektrischen Heizgeräte haben dasselbe „Herzstück" – einen Draht (Bilder 6–8).

Im eingeschalteten Toaster kannst du die rot glühenden *Heizdrähte* sehen. Sie haben eine Temperatur von 850 °C.

Nicht jeder Draht hält solche Temperaturen über längere Zeit aus. Auch Metalldrähte können schmelzen oder verbrennen. Heizdrähte werden daher aus Legierungen hergestellt, das sind Gemische von Metallen. Oft verwendet man Chromnickeldrähte. Sie bestehen aus einer Legierung, in der die Metalle Chrom, Nickel und Eisen zusammengeschmolzen sind.

Die blanken Drähte darf man nicht berühren. Deshalb ist der Heizdraht des Tauchsieders in feuerfeste Keramik eingebettet und von einem Metallrohr umgeben. Beim Haartrockner sind die nicht isolierten Heizdrähte auf Isolationskörper aufgewickelt. Hier schützt das Gehäuse vor einem Berühren der Heizdrähte.

Auch **Glühlampen** enthalten einen Draht, den Glühdraht. Er ist *gewendelt* (Bild 9); das spart Platz. Zudem heizen sich die Drahtstücke gegenseitig stark auf. Die Glühwendel wird so bis zur Weißglut erhitzt und sendet dann weißes Licht aus.

In Glühlampen wird elektrische Energie in Wärme und Licht umgewandelt.

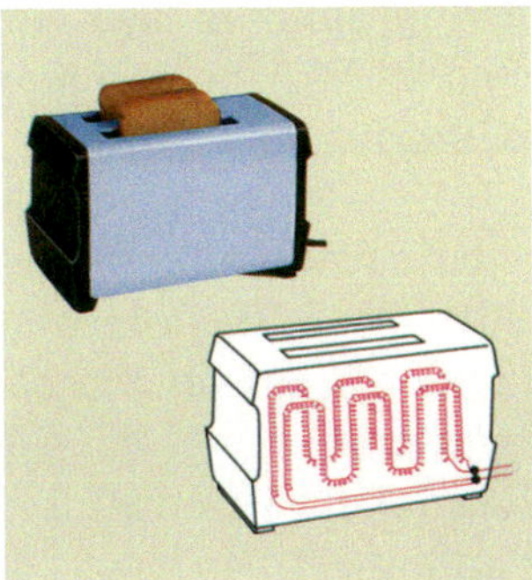
6

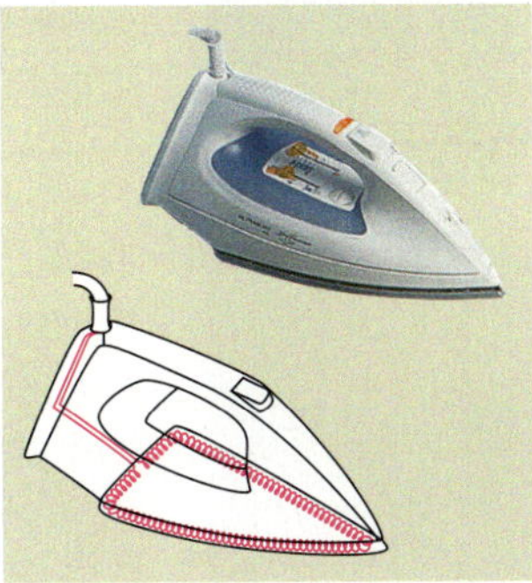
7

8

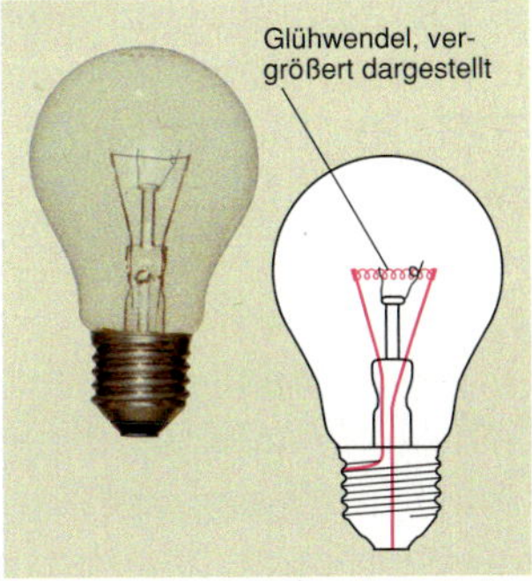

9

Aus Alltag und Technik: Glühlampen und Energiesparlampen

Glühlampen senden fast weißes Licht aus. Ihr Glühdraht aus dem Metall Wolfram ist ein- oder zweimal gewendelt (Bild 1). Er wird bis zu 2600 °C heiß. Trotzdem verbrennt der Draht nicht, weil sich im Glaskolben ein Gas befindet, das die Verbrennung verhindert.

Glühlampen sind Energieverschwender, denn sie erzeugen wesentlich mehr Wärme als Licht. Nur ein winziger Bruchteil der elektrischen Energie wird als Licht abgegeben. Glühlampen sind also eher Heizgeräte als Lampen!

Die Lebensdauer einer Glühlampe beträgt etwa 1000 Stunden.

1

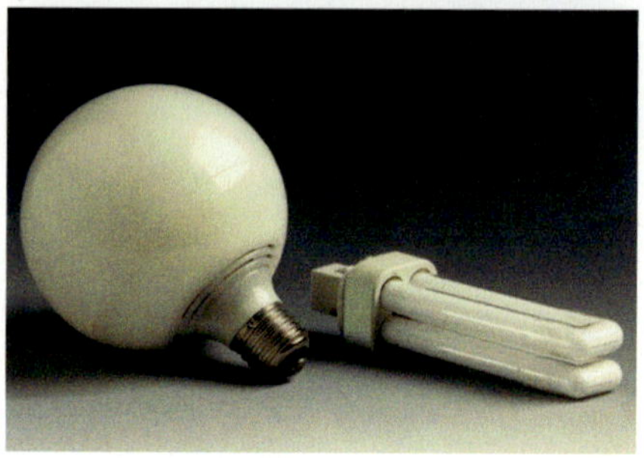
2

Energiesparlampen (Bild 2) enthalten kleine Leuchtstoffröhren. Mit Hilfe der elektrischen Energie wird ein Gas in der Röhre angeregt, eine unsichtbare Strahlung auszusenden. Ein Leuchtstoff auf der Innenseite der Röhre wandelt diese Strahlung in Licht um.

Zum Zünden benötigen Energiesparlampen einen besonderen Zusatz. Deshalb sind sie beim Kauf teurer als normale Glühlampen. Dafür ist aber ihre Lebensdauer größer. Sie beträgt etwa 8000 Stunden.

Energiesparlampen geben immerhin rund ein Viertel der zugeführten Energie als Licht ab. Sie erwärmen sich nicht so stark wie Glühlampen.

Nachteilig ist, dass Energiesparlampen und Leuchtstofflampen giftiges Quecksilber enthalten. Sie dürfen also nicht einfach in die Mülltonne geworfen werden, sondern sind Sondermüll.

Aus Umwelt und Technik: Kaltes Licht auf Schritt und Tritt

Zusatzangebot

Kleine farbige Punkte – überall leuchten sie auf: an Computern, Druckern, Hi-Fi- und Videogeräten, an Armaturenbrettern ... Sie leuchten immer dann, wenn die betreffenden Geräte eingeschaltet sind.

Bei diesen Kontrolllampen handelt es sich nicht um Glühlämpchen, sondern um **Leuchtdioden**. (Im Gegensatz zu Glühlampen muss man bei ihnen auf die richtige Polung achten.)

Es gibt Leuchtdioden in verschiedenen Formen und Farben (Bild 3). Sie erzeugen farbiges Licht. Das Licht wird also nicht erst durch den farbigen Kunststoff gefärbt (Bild 4).

Es ist sogar möglich, in einem Gehäuse mehrere Leuchtdioden unterzubringen, die rotes, grünes oder gelbes Licht aussenden.

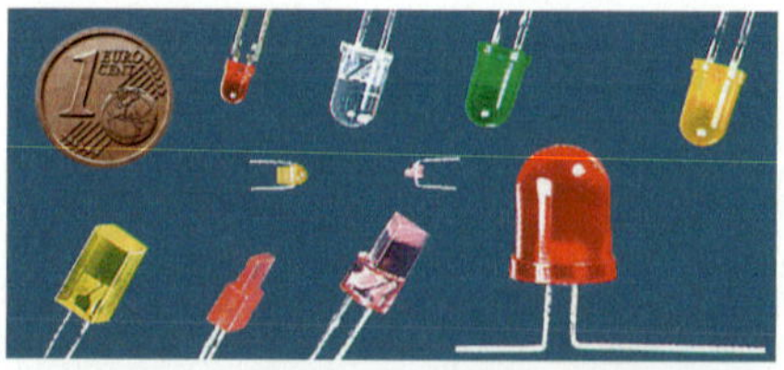
3

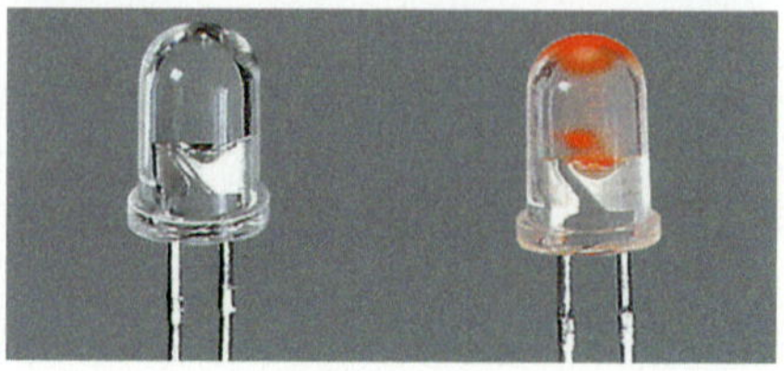
4

Die Leuchtdioden haben verschiedene *Vorteile*: den niedrigen Preis, die Stoßfestigkeit und auch die lange „Lebensdauer".

Vor allem aber erwärmen sich Leuchtdioden fast nicht, wenn sie eingeschaltet sind. **Die elektrische Energie wird direkt in Licht umgewandelt.** Man spricht deshalb auch von einem *kalten Licht.*

Allerdings leuchten Leuchtdioden nicht besonders hell. In ihnen fließen nur kleine Ströme, wenn sie in Betrieb sind.

Techniker bauen bereits flache Fernsehbildschirme, die aus lauter Leuchtdioden bestehen. Solche Bildschirme wird man – wenn sie dann im Handel erhältlich sind – wie Bilder aufhängen.

62095

Aus der Geschichte: Edison – der „Zauberer von Menlo Park"

Zusatzangebot

Die erste brauchbare Glühlampe leuchtete im Oktober 1879 im Laboratorium des amerikanischen Erfinders *Thomas Alva Edison*. Schon vorher hatten sich andere mit dem Bau eines „elektrischen Glühlichts" befasst – z. B. der aus Hannover stammende Deutsch-Amerikaner *Heinrich Göbel*.

Das Hauptproblem war: Man musste das Material für einen Glühdraht finden, der nicht so schnell durchbrannte.

Monatelang experimentierte Edison mit verschiedenen Metallfäden, aber ohne rechten Erfolg. Ermutigend waren seine Versuche mit Nähgarn, das verkohlt wurde und einen dünnen Kohlefaden ergab.

Nach mehr als einjähriger Arbeit – nach vielen Fehlschlägen und Enttäuschungen – war es endlich so weit (Bild 5). Ein Mitarbeiter berichtete darüber:

„Am 19. Oktober, einem Sonntag, hatte man mal wieder in Menlo Park eine Lampe mit einem verkohlten Faden aus Nähgarn an die Pumpe angeschlossen. Die Luft sollte jetzt aus dem Glaskolben abgesaugt werden. Nach etwa fünf Stunden war die Luft in der Lampe schon so dünn geworden, dass wir es wagten, die Lampe an die Batterie anzuschließen: Der Kohlefaden erstrahlte in hellem Licht. Dennoch wurde – bei eingeschalteter Lampe – noch weitere fünf Stunden lang gepumpt; dann erst wurde das Glasrohr zur Pumpe zugeschmolzen. Nun galt es abzuwarten, bis der Faden durchbrennen würde. Er wurde genau beobachtet und jede Unregelmäßigkeit musste aufgeschrieben werden. Doch nichts geschah. Als wir am Montagmorgen abgelöst wurden, leuchtete die Lampe noch immer so hell wie in der ersten Stunde. Sie leuchtete auch noch den Tag ohne Störung. Ja, die Dauer von 24 Stunden wurde sogar überschritten.

Unsere Begeisterung steigerte sich von Stunde zu Stunde. Als dann die Lampe auch noch die folgende Nacht hindurch hell und ruhig leuchtete, war Edison überzeugt. Er wusste, dass er jetzt eine solide Grundlage für die elektrische Beleuchtung geschaffen hatte.

Ununterbrochen leuchtete die Lampe auch noch am 21. Oktober. Sie hatte nun mit 45 Stunden eine Brenndauer erreicht, die man nie zuvor bei einer Glühlampe beobachtet hatte.

Erst als Edison den Strom erhöhte, brannte sie durch."

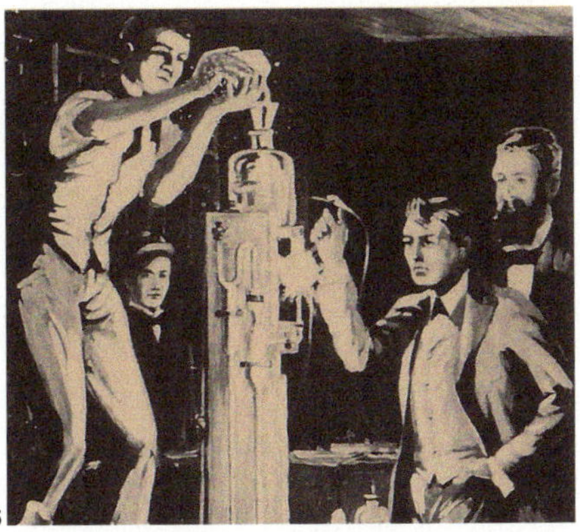
5

A1 *Wenn du Styropor mit einem Messer schneidest, wird die Schnittkante unsauber.*
Warum geht es mit einem Styroporschneider besser? Welche Rolle spielt dabei die elektrische Energie?

A2 *Welche der folgenden Aussagen sind richtig? „Draht wird vom Strom besonders erwärmt, wenn … a) … er nicht isoliert ist, b) … er dick ist, c) … er dünn ist, d) … er aus Kupfer besteht, e) … er aus Konstantan besteht."*
Schreibe die richtigen Aussagen auf.

A3 *Sieh dir den Glühdraht einer Glühlampe (mit klarem Glaskolben) genau an. Nimm eine Lupe zu Hilfe.*
a) *Wenn die Lampe eingeschaltet ist, leuchtet der Glühdraht nicht überall.*
Suche nach einer Erklärung dafür.
b) *Dass normale Glühlampen nicht nur hell, sondern auch heiß werden, ist ein Nachteil – nicht nur, wenn man sie anfassen will. Begründe!*

A4 *Stimmt es wirklich, dass die Energiesparlampen billiger als normale Glühlampen sind?*
Erkundige dich nach den Preisen für eine 75-Watt-Glühlampe und eine 15-Watt-Energiesparlampe. (Beide sind etwa gleich hell.) Stelle dann die Kosten in einer Tabelle einander gegenüber (→ Mustertabelle).

	Glühlampe	*Energiesparlampe*
Preis	*1 Stück: ?* *8 Stück: ?*	*1 Stück: ?*
Energiekosten	*1000 Std.: ca. 10 €* *8000 Std.: ?*	*1000 Std.: ca. 2 €* *8000 Std.: ?*
gesamt	*?*	*?*

Kurzschluss und Sicherung

1

Das sieht eher nach einem *Kurzschluss* aus …

Praktikumsversuche

V1 *Wir bauen eine Sicherung in einen Stromkreis ein und erzeugen einen Kurzschluss.*
Versuchsmaterialien: *Trafo, Lampe in Fassung, Isolatorstützen, Kabel, Lamettafaden, Schraubendreher*
Versuchsaufbau: *Siehe Bild 2.*
Versuchsdurchführung: *Der Lamettafaden dient als Sicherung. Wenn die Lampe leuchtet, wird der Kurzschluss hergestellt.*

V2 *Warum brennt dabei die Sicherung durch?*
Versuchsmaterialien: *Wie in Versuch 1, statt des Lamettas Kupferdraht (20 cm lang, 0,2 mm dick), „Papierfahne" (Seidenpapier) und Strommesser.*
Versuchsaufbau: *Siehe Bild 3.*
Versuchsdurchführung: *Stellt wieder einen Kurzschluss her. Achtet während des Versuchs auf die Anzeige des Strommessers.*

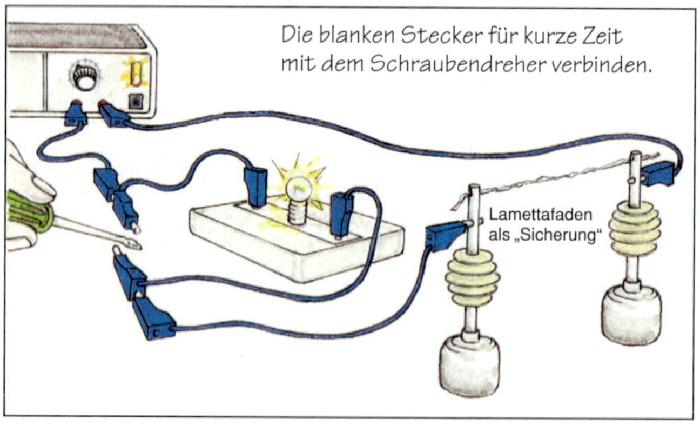

2

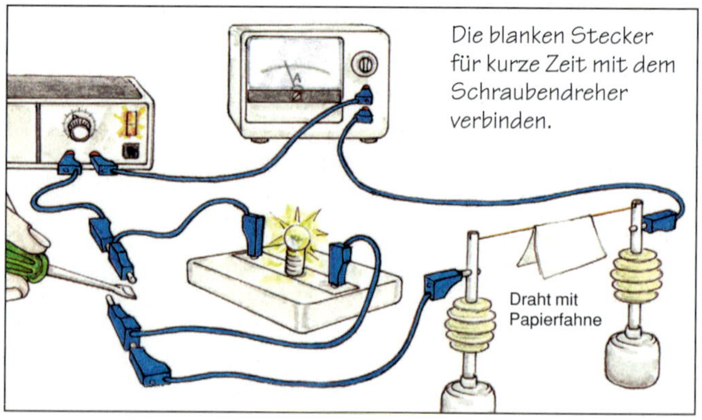

3

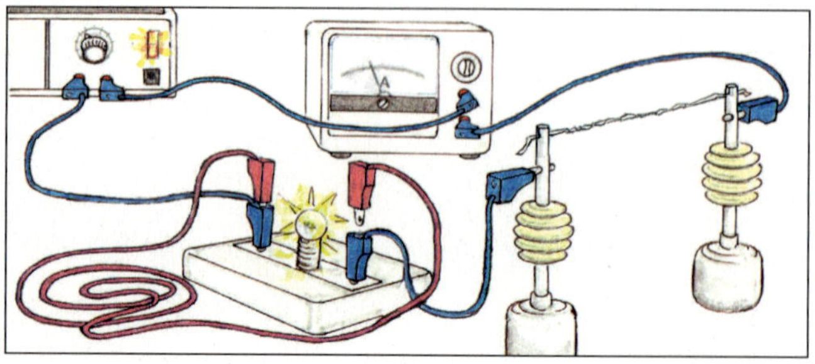

4

V3 *Bei dem Wort „Kurzschluss" könnte man an den „kurzen Weg" denken, den der Strom zurücklegen musste. Bei diesem Versuchsaufbau (Bild 4) ist der Weg aber länger …*
Baue den Versuch nach Bild 4 auf. Schließe ein langes Kabel an.
Warum schmilzt der Lamettafaden? Woran liegt es offensichtlich nicht, dass er beim Kurzschluss schmilzt?

62097

Brandgefahr durch Überlastung

5

V4 *Die in Bild 5 gezeigte Schaltung kannst du vereinfacht nachbauen (Bild 6).*

a) *Schließe nacheinander mehrere Lampen in Parallelschaltung an das Netzgerät an. Achte auf die Anzeige des Strommessers.*

b) *Schalte zusätzlich ein Stück Eisendraht (Länge: 7 cm, Durchmesser: 0,5 mm) zu den Lampen parallel. Es stellt den Heizdraht eines Heizlüfters dar. Achte wieder auf das Messgerät.*

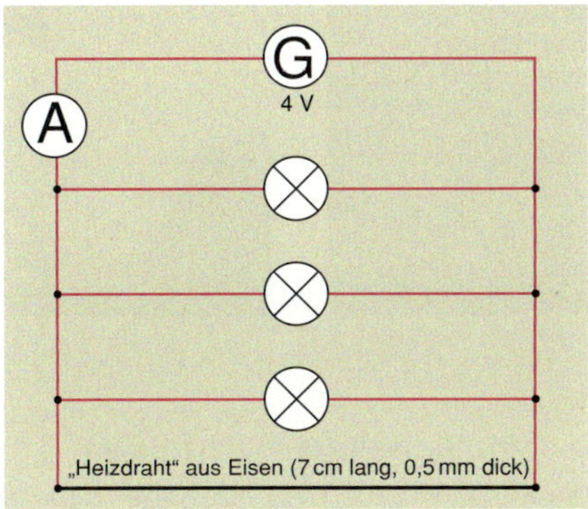

6

c) *Jetzt werden die Lampen in ihren Fassungen gelockert. Der Draht wird abgeklemmt. Das Messgerät ersetzen wir durch einen Lamettafaden als Sicherung. Was geschieht, wenn die Lampen nacheinander fest gedreht werden und schließlich auch noch der Eisendraht angeschlossen wird?*

Info: So schützt die Sicherung vor Brandgefahr

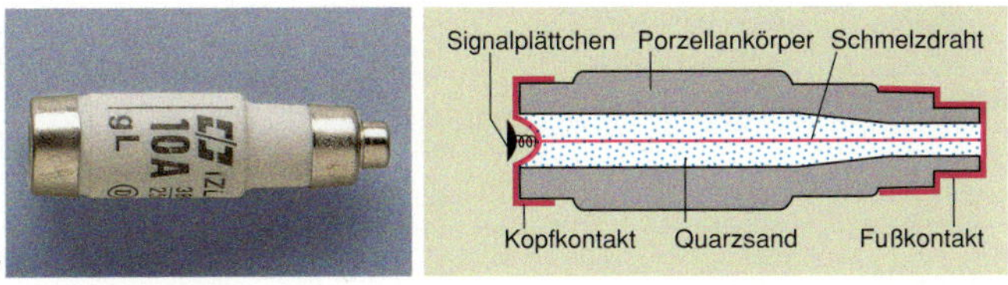

7

Im Haushalt werden über ein und dieselbe Leitung oft viele Geräte mit elektrischer Energie versorgt. Wenn zu viele Elektrogeräte parallel geschaltet sind, sind die Ströme sehr groß und die Leitungen können sich stark erhitzen. Man spricht dann von *Überlastung* des Stromkreises. Es besteht Brandgefahr.

Die einfachsten Sicherungen bestehen aus einem Schmelzdraht in einem Porzellangehäuse (Bild 7). In Häusern und Wohnungen sind die einzelnen Stromkreise mit einer Sicherung versehen (Bild 8).

Die Sicherung stellt die „schwächste Stelle" eines Stromkreises dar. Sie unterbricht den Stromkreis, bevor die Leitungen heiß werden.

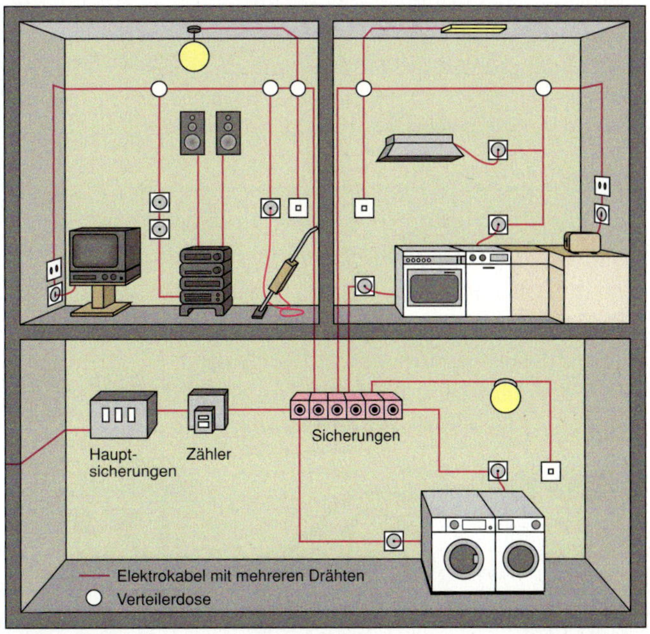

8

Die Sicherung schützt auch bei einem Kurzschluss vor Brandgefahr. Ein Kurzschluss entsteht, wenn die beiden Anschlüsse einer elektrischen Energiequelle durch sehr gute Leiter miteinander verbunden sind.

Elektromagnete

1

2

Vorbereitende Aufträge

1. *Baue mit lackiertem Kupferdraht und einem Eisennagel einen Elektromagneten. Wickle den Draht auf den Nagel wie Garn auf eine Spule (Bild 3). Von den Enden musst du den Lack abkratzen. Achtung! Schließe den Stromkreis immer nur kurz, sonst ist die Batterie schnell verbraucht.*

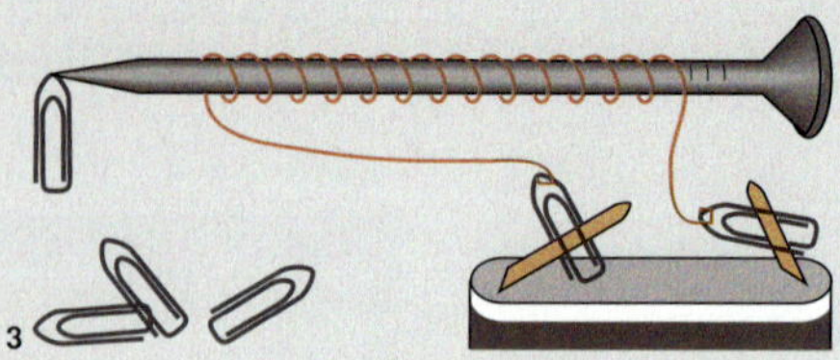
3

2. *Ziehe den Nagel aus der Spule. Prüfe anschließend, ob die Spule allein Büroklammern anzieht.*
Wie könntest du die magnetische Wirkung der Spule noch prüfen? Tipp: Es gibt einen recht empfindlichen Anzeiger für Magnetismus …

Praktikumsversuche

V1 *Ein Elektromagnet besteht aus Spule und Eisenkern. Wir untersuchen einen solchen Magneten.*
Versuchsmaterialien: *Spule, Eisenkern, Netzgerät, Schalter, Büroklammern aus Eisen oder kleine Nägel*
Versuchsaufbau und -durchführung:
a) *Bild 4 zeigt den Aufbau. Aus welcher Entfernung zieht der Elektromagnet die Nägel an?*
b) *Prüfe mit Nägeln oder Büroklammern, ob der Eisenkern allein magnetisch ist.*
c) *Ziehe den Eisenkern heraus. Probiere aus, ob auch die Spule allein magnetisch ist.*

V2 *Wir untersuchen, ob auch ein einzelner Draht im Stromkreis magnetische Wirkungen hat.*
Versuchsmaterialien: *Netzgerät, Schalter, 2 Isolierständer, Kompassnadel, 20 cm dünner Kupfer-, Eisen- oder Konstantandraht*
Versuchsaufbau und Versuchsdurchführung: *Schließe im Aufbau nach Bild 5 kurz den Schalter. Achte auf die Kompassnadel.*

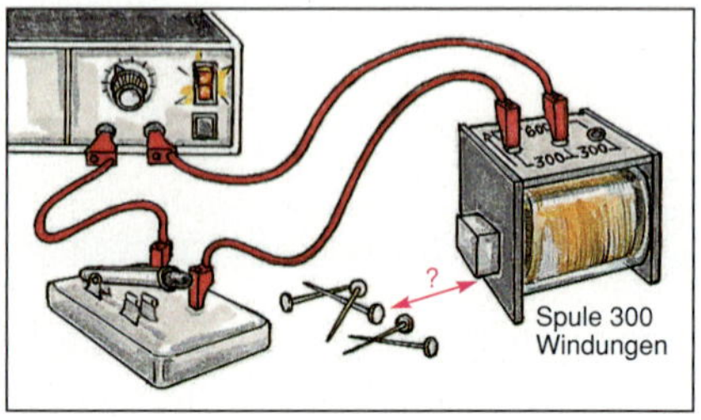

4

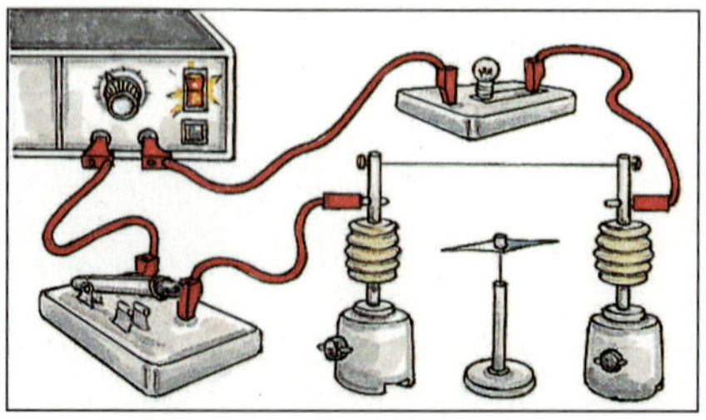
5

63536

Wir vergleichen Dauermagnet und Elektromagnet

A1 *Es gibt zwei Arten von Magneten: Dauermagnete und Elektromagnete (Bild 6). Wie unterscheiden sie sich?*

A2 *Beschreibe die in den Bildern 7–10 dargestellten Eigenschaften von Dauermagneten.*
Plane **Versuche** *um zu überprüfen, ob Elektromagnete die gleichen Eigenschaften haben.*

A3 *Auch die Kompassnadel ist ein Dauermagnet. Wenn sie sich auf einer Nadelspitze drehen kann, weist ihr blau gefärbter Nordpol stets nach Norden. Wie kannst du mit einer Magnetnadel feststellen, welches der Süd- und welches der Nordpol eines Dauermagneten ist?*

A4 *Einen Dauermagneten kann man nicht ohne weiteres umpolen.*
Prüfe in einem **Versuch** *die Polung eines Elektromagneten mit einer Magnetnadel.*
Vertausche dann die Anschlüsse an der Batterie (oder dem Netzgerät) und prüfe wieder.

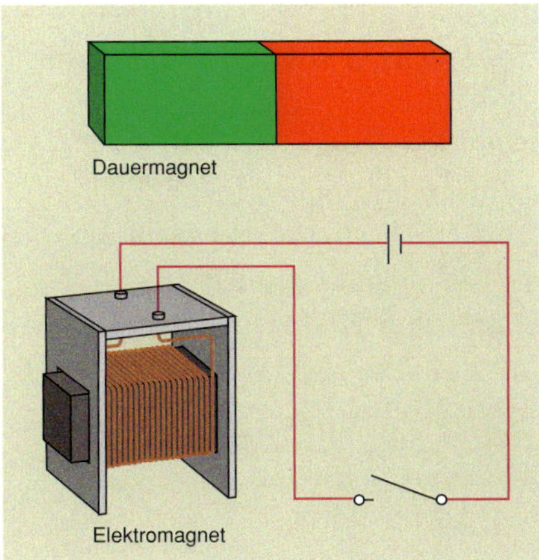

6

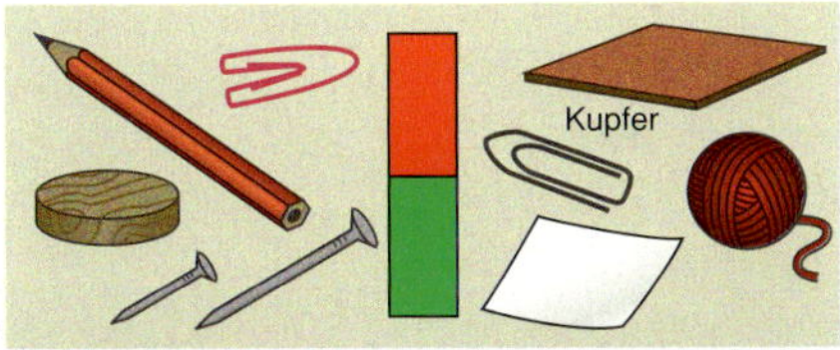

7

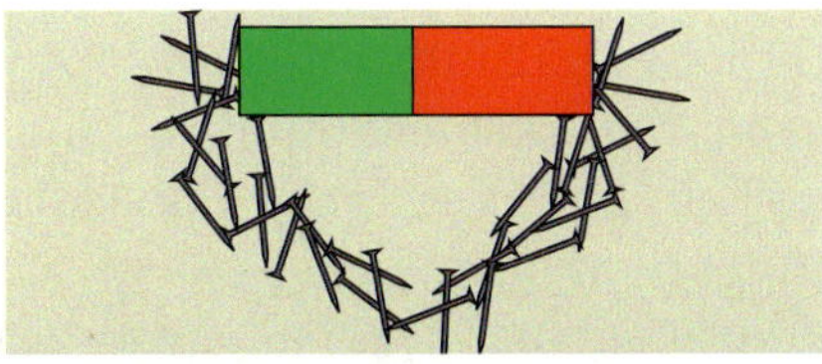
8

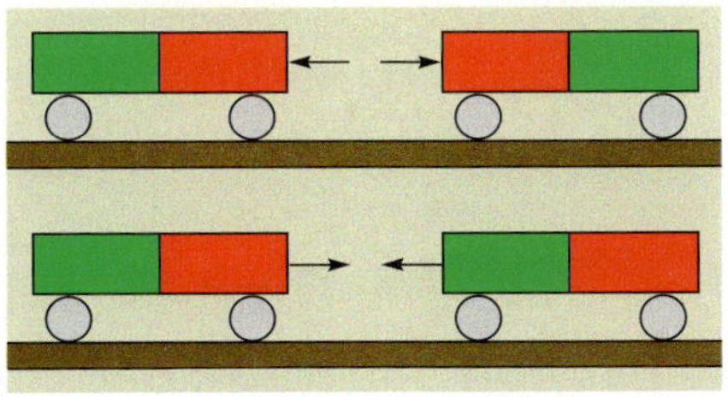
9

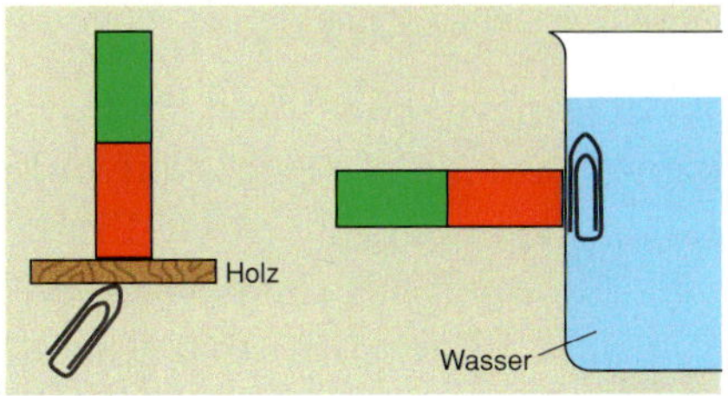

10

Aus der Technik: Der elektrische Gong

Wenn man auf den Klingelknopf an der Wohnungstür drückt, ertönt meist ein „Ging-gong“.

Die Bilder 11 u. 12 zeigen, wie ein elektrischer Gong aufgebaut ist. Die beiden Töne entstehen dadurch, dass einmal die linke und einmal die rechte Metallplatte angeschlagen wird.

A1 *Welcher Teil des Gongs ist beweglich? Wie wird er bewegt?*

A2 *Wie funktioniert der Gong? Ordne die folgenden Sätze und ergänze sie.*

a) *Die Klingeltaste wird gedrückt.*
b) *Der bewegliche Eisenkern wird in die Spule hineingezogen; dabei schlägt er gegen …*
c) *Der Ton „Ging“ entsteht.*
d) *Der Stromkreis ist geschlossen und die Spule wird zum Magneten.*
e) *Die Klingeltaste wird wieder losgelassen.*
f) *Der Eisenkern wird durch die Feder aus der Spule herausgedrückt und schlägt gegen …*
g) *Der Stromkreis ist unterbrochen und die Spule verliert ihre magnetische Wirkung.*
h) *Der Ton „Gong“ entsteht.*

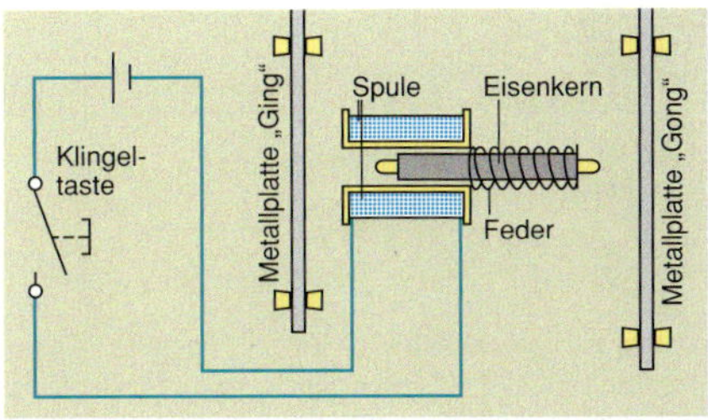

11

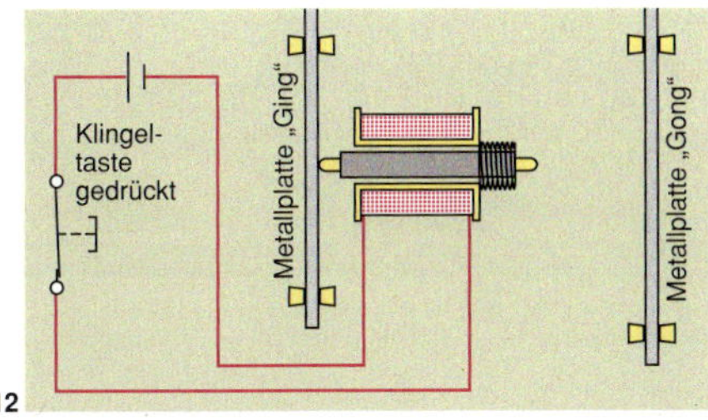

12

Aus der Geschichte: Nachrichtenübermittlung – früher

Zusatzangebot

Unfall auf dem Schulhof! Zwei Schüler sind zusammengeprallt. Einer hat eine tiefe Platzwunde am Auge. Glücklicherweise ist schon 5 Minuten später der Unfallwagen der Feuerwehr da.

Woher wusste die Feuerwehr so schnell Bescheid? „Da hat jemand die Feuerwehr angerufen", wirst du sagen. „Das ist doch selbstverständlich!"

Dass Nachrichten so schnell übermittelt werden, war vor 100 Jahren keineswegs selbstverständlich – es gab noch kein Telefon. Es konnte lange dauern, bis nach einem Unfall Hilfe da war.

Im Jahr 1832 führte der amerikanische Professor *Joseph Henry* seinen Freunden eine Aufsehen erregende Erfindung vor. In der Universität – etwa 2 km vom Haus Henrys entfernt – saß sein Freund Tom vor einem Schalter. Der Schalter war mit einer Batterie und zwei Drähten verbunden, die aus dem Gebäude herausführten.

In Henrys Haus stand ein Holzkasten auf dem Tisch. Auf dem Kasten war ein federnder Eisenstab (Klöppel) mit einem Gong angebracht (Bild 1). In den Kasten führten zwei Drähte hinein. Henry und seine Freunde beobachteten gespannt den Kasten. Da, auf einmal bewegte sich der Klöppel auf dem Kasten wie von Geisterhand. In einem ganz bestimmten Rhythmus schlug er gegen den Gong.

1

Erstaunt und auch ein wenig erschrocken starrten Henrys Freunde auf den Kasten. Henry lauschte aufmerksam und rief dann aus: „Es klappt! Ich habe verstanden, was Tom mir mitgeteilt hat!"

Henry hatte einen der ersten *Telegrafen* erprobt.

A1 *Welche Möglichkeiten gab es vor Henrys Erfindung, um Nachrichten schnell zu übermitteln? Wie werden heute Nachrichten schnell übermittelt?*

A2 *Zu Henrys Fernmelder:*

a) *Was war in dem Holzkasten verborgen?*

b) *Wohin führten die Drähte, die aus dem Kasten kamen?*

c) *Wie könnte man aus den Teilen von Bild 2 einen „Fernmelder" bauen? Zeichne! Beschreibe die Funktionsweise.*

2

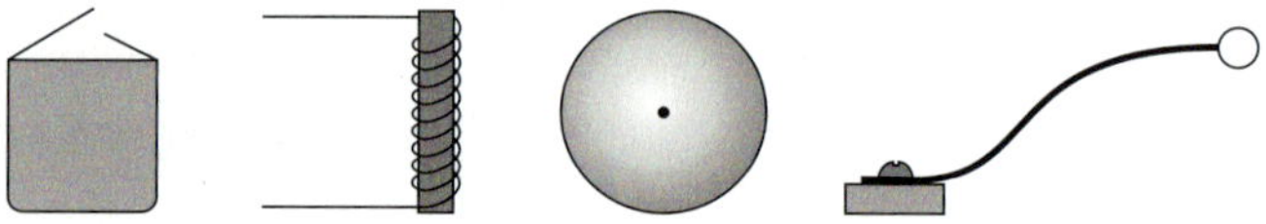

Aus der Geschichte: Die Erfindung von Samuel Morse

Zusatzangebot

Im Jahr 1847 stellte der Amerikaner *Samuel Morse* einen elektromagnetischen Schreibapparat vor (Bild 3). Mit ihm konnte man Nachrichten über weite Entfernungen „schriftlich" übermitteln. Dafür wurde ein besonderes Alphabet benutzt, das nur aus Punkten und Strichen bestand: das Morsealphabet.

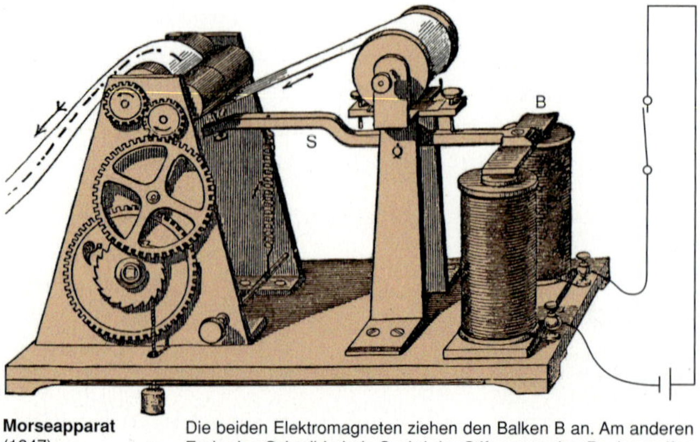

3

Morseapparat (1847)

Die beiden Elektromagneten ziehen den Balken B an. Am anderen Ende des Schreibhebels S wird der Stift gegen den Papierstreifen gedrückt. Der Papierstreifen wird dabei langsam weitergezogen.

Morseapparate waren lange Zeit für die schnelle Übermittlung von Nachrichten unentbehrlich. Noch 1953 wurden sie in Deutschland im Eisenbahnverkehr benutzt.

Morsezeichen

A ·–	G ––·	M ––	S ···	Y –·––
B –···	H ····	N –·	T –	Z ––··
C –·–·	I ··	O –––	U ··–	Ä ·–·–
D –··	J ·–––	P ·––·	V ···–	Ö –––·
E ·	K –·–	Q ––·–	W ·––	Ü ··––
F ··–·	L ·–··	R ·–·	X –··–	

63538

Aus der Technik: Lasthebemagnete

4

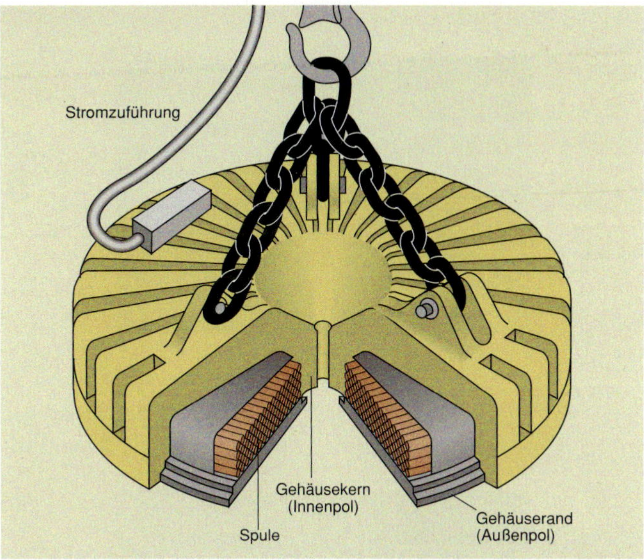

5

Auf Schrottplätzen und in Stahlwerken werden Kräne eingesetzt. Sie halten ihre Last meist nicht mit einem Greifer oder Haken, sondern mit einem Elektromagneten (Bild 4).

Bild 5 zeigt, wie ein Lasthebemagnet aufgebaut ist. Zum Aufnehmen und Ablegen von Eisenteilen wird einfach nur der Stromkreis der Spule geschlossen oder unterbrochen. Das Gehäuse aus Stahl ist dann entweder magnetisch oder nicht magnetisch.

Ein solcher Magnet kann Lasten bis zu 30 Tonnen heben – so viel wiegt ein schwer beladener Güterwagen.

Aus der Technikgeschichte: Die elektrische Klingel

Das wichtigste Bauteil der Klingel ist ein Elektromagnet (Bild 6).

Immer wenn der Klingelknopf gedrückt wird, bewegt sich der Klöppel rasch hin und her. Dafür sorgt ein raffinierter Schaltungstrick: Wenn der Elektromagnet den Klöppel anzieht, wird der Stromkreis automatisch unterbrochen. Man spricht von *Selbstunterbrechung*.

A1 *Führe den Versuch von Bild 7 durch. Beschreibe die Selbstunterbrechung: Der Taster wird gedrückt. → Der Stromkreis ist geschlossen. → Die Spule …*

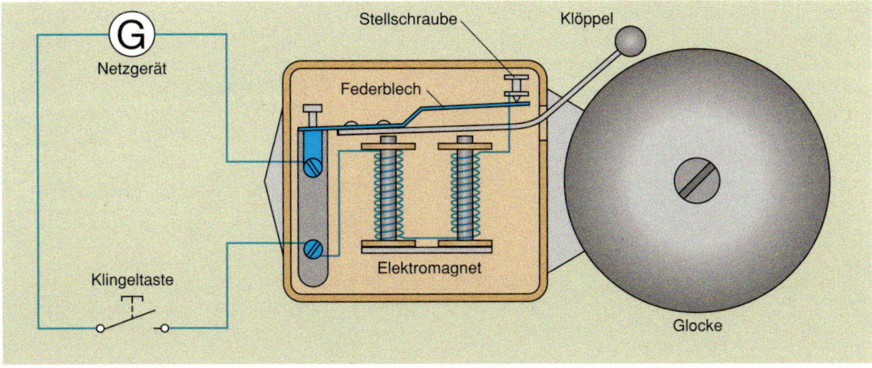

6

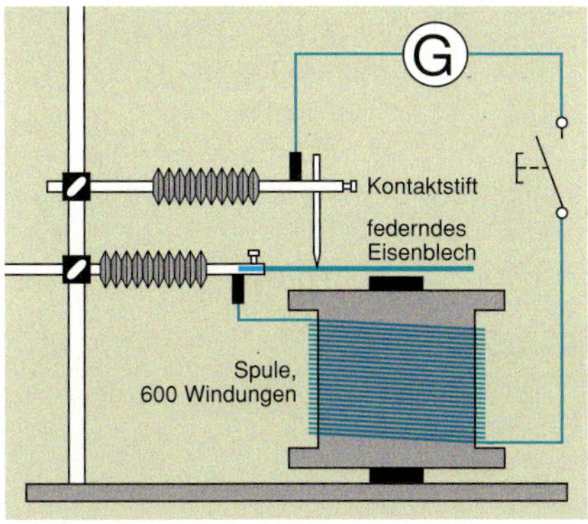

7

Zusammenfassung

Elektrische Energie zum Erwärmen und Beleuchten

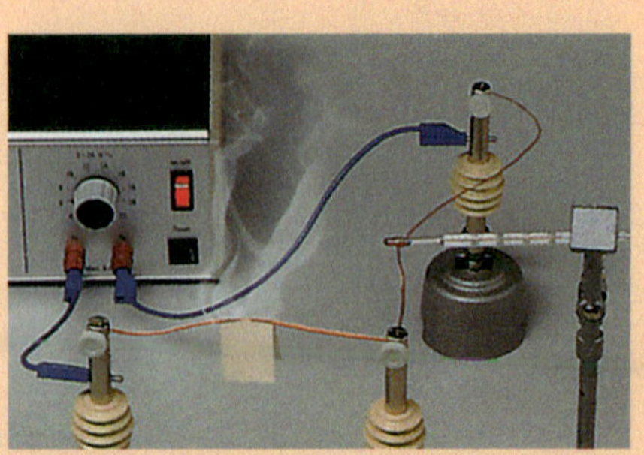
1

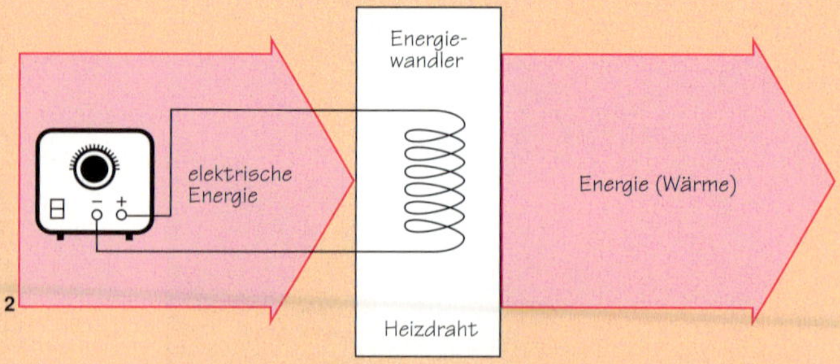

2

Vom Netzgerät strömt elektrische Energie zum Heizdraht.
Der Draht wird heiß und gibt Energie an die Umgebung ab.
Während der dünne Heizdraht glüht, erwärmt sich die Zuleitung aus dickem Kupferdraht nicht.

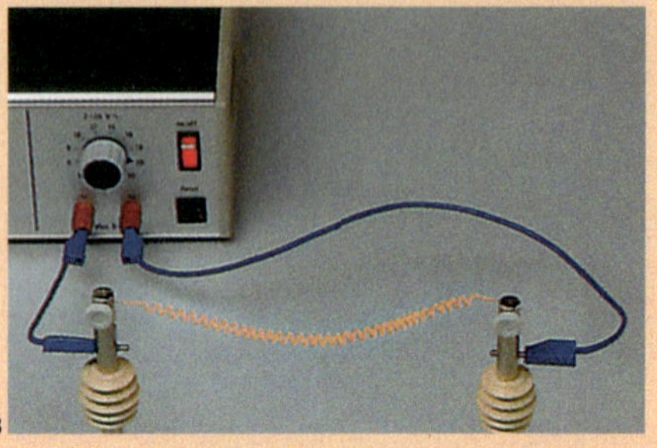
3

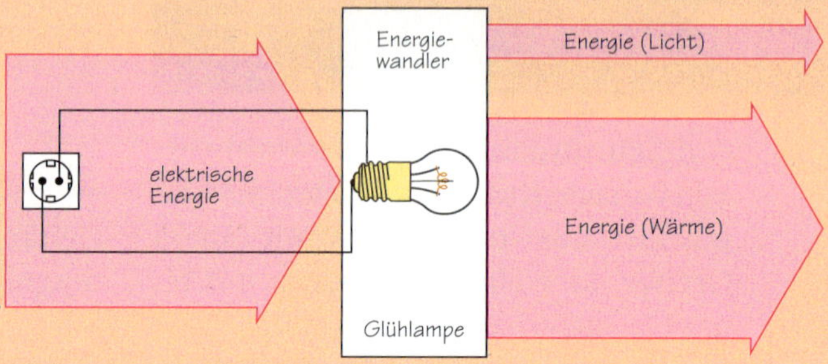

4

Wenn ein Heizdraht stark erhitzt wird, glüht er auf und sendet Licht aus.
Elektrische Energie wird in Licht und Wärme umgewandelt.

Die Sicherung

Beim *Kurzschluss* (Bild 5) sind beide Anschlüsse der Energiequelle direkt verbunden. Die Ströme sind groß und die Leiter werden heiß. Auch wenn zu viele Elektrogeräte parallel geschaltet sind (Bild 6), werden die Leiter heiß.

Um Brandgefahr durch Kurzschluss oder Überlastung abzuwenden, muss der Stromkreis rechtzeitig durch eine Sicherung unterbrochen werden.

Bei der Schmelzsicherung ist der Schmelzdraht die schwächste Stelle des Stromkreises. Bei zu starker Erwärmung schmilzt er.

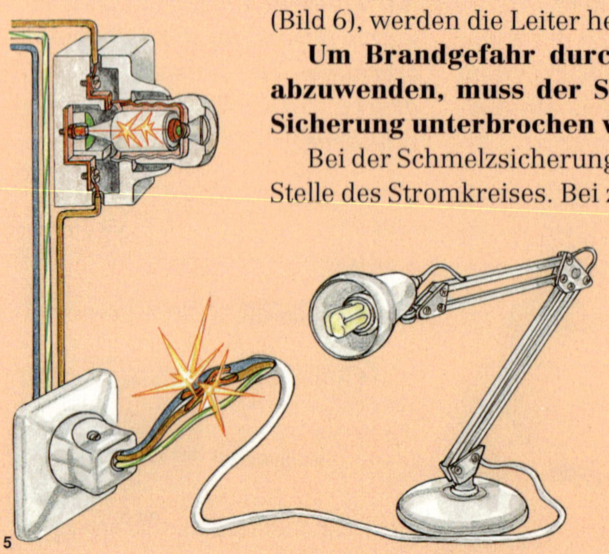
5

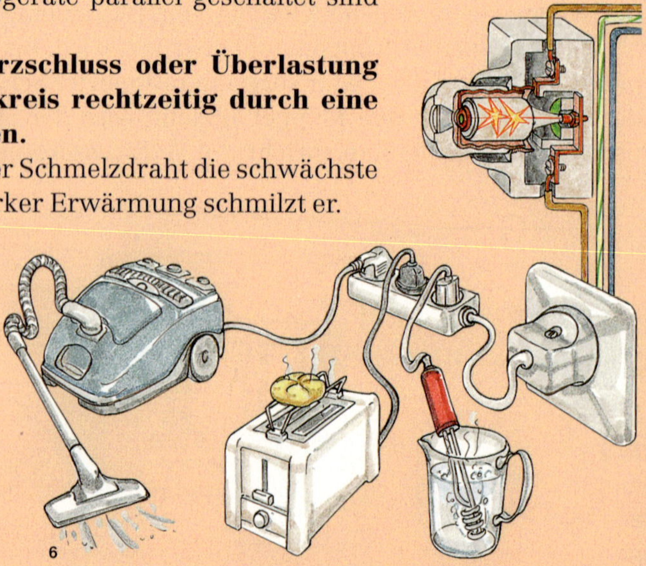
6

Elektromagnete

Eine Spule, die an eine elektrische Energiequelle angeschlossen ist, wirkt wie ein Magnet.
Die Wirkung lässt sich durch einen Eisenkern verstärken.
Wenn der Stromkreis unterbrochen wird,
verliert die Spule ihre magnetische Wirkung;
auch der Eisenkern wird wieder unmagnetisch.

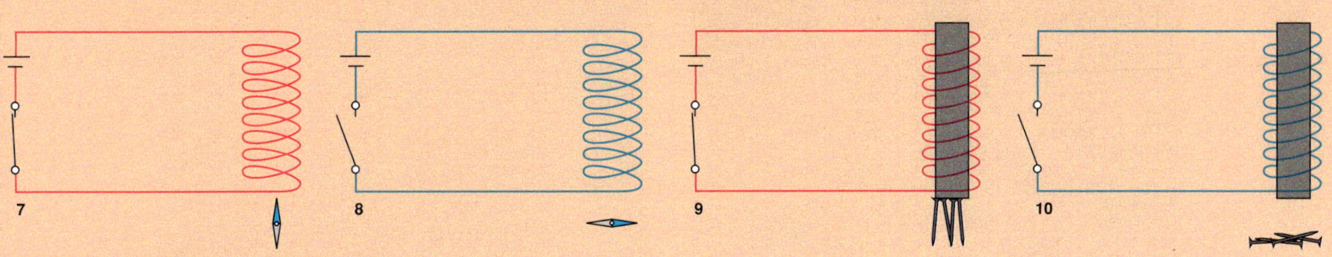

7 8 9 10

Unterschiede zwischen Dauermagnet und Elektromagnet

Dauermagnet	Elektromagnet
Er besteht aus Stahl (oder anderen magnetischen Stoffen).	Er besteht aus einer Drahtspule mit einem Eisenkern.
Seine magnetische Wirkung ist nicht abschaltbar.	Er wirkt nur bei geschlossenem Stromkreis, ist also abschaltbar.
Er lässt sich nicht umpolen, Nordpol bleibt Nordpol.	Er lässt sich durch Vertauschen der Anschlüsse umpolen.

Gemeinsamkeiten

Dauermagnet/Elektromagnet
Sie ziehen nur magnetische Stoffe an. Die magnetische Wirkung ist an den Polen am größten.
Sie haben Nord- und Südpol. Gleichnamige Pole stoßen einander ab, ungleichnamige ziehen sich gegenseitig an.

Alles klar?

Lösungen → Anhang

1. *Den elektrischen Strom kann man nicht sehen. Woran kann man trotzdem erkennen, ob in einem Stromkreis ein Strom vorhanden ist?*

2. *Wenn ein Diaprojektor eingeschaltet ist, hört man einen Ventilator. Welche Aufgabe hat er?*

3. *Glühdrähte von Lampen bestehen aus Wolfram, obwohl Eisen billiger wäre.*
Welche Eigenschaft muss das verwendete Metall haben? (Tipp: Sieh dir die Tabelle der Schmelztemperaturen im Anhang an.)

4. *Ein Drahtstück ist Teil eines Stromkreises. Wovon hängt es ab, wie stark es erwärmt wird?*

5. *Wenn du in eine durchgebrannte Glühlampe hineinschaust (möglichst mit einer Lupe), kannst du erkennen, dass ihr Glühdraht durchgeschmolzen ist.*
a) *Warum ist dadurch das Licht der Lampe ausgegangen?*
b) *Wie kommt es, dass immer der Glühdraht, nicht aber die Haltedrähte durchschmelzen? Der Strom in Glühdraht und Haltedrähten ist doch gleich groß.*

6. *Wie kommt ein Kurzschluss zustande?*

7. *Welche Aufgabe hat eine Sicherung im Stromkreis? Was ist zu tun, wenn sie durchgeschmolzen ist?*

8. *Von einem Kurzschluss ist oft nicht der gesamte Haushalt betroffen: In manchen Räumen fällt die Beleuchtung aus, in anderen leuchten aber die Lampen weiter. Welche Erklärung hast du dafür?*

9. *Die Sicherungen sprechen bei Kurzschluss und Überlastung an. Nennne die gemeinsame Ursache.*

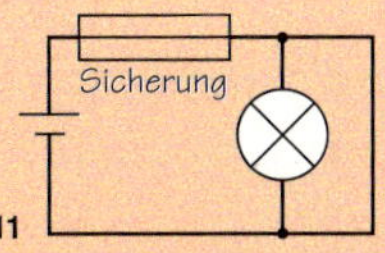

11

10. *Bei diesen Schaltungen (Bilder 11 u. 12) gingen die Lampen aus. Erkläre!*

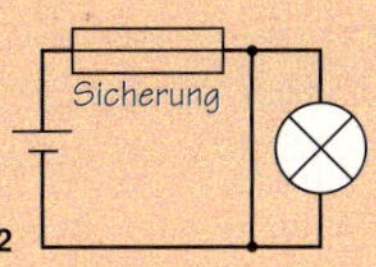

12

Vom Schall

Wie Schall entsteht

1

2

Verkehrslärm, Musik, Sprache, Vogelzwitschern ... – alles, was du hören kannst, ist Schall.

Vorbereitende Aufträge

Du kannst Schall auf verschiedene Arten erzeugen. Überlege jeweils, wie der Schall entsteht.

1. *Verwende ein Gummiband oder eine auf den Tisch gedrückte Stricknadel.*

2. *Fülle etwas Wasser in ein dünnwandiges Weinglas (Bild 3). Fahre mit einem angefeuchteten Finger auf dem Glasrand entlang.*

3. *Hauche gegen eine Fensterscheibe und ziehe ein Stück Styropor® über die Scheibe.*

4. *Schneide dir einen Trinkhalm so zu, wie du es in Bild 4 siehst. Presse dann das beschnittene Ende mit den Lippen zusammen und puste kräftig in den Halm.*

3

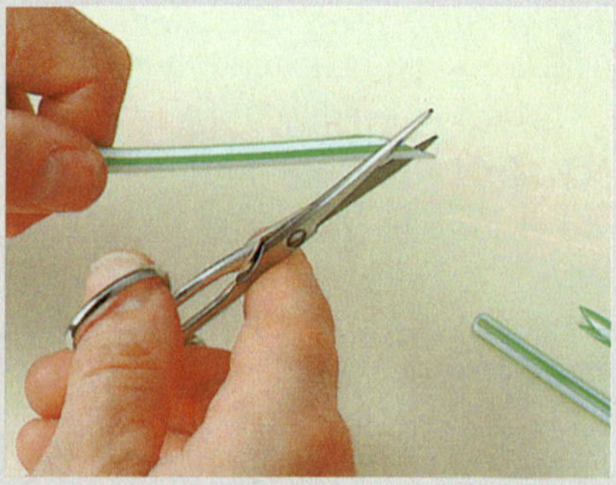
4

V1 *Eine Trommel (oder ein großes Tamburin) wird mit Sand bestreut und am Rand angeschlagen.*
Was geschieht mit den Sandkörnern?

V2 *In einem Radio oder in einem Tongenerator wird Schall elektrisch so erzeugt: Ein Elektromagnet bewegt die Membran des Lautsprechers hin und her.*
Kann man diese Bewegung auch sehen oder fühlen?

V3 *Musiker stimmen ihre Instrumente mit Hilfe einer Stimmgabel. Nach dem Anschlagen erzeugt sie immer den gleichen Ton.*
Es ist kaum zu erkennen, wie die Zinken den Ton erzeugen. Mit einem Glas Wasser oder einer mit Kerzenruß geschwärzten Glasplatte kann man aber die Bewegung der Zinken sichtbar machen.
Überlege, wie das gehen könnte. Probiere es aus.

63268

Info: Ohne Schwingungen kein Schall

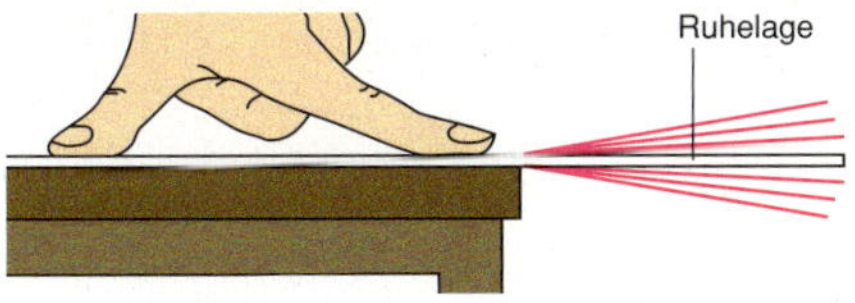

5

Wenn man eine Stricknadel anzupft (Bild 5), wird sie zu einer *Schallquelle* oder einem *Schallsender*.

Beim Anzupfen wird die Nadel aus ihrer Ruhelage nach unten gezogen und losgelassen. Ihr freies Ende federt zurück – und zwar nicht nur bis zur Ruhelage, sondern weiter nach oben. Dann kehrt das Nadelende um und bewegt sich wieder nach unten. Das wiederholt sich in einer Sekunde viele Male. Das freie Ende der Nadel „zittert auf und ab" oder „vibriert".

In der Physik sagt man: Die Nadel *schwingt*. Solche Bewegungen heißen *Schwingungen*.

Schall entsteht durch rasche Schwingungen eines Körpers (z. B. einer Gitarrensaite, der Luft in einer Pfeife oder der Membran einer Trommel oder eines Lautsprechers).

Wenn eine Schallquelle gleichmäßig schwingt, hören wir einen *Ton* (Stimmgabel) oder einen *Klang* (Musikinstrument). Von einem *Knall* sprechen wir, wenn die Schallquelle nur einmal stark angestoßen wird und die Schwingungen gleich wieder aufhören. Ein Geräusch entsteht, wenn die Schallquelle unregelmäßig schwingt (z. B. Zerreißen von Papier).

Man unterscheidet drei Arten von Schall: Ton (Klang), Geräusch und Knall.

A1 *Ergänze den folgenden Satz: „Ein Körper wird zur Schallquelle, wenn …"*

A2 *Was hat die Schallentstehung mit der Bewegung einer Schaukel gemeinsam? Was unterscheidet sie?*

A3 *Nenne Beispiele für die einzelnen Schallarten.*

Aus dem Alltag: Informiert durch Schall

Wenn ein Mensch spricht, wird sein Mund zum *Schallsender*. Und wenn du den Schall hörst, wird dein Ohr zum *Schallempfänger*.

Hoffentlich verstehst du auch die *Informationen*, die der Schall überträgt – z. B. wenn ein Lehrer sagt: „Morgen ist Wandertag. Wir gehen auf die Eisbahn."

Informationen werden aber nicht nur durch die Wörter übermittelt, sondern auch durch die Art und Weise, wie jemand spricht. Ob jemand schimpft oder freundlich bittet, „versteht" man auch in einer fremden Sprache.

Sogar einzelne Geräusche und Klänge enthalten Informationen – jedenfalls für den, der sie entschlüsseln kann. Denke nur an das Piepsen des Weckers, das Klirren von Scheiben, das Singen der Vögel, das Bellen der Hunde oder das Pfeifen des Schiedsrichters (Bild 6).

6

Wo es sowieso schon laut ist, da ist es schwierig, wichtige Informationen zu übertragen. Autohupen und Fanfaren (Bild 7) oder Martinshörner müssen deshalb noch viel lauter sein als der jeweilige Verkehrslärm.

7

Es ist daher sehr leichtsinnig, wenn Autofahrer ihr Radio so weit aufdrehen, dass sie nichts anderes mehr hören. Und auch wer beim Radfahren seinen Walkman benutzt, bringt sich in Gefahr.

Wie sich Schall ausbreitet

Katrin und Uwe haben sich ein *Fadentelefon* gebaut. Ob man damit auch leise geflüsterte Wörter über mehrere Meter hinweg verstehen kann?

Wie kommt der Schall überhaupt vom Schallsender zum Schallempfänger? Welche Rolle spielt dabei der Faden? Welche Rolle spielt die Luft?

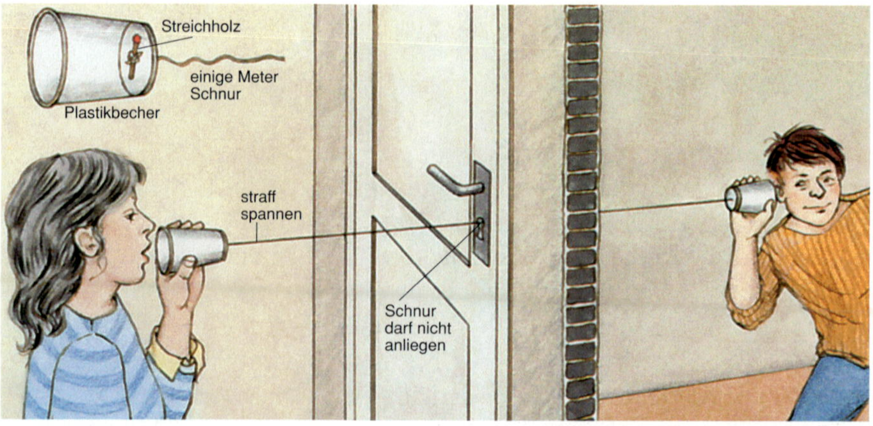

1

Vorbereitende Aufträge

1. *Baue ein Fadentelefon (Bild 1) und probiere es aus. Wann ist die Verständigung besonders gut? Wann ist sie schlecht? Kann man den Bindfaden auch durch ein dünnes Gummiband (Nähgummi) ersetzen – oder durch einen dünnen Draht?*

2. *Lege eine leise tickende Uhr auf eine Tischecke. Was stellst du fest, wenn du an der gegenüberliegenden Ecke ein Ohr auf die Tischplatte legst?*

3. *Knüpfe einen Bindfaden an eine Gabel und drücke die Fadenenden an deine Ohren. Was hörst du, wenn du die herabhängende Gabel kurz gegen die Tischkante schlagen lässt?*

4. *Ob man auch unter Wasser hören kann? Halte dazu in der Badewanne den Kopf unter Wasser und lass weiteres Wasser in die Wanne tropfen. Hörst du, wenn jemand im Badezimmer spricht?*

V1 *Was wird wohl geschehen, wenn jemand das linke Tamburin anschlägt (Bild 2)?*

V2 *Eine Pendelkette (Bild 3) kennst du vielleicht als Spielzeug.*
a) *Was geschieht, wenn die Kugel losgelassen wird?*
b) *Was hat dieser Versuch mit der Schallausbreitung zu tun?*

V3 *Probiere aus, ob man durch eine Stativstange hindurch das Ticken einer Uhr hören kann.*

V4 *„Im Weltall ist es still. Morgens kann man nicht durch das Klingeln eines Weckers geweckt werden." Dieser Satz aus einem Science-Fiction-Roman soll in einem Versuch überprüft werden … Plane ihn mit den Geräten von Bild 4.*

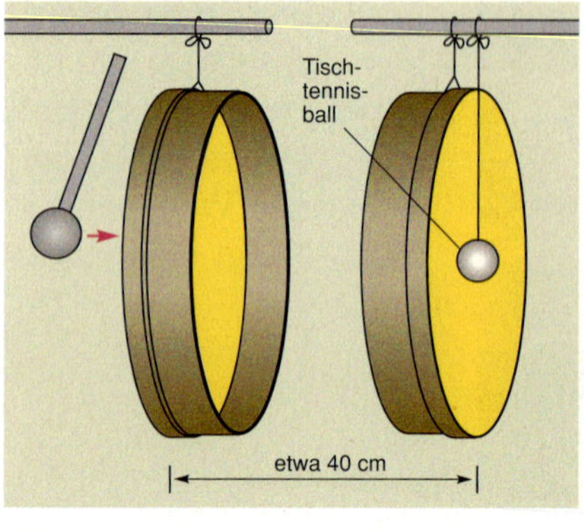

2

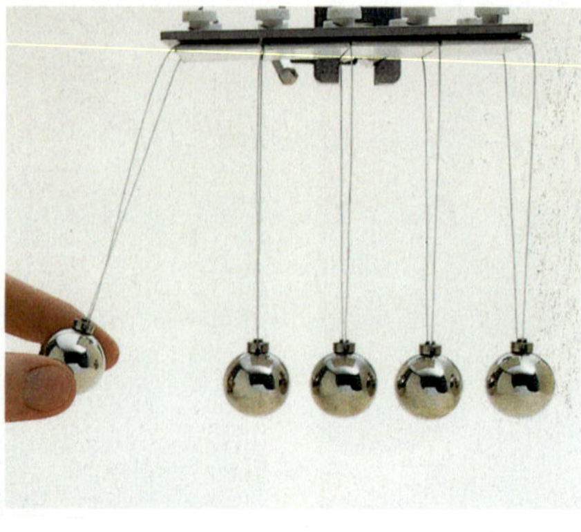
3

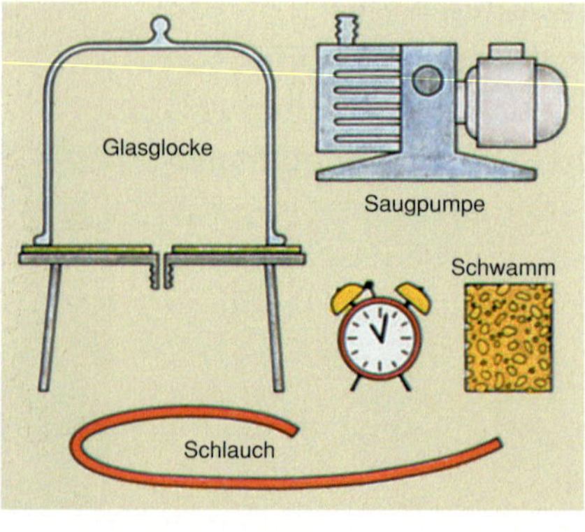

4

63270

Info: Schallwellen in der Luft

Eine Schaukel bewegt sich langsam. Die Luft weicht vor der Schaukel aus und strömt um sie herum.

Wenn man auf eine Trommel schlägt, wird die Membran schnell eingedrückt. Die Luft an ihrer Rückseite kann nicht rasch genug ausweichen – die Luftschicht hinter der Membran wird zusammengedrückt. Es entsteht ein *Luftverdichtung*.

Gleich nach dem Anschlagen schwingt die Membran zurück. Für die Luftschicht hinter der Membran steht nun mehr Raum zur Verfügung. Es entsteht eine *Luftverdünnung*.

Anschließend folgt die nächste Verdichtung, dann eine Verdünnung und so weiter.

Diese Schwingungen übertragen sich von einer Luftschicht auf die nächste: Die von der Membran zusammengepresste Schicht presst ihre Nachbarschicht zusammen und diese wieder ihre Nachbarschicht. Die Verdichtung wandert von der Membran weg. Ihr folgt eine Verdünnung, dann wieder eine Verdichtung … (Bild 5).

Von der Schallquelle aus laufen Verdichtungen und Verdünnungen durch die Luft. Wir nennen diese Luftverdichtungen und Luftverdünnungen Schallwellen.

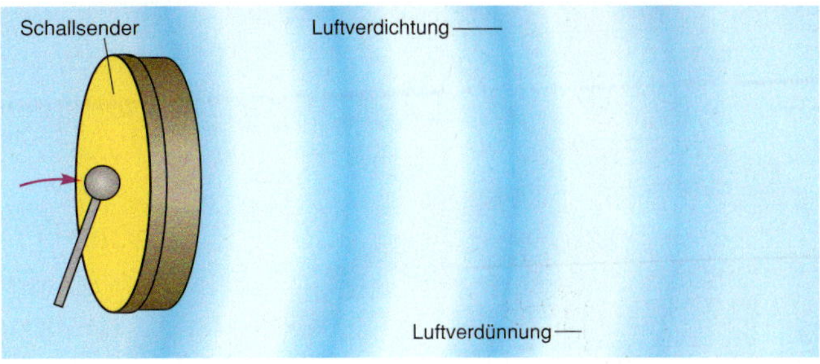

5

Die Schallwellen laufen nach allen Seiten auseinander. Daher werden die Schwingungen der Luft mit zunehmender Entfernung immer geringer. Die Lautstärke nimmt ab.

Schallwellen können sich auch in festen und flüssigen Körpern ausbreiten, nicht aber im luftleeren Raum.

Beim Anschlagen der Trommel in Bild 5 wird der Membran Energie zugeführt. Die Schallwellen transportieren die Energie fort. Beim Ohr kommt meist sehr wenig Energie an.

A1 *Beschreibe, wie sich der Schall ausbreitet.*

A2 *Wieso gibt es im Weltall keine Schallübertragung?*

Aus der Umwelt: Wie findet der Hai seine Beute?

Zusatzangebot

Haie (Bild 6) werden von Tauchern und Surfern gefürchtet. Tatsächlich zählt man aber weltweit nur etwa 50 Angriffe von Haien auf Menschen im Jahr.

Wie spürt der Hai einen Fisch oder einen Menschen? Sieht, schmeckt oder riecht er seine Beute?

Lebewesen verraten sich vor allem durch die Wellen, die sie mit ihren Bewegungen erzeugen. Dabei handelt es sich nicht um Wellen an der Wasseroberfläche, sondern um Wellen im Wasser.

Haie besitzen wie alle Fische seitlich am Körper ein Organ, mit dem sie diese Wellen spüren – das *Seitenlinienorgan*. Es reicht vom Kopf bis zum Schwanz.

Zwischen den Schuppen liegen Öffnungen (Bild 7). Sie führen zu einem durchgehenden Kanal, in den Sinneszellen hineinragen. Wenn eine Welle den Kopf des Hais eher als seinen Schwanz erreicht, muss sich der Verursacher der Welle vor dem Hai befinden.

6

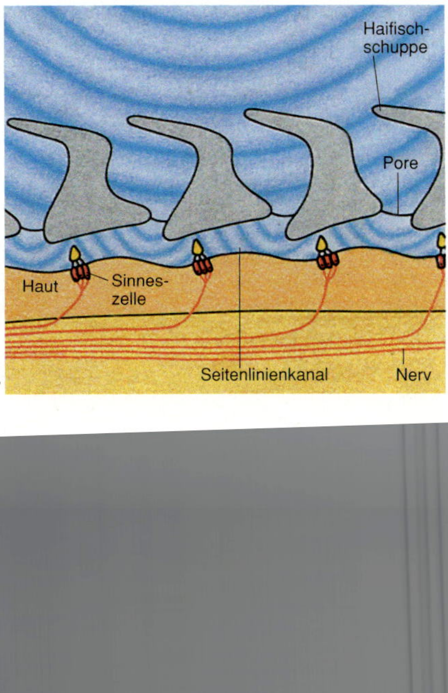

7

Laut und leise – hoch und tief

1

Wie kommen unterschiedliche Töne zustande?

Vorbereitende Aufträge

1. *Erzeuge mit einem Gummiband unterschiedlich laute und hohe Töne. Wie machst du das?*

2. *Halte ein langes Lineal so am Tisch fest, dass der größte Teil des Lineals frei schwingen kann. Untersuche damit, wovon die* ***Lautstärke*** *eines Tones abhängt. Wovon hängt die* ***Tonhöhe*** *ab?*

3. *Fülle gleichartige Flaschen unterschiedlich hoch mit Wasser. Schlage sie mit einem Stab an. Vergleiche die Tonhöhen.*

4. *Blase einen Luftballon prall auf und ziehe die Öffnung zu einem schmalen Spalt auseinander. Wie kannst du damit verschieden hohe Töne erzeugen?*

Info: Lautstärke und Tonhöhe – Amplitude und Frequenz

Um Schall zu erzeugen, muss man einen Körper (z. B. eine Gitarrensaite) in schnelle Schwingungen versetzen.

Schwingungen können wir bei einer *Schaukel* genauer betrachten, weil sie dort ziemlich langsam ablaufen: Je stärker die Schaukel angestoßen wird, desto weiter schwingt sie. Die *Amplitude* gibt an, wie weit die Schaukel schwingt (Bild 2).

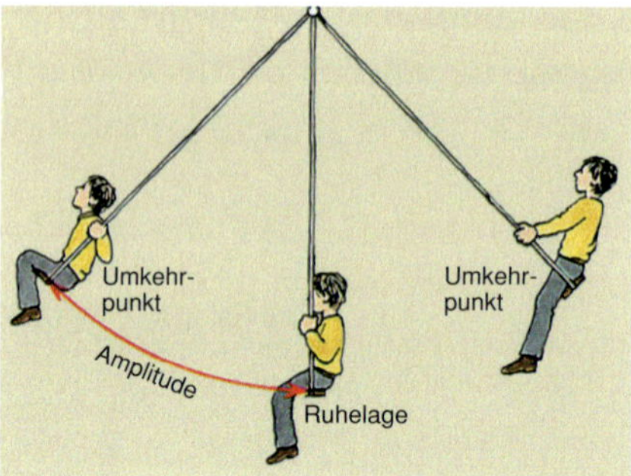

2

Auch eine Schallquelle schwingt mit großer Amplitude, wenn sie stark angestoßen wird (Bild 3). Wir hören dann einen *lauten* Ton.

Die Länge des Weges zwischen Ruhelage und Umkehrpunkt nennt man Amplitude.

Je größer die Amplitude ist, desto lauter hören wir den Schall.

Wenn man eine Saite verkürzt oder stärker spannt und dann erneut anzupft, erklingt ein höherer Ton als vorher. Die Saite schwingt schneller als zuvor. Es gilt: *Je schneller die Schwingung, desto höher der Ton.*

Die Anzahl der Schwingungen in einer Sekunde nennt man *Frequenz* (oder *Schwingungszahl*). Die Frequenz wird in der Einheit 1 Hertz (1 Hz) angegeben.

Je größer die Frequenz, desto höher der Ton.

Die Einheit der Frequenz ist nach dem deutschen Physiker *Heinrich Hertz* (1857–1894) benannt.

Wenn ein Körper in einer Sekunde einmal vor und zurück schwingt (Bild 4), besitzt er die Frequenz 1 Hertz (1 Hz): $1\ \text{Hz} = \frac{1}{\text{s}}$. Hörbarer Schall entsteht erst bei höheren Frequenzen.

Beispiel: Stimmgabeln erzeugen den Ton *a'* mit der Frequenz $f = 440$ Hz.

Größere Frequenzen gibt man in Kilohertz (kHz) an. 1 kHz = 1000 Hz.

Je größer Amplitude und Frequenz einer Schallquelle sind, desto mehr Energie übertragen die Schallwellen.

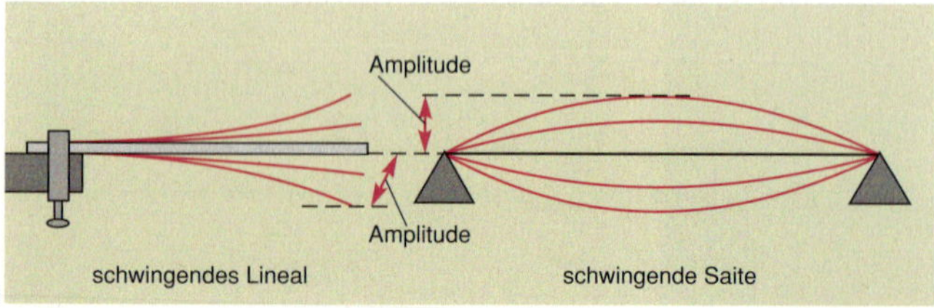

3

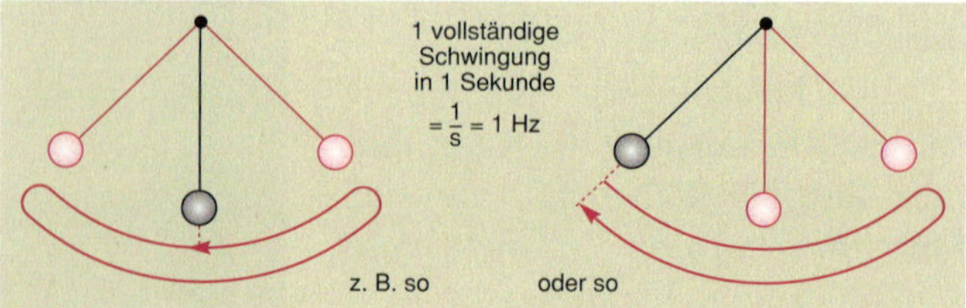

4

63272

A1 *Die Messingzungen einer Mundharmonika (Bild 5) werden durch das Hineinblasen zum Schwingen gebracht. Wieso entstehen verschieden hohe Töne?*

A2 *Wie erzeugt man auf einer Gitarre verschieden hohe Töne?*

A3 *Was verrät Bild 6 über den Ton einer Stimmgabel?*

A4 *Schwingungen einer Schallquelle sind durch die Amplitude und die Frequenz gekennzeichnet.*
a) *Welche Größe bestimmt die Lautstärke und welche die Tonhöhe?*
b) *Ergänze: „Je schneller eine Saite schwingt (je höher ihre Frequenz ist), desto ...“*
c) *„Je weiter eine Saite schwingt (je größer ihre Amplitude ist), ...“*

5

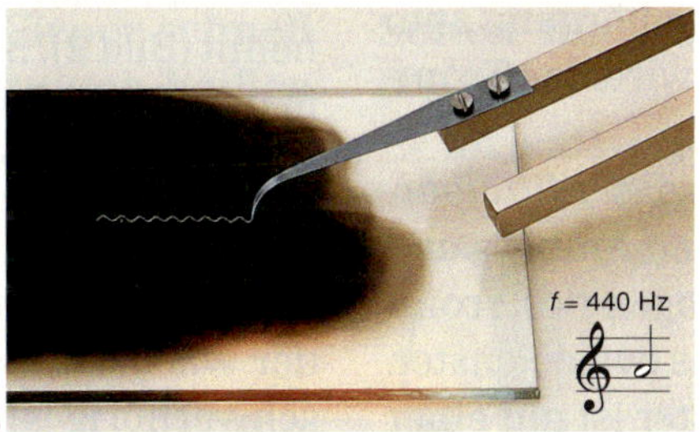

6

A5 *„Die Geige erzeugte einen Ton mit niedriger Amplitude und hoher Frequenz.“ Beschreibe, was für einen Ton man hört.*

Aus der Natur: Schallerzeugung in unserem Kehlkopf

Die menschliche Stimme übertrifft in ihrer Vielseitigkeit die meisten Musikinstrumente.

Das eigentliche Sprechorgan des Menschen ist der *Kehlkopf*. Er befindet sich am oberen Ende der Luftröhre (Bild 7).

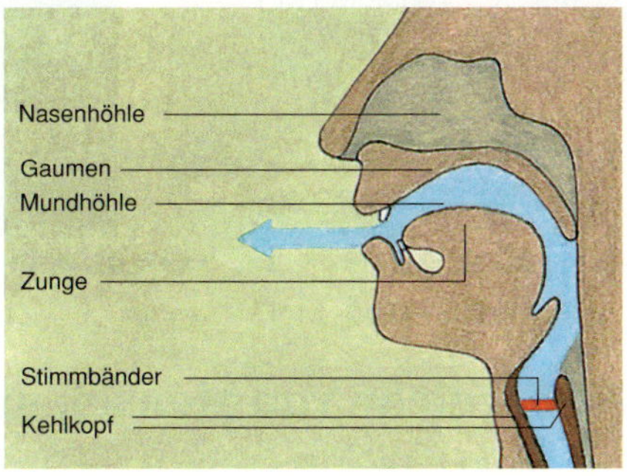

7

Im Kehlkopf sitzen die *Stimmbänder*. Während wir atmen, liegen sie etwa 1 cm weit auseinander. Sie können aber auch gespannt werden, sodass sie dicht nebeneinander liegen. Das geschieht beim Sprechen und Singen (Bilder 8–11).

Wenn Luft aus der Lunge durch diese Stimmritze hindurchgepresst wird, beginnen die Stimmbänder zu schwingen: Die durchströmende Luft stößt zunächst die Stimmbänder auseinander. Anschließend werden sie durch die Anspannung der Muskeln sofort wieder zusammengeschlagen. Auseinanderstoßen und Zusammenschlagen der Stimmbänder erfolgen im ständigen Wechsel und sehr schnell hintereinander. So entsteht ein schnatterndes Geräusch, das so ähnlich klingt, als ob jemand auf einem Grashalm bläst.

Dass daraus unsere Stimme wird, liegt am Zusammenwirken von Brust-, Rachen-, Nasen- und Mundraum. Dort entstehen die unterschiedlichen Laute. Beim Sprechen verändern wir außerdem die Stellung unserer Zunge, des Gaumens, der Zähne und der Lippen.

A6 *Kannst du auf einem Grashalm blasen? Beschreibe, wie dabei der Schall entsteht.*

A7 *Alle Jungen kommen in den „Stimmbruch“, wenn in der Pubertät ihr Kehlkopf rasch wächst. Wie macht sich das bemerkbar?*
Erkläre die Stimmänderung.

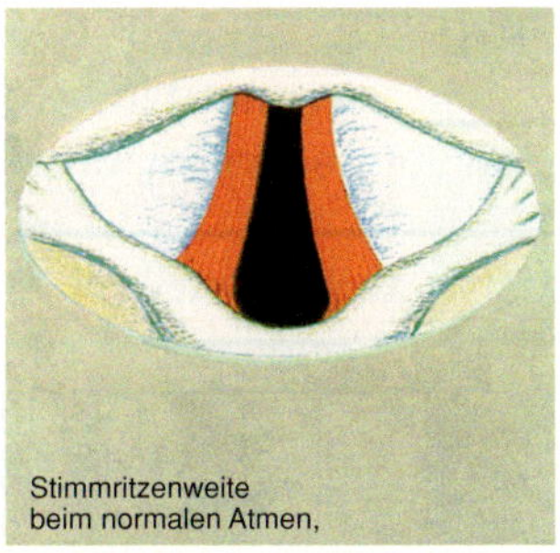
8 Stimmritzenweite beim normalen Atmen,

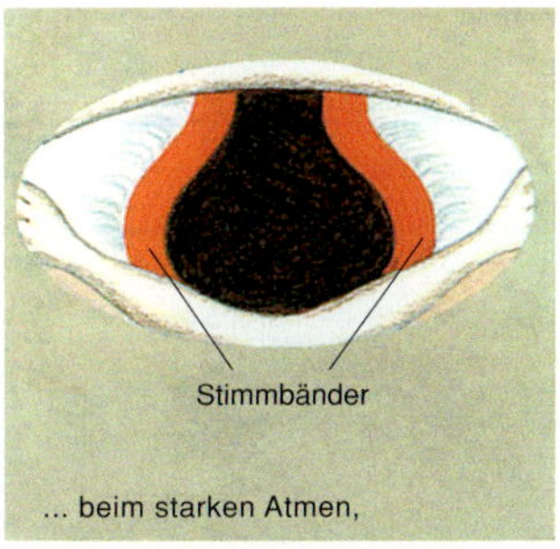

9 ... beim starken Atmen,

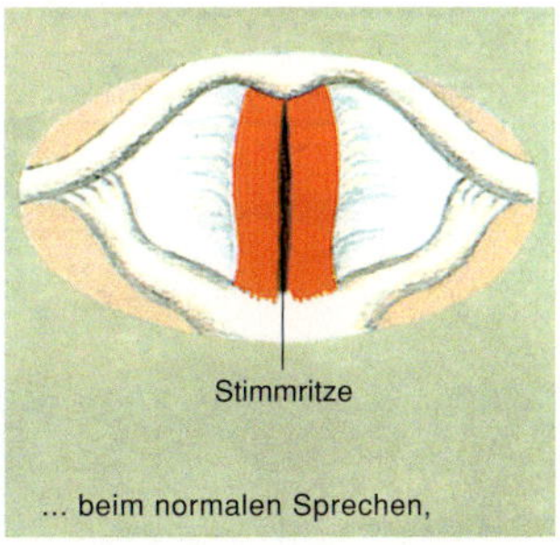

10 ... beim normalen Sprechen,

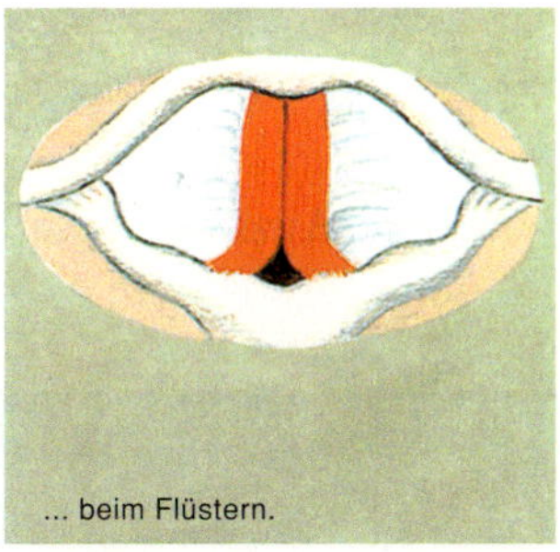
11 ... beim Flüstern.

Mitschwingen und Resonanz

Verstärkung ohne Strom?

1

Der Klang einer schwingenden Saite ist recht leise. Für eine elektrische Gitarre benötigt man daher einen Verstärker.

Bei der Konzertgitarre (und bei vielen anderen Musikinstrumenten) sorgt ein Holzkasten, der Korpus, für einen lauten Klang.

Wie kommt es durch den Korpus zur *Schallverstärkung*?

2

Vorbereitende Aufträge

1. *Zupfe ein gespanntes Gummiband an und merke dir die Lautstärke. Spanne das Gummiband anschließend über einen Joghurtbecher oder eine Gefrierbox und zupfe es wieder an. Vergleiche!*

2. *Stelle zwei gleiche, leere Weingläser nebeneinander, ohne dass sie sich berühren. Lege auf den Rand des ersten Glases ein dünnes Holzstäbchen (z. B. einen Zahnstocher).*
Bringe das zweite Glas zum Schwingen, indem du mit einem angefeuchteten Finger auf seinem Rand entlangfährst.
Beobachte den Stab auf dem ersten Glas, wenn das zweite Glas schwingt. Findest du eine Erklärung?

3. *Manchmal klappern beim Fahren Teile des Autos. Fährt man schneller oder langsamer, verschwindet das Geräusch. Woran könnte das liegen?*

V1 *Schlage eine Stimmgabel an und drücke ihren Stiel auf unterschiedlich große Holzkästen oder Holzflächen (Stuhl, Tisch …). Was stellst du fest?*

V2 *In Bild 3 stehen Stimmgabeln auf „Resonanzkästen". Eine Stimmgabel wird angeschlagen und dann festgehalten. Was geschieht?*

V3 *Das Modellauto auf Bild 4 wurde nicht zum Fahren gebaut, sondern nur zum Anzeigen von Schwingungen.*
Der kleine Elektromotor dreht eine „eiernde" Schwungscheibe.
Je höher die Spannung am Motor ist (0–12 V), desto schneller vibriert das Modellauto.
Beobachte die Auswirkungen auf Karosserie, Kotflügel und Antenne.
Die Kotflügel sind absichtlich nicht gleich lang …
Beschreibe deine Beobachtungen!

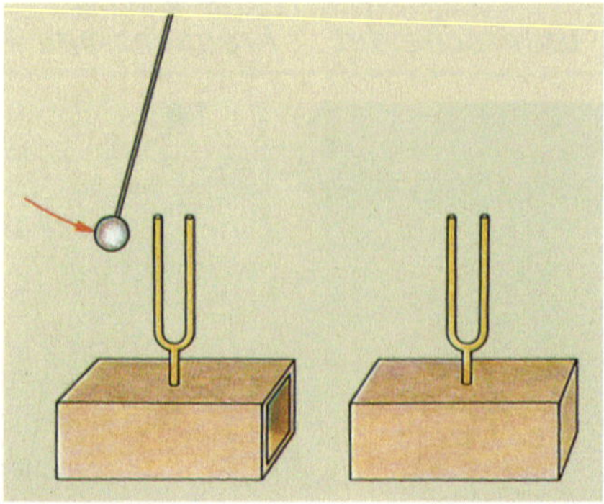

3

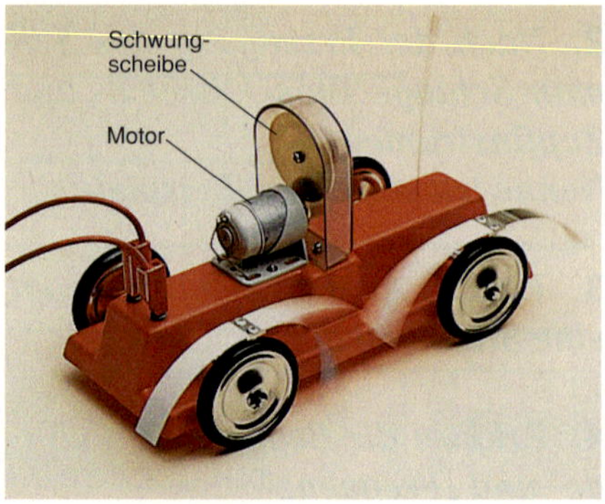

4

63276

Info: Wie kommt es zur Schallverstärkung?

Mitschwingen

Wenn du an eine Stimmgabel oder auf einen Tisch klopfst, werden die angestoßenen Körper zu Schallquellen. Sie geraten in Schwingungen mit einer bestimmten Frequenz. Man spricht von *Eigenschwingungen* und *Eigenfrequenz*.

Das Anstoßen kann auch durch einen Körper erfolgen, der selber schwingt: Wenn man den Stiel einer Stimmgabel auf die Tischplatte drückt, wird die Platte zum *Mitschwingen* gezwungen – in der Frequenz der Stimmgabel. Die Stimmgabel wirkt als *Erreger* für die fremde Schwingung. Ihre Frequenz heißt *Erregerfrequenz*.

Ein schwingender Körper (Erreger) kann einen anderen Körper zum Mitschwingen in der Erregerfrequenz zwingen.

Durch das erzwungene Mitschwingen der Tischplatte wird der Ton der Stimmgabel lauter. Allerdings verklingt der verstärkte Stimmgabelton jetzt rascher als vorher. Durch das Mitschwingen der Platte wird die Energie nämlich schneller abgegeben.

5

Resonanz

Wenn die Eigenfrequenz des zweiten Körpers mit der Erregerfrequenz übereinstimmt, ist die Amplitude der erzwungenen Schwingung besonders groß. Man spricht von Resonanz.

Dazu ein Beispiel: Eine Stimmgabel (a') hat die Frequenz 440 Hz. Ein Körper, dessen Eigenfrequenz auch 440 Hz beträgt, führt dann Resonanzschwingungen aus.

In Bild 5 geraten alle Stimmgabeln durch Resonanz in Schwingungen. Weil die Holzkästen und die Luft in ihnen die gleiche Eigenfrequenz besitzen wie die Stimmgabeln, bezeichnet man die Kästen als *Resonanzkörper*.

Aus Umwelt und Technik: Mitschwingen unerwünscht

Bei der Gitarre und vielen anderen Musikinstrumenten ist die Schallverstärkung durch Mitschwingen eines Klangkörpers erwünscht.

In Häusern ist das Mitschwingen unerwünscht. So soll der „Trittschall“, der beim Gehen entsteht, nicht durch das Mitschwingen von Böden und Wänden ins ganze Haus übertragen werden. Deshalb haben die Geschossdecken von Häusern einen besonderen Aufbau (Bild 6): Auf die Decke aus Beton kommt eine Schicht aus Kunststoff oder Steinwolle. Diese *Dämmstoffe* behindern die Schallübertragung. Ein schmaler Streifen des Dämmstoffs wird an den Wänden hochgestülpt. Über dem Dämmstoff wird eine Folie ausgebreitet. In diese „Wanne“ schüttet der Maurer einen Zementmörtel, den *Estrich*. Der Estrich hat also mit der Betondecke und den Wänden keine direkte Verbindung. Man spricht von einem *schwimmenden Estrich*.

Wenn darauf später noch ein Teppich kommt, ist die Weiterleitung von Schallwellen über den Boden in andere Zimmer und Wohnungen nur gering. Der Dämmstoff verhindert, dass die Betondecke durch den Trittschall ins Mitschwingen gerät.

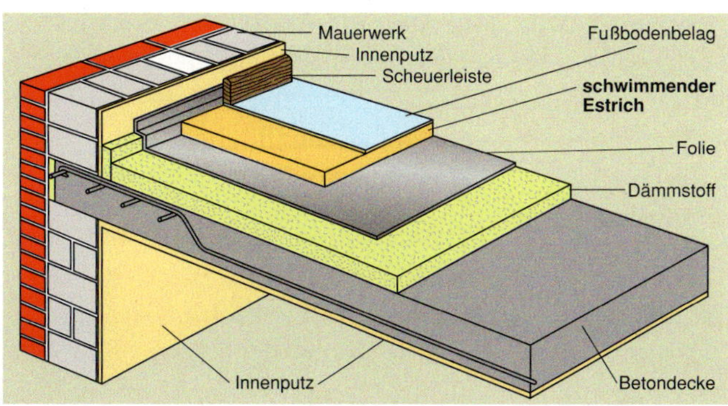

6

Schallgeschwindigkeit und Reflexion

Schall unterwegs

Wie lässt sich die *Entfernung* eines Gewitters schätzen?

1

2

Dem Trompeter auf dem Bergsee antwortet ein Echo …

Vorbereitende Aufträge

1. *Beobachte aus größerer Entfernung, wenn Nägel eingeschlagen werden (z. B. beim Anbringen von Dachlatten). Was fällt auf?*

2. *Lege eine laut tickende Uhr in ein hohes Glas. Unter der Uhr befindet sich Schaumstoff (Bild 3). Entferne dich dann so weit, dass du die Uhr nicht mehr hörst. Wie musst du den Aufbau ergänzen, damit du die Uhr von derselben Stelle aus hören kannst?*

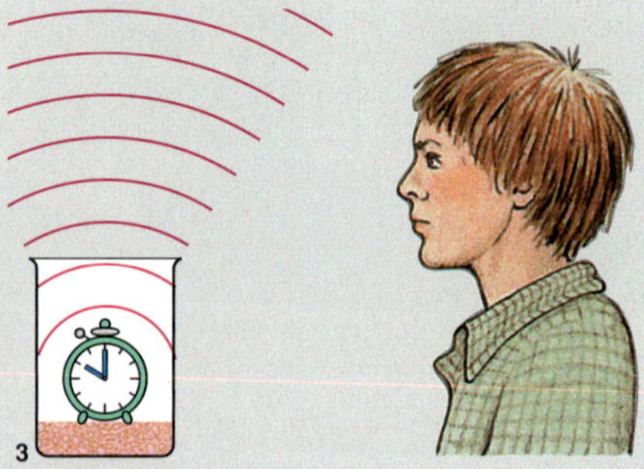

3

3. *Versuche das Ticken einer Uhr aus 5 Meter Entfernung mit einem aufgerollten Bogen Zeitungspapier zu hören.*

Info: Schallgeschwindigkeit und Echo

Beim Gewitter entstehen Blitz und Donner gleichzeitig. Der Blitz erhitzt die Luft in seiner unmittelbaren Umgebung. Die Luft dehnt sich schlagartig aus. Es entsteht ein Knall: der Donner.

Den Blitz siehst du praktisch sofort. Der Donner aber braucht Zeit, um zu dir zu gelangen. Der Schall benötigt etwa drei Sekunden, um sich einen Kilometer weit von der Schallquelle zu entfernen.

In Luft legt der Schall in einer Sekunde eine Strecke von 340 Metern zurück. In festen und flüssigen Stoffen ist er schneller.

Stoff	Vom Schall in 1 s zurückgelegter Weg
Wasser	1485 m
Ziegelstein	3650 m
Stahl	5100 m
Glas	5300 m

Die Schallgeschwindigkeit in Luft beträgt 340 Meter pro Sekunde.

Wenn man aus einiger Entfernung gegen eine Bergwand ruft, hört man ein *Echo*. Der Schall wird nämlich von der Bergwand zurückgeworfen, also von der Grenzfläche Luft–Fels. Schallwellen werden auch an der Grenzfläche Luft–Wasser zurückgeworfen *(reflektiert)*.

Schallwellen werden reflektiert, wenn sie auf die Grenzfläche zwischen zwei verschiedenen Stoffen treffen. Durch Reflexion entsteht z. B. das Echo.

63098

V1 *Bitte einen Mitschüler sich in 100 m Entfernung aufzustellen. Dort soll er eine aufgeblasene Papiertüte zerschlagen.*
Was ist dabei zu beobachten?

V2 *Auf dem Sportplatz schlägt ein Schüler im Sekundentakt eines Metronoms zwei Topfdeckel (oder eine Starterklappe) über dem Kopf zusammen.*
Ihr entfernt euch und achtet darauf, wann die Deckel zusammenschlagen. Bei einer bestimmten Entfernung hört ihr den Ton „zur Halbzeit“, also wenn die Arme am weitesten auseinander sind.
Wie viel Meter legt der Schall in der halben Sekunde zurück?

A1 *Beim Feuerwerk sieht man den Funkenregen, lange bevor die dumpfen Explosionsgeräusche zu hören sind. Erkläre!*

A2 *Nenne Tiere, die beim Lauschen ihre Ohrmuscheln in Richtung auf die Schallquelle stellen.*
Warum tun sie das? (Tipp: Das Ergebnis von Auftrag 3 links kann dir weiterhelfen.)

A3 *Wie kannst du die Entfernung eines Gewitters bestimmen?*

A4 *Wie weit ist ein Gewitter entfernt, wenn zwischen Blitz und Donner ungefähr 8 s vergehen?*

Aus der Umwelt: Echo-Ortung in der Tierwelt

Delphinen (Bild 4) galt schon immer die Zuneigung der Menschen. Früher wurden sie als heilige Tiere verehrt. Noch heute gelten sie als „Glücksbringer“.

Erstaunliche Beobachtungen an Delphinen wurden mit Unterwassermikrofonen gemacht: Die Tiere senden nicht nur die für uns hörbaren Klick- und Pfeiftöne aus, sondern auch **Ultraschall**. Dieser hat Frequenzen von bis zu 200 kHz (200 000 Hz).

Das *Echo* dieser kurzen Schreie dient ihnen zur Orientierung. Wo sich ein Hindernis oder Beutetier befindet, erkennen sie aus der Laufzeit des Echos und der Richtung, aus der das Echo kommt (Bild 5).

Fledermäuse (Bild 6) wenden das gleiche Verfahren an – mit Ultraschallschreien im Bereich von etwa 120 kHz. Sie machen sich so ein regelrechtes „Bild“ von ihrer oft dunklen Umgebung. Man kann sagen: Fledermäuse „sehen mit den Ohren“.

Im Vergleich mit Fledermäusen sind Delphine über ihre Umwelt schneller informiert. Schallwellen breiten sich nämlich in Wasser fast fünfmal so schnell aus wie in der Luft. Das bedeutet aber auch: Die Zeitunterschiede zwischen den Echos unterschiedlich weit entfernter Gegenstände verringern sich damit im Wasser auf ein Fünftel.

Für die Delphine kommt eine weitere Besonderheit hinzu: Das Gewebe ihrer Beute (meist Fische) besteht hauptsächlich aus dem gleichen Stoff wie die Umgebung – aus Wasser. Daher werden die Schallwellen vom Körper der Beutetiere kaum reflektiert.

Dennoch finden Delphine „mit verbundenen Augen“ ihre Beutefische. Die Schwimmblasen der Fische sind nämlich mit Luft gefüllt – und an der Grenzfläche zwischen Wasser und Luft wird der Schall reflektiert.

Man weiß nicht genau, wie und wo Delphine den Ultraschall erzeugen und empfangen. Vielleicht mit der „Melone“? Das könnte sein, denn Beutefische, die *unter* ihnen schwimmen, finden sie nicht.

4

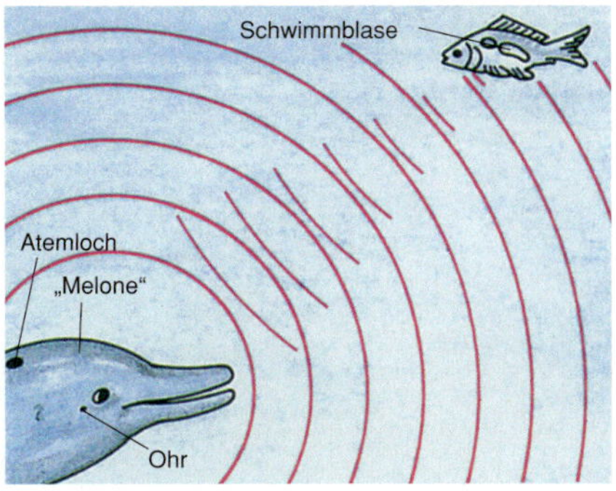

5

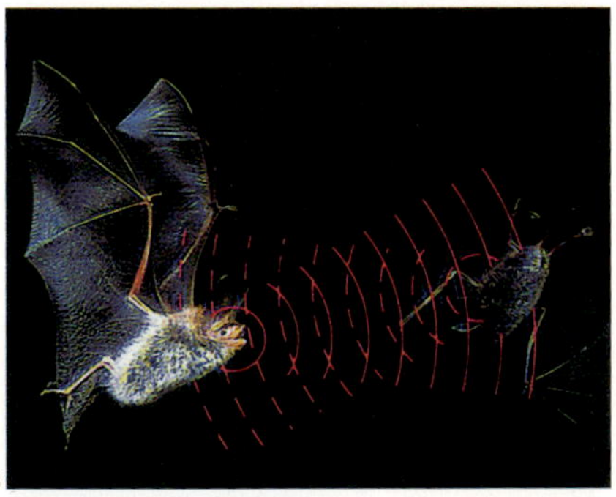
6

Schall kann aufgezeichnet werden

In einem ungewöhnlich kalten Winter war ich, Freiherr von Münchhausen, mit der Postkutsche in Russland unterwegs. Es fror Stein und Bein. Als der Postillion vor der Einfahrt in einen Weg das Horn blasen wollte, kam kein einziger Ton heraus. Vergeblich blies der Mann aus Leibeskräften – aber kein Ton erklang!
Spät abends aber – in der warmen Gaststube – ihr werdet's kaum glauben: Da begann auf einmal das Horn, das nun an der Wand hing, wie von selbst zu spielen.
Das wollt ihr mir nicht abnehmen? Ich habe eine einleuchtende Erklärung dafür! …

1

Töne „einfrieren" – das geht leider nicht so einfach wie in Münchhausens Erzählung. Tonschwingungen aufzeichnen – das gelang aber schon vor über 100 Jahren.

Vorbereitende Aufträge

1. *Besorge dir eine alte, ausgediente Schallplatte. Bild 2 zeigt die Tonspur einer solchen Platte.*

a) *Betrachte die Rille mit einer starken Lupe.*

b) *Durch den Rand einer Postkarte stichst du nun eine Stecknadel. Berühre mit der Nadel die Rille der Schallplatte, während sie sich auf dem Teller eines Plattenspielers dreht (Bild 3).*

c) *Rolle einen Bogen Papier zu einem Trichter zusammen. Biege dann das spitze Ende um und stecke eine Nadel hindurch. Wieder setzt du die Nadel auf die Schallplatte (Bild 4).*

2. *Lege eine runde Pappscheibe auf einen Plattenspieler und stelle ihn an. (Der Tonabnehmer sollte die Pappscheibe nicht berühren!) Setze einen Filzstift irgendwo auf deine „Schallplatte".*

a) *Halte den Filzstift ruhig. Welche Spur entsteht?*

b) *Bewege den Stift schnell in Richtung Mittelpunkt hin und her (Bild 5). Wie sieht die Spur aus?*

3. *Bild 6 zeigt eine Stimmgabel, an der eine Schreibzinke befestigt ist. Wie ist wohl die Spur auf der mit Ruß geschwärzten Glasplatte entstanden?*

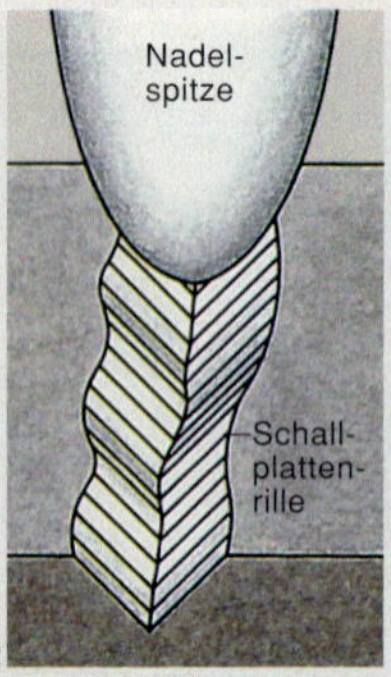

2

3

4

5

6

Info: Schwingungen – sichtbar gemacht

Schallschwingungen können mit einem Mikrofon aufgenommen und dann mit einem **Oszilloskop** („Schwingungsbetrachter", Bild 7) sichtbar gemacht werden.

Auf dem Bildschirm des Geräts zeichnet ein Leuchtpunkt eine Spur – ähnlich wie die Schreibzinke einer Stimmgabel. Genau wie die Schreibzinke muss auch der Leuchtpunkt von links nach rechts bewegt werden, damit man ein Schwingungsbild erhält (Bilder 8 u. 9).

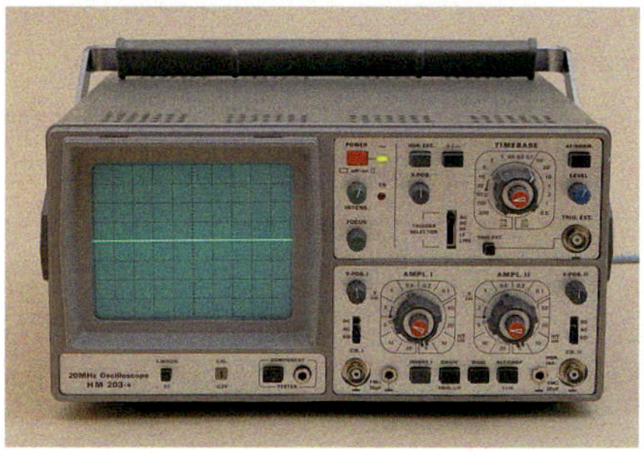
7

Je lauter der Ton ist (je größer also die **Amplitude** der Schallschwingung ist), desto weiter bewegt sich der Leuchtpunkt nach oben und unten.

Mit dem Oszilloskop lässt sich die **Frequenz** ermitteln. Dazu muss man wissen, in welcher Zeitspanne der Leuchtpunkt einmal über den Bildschirm läuft. Diese Laufzeit lässt sich am Gerät einstellen. Dann zählt man die Schwingungen. Zu jeder Schwingung gehören ein Berg und ein Tal (Bild 10).

Stimmgabeln oder elektronische Tongeneratoren erzeugen gleichmäßige Schwingungsbilder. Bei Musikinstrumenten sehen sie komplizierter aus. Die Schwingungsbilder verschiedener Instrumente unterscheiden sich, auch wenn der gleiche Ton gespielt wird (Bild 11).

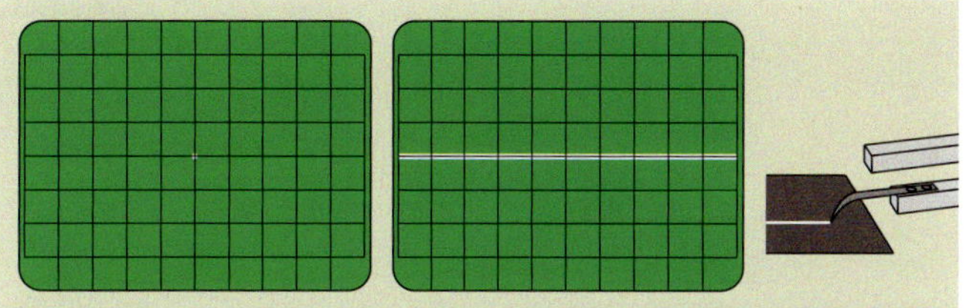
Kein Ton: Der Leuchtpunkt wird *nicht* nach oben oder unten abgelenkt. Er steht still oder läuft von links nach rechts.
8

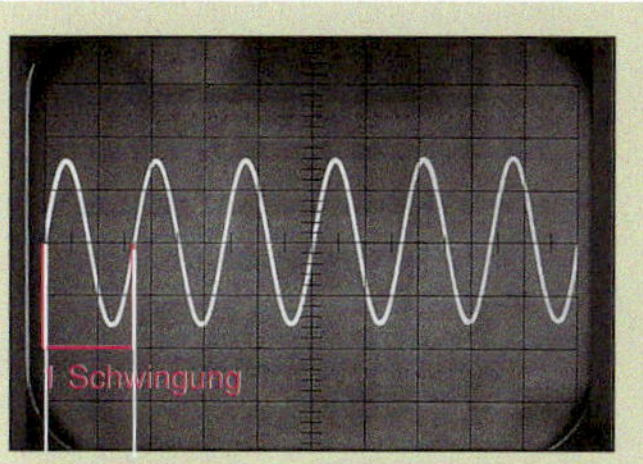

1 Schwingung

Frequenzbestimmung

Laufzeit: $\frac{1}{10}$ s

Anzahl der Schwingungen: 6

6 Schwingungen in 0,1 s entsprechen 60 Schwingungen in 1 s.

Die Frequenz beträgt also 60 Hz.

10

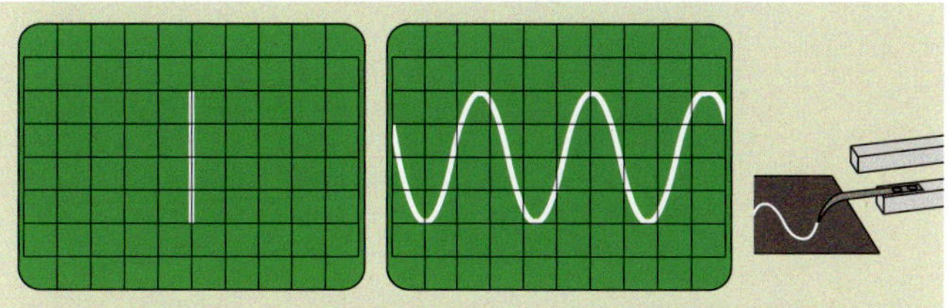
Ton einer Stimmgabel: Der Leuchtpunkt wird nach oben und unten abgelenkt. Wenn man ihn zusätzlich nach rechts laufen lässt, entsteht ein Schwingungsbild.
9

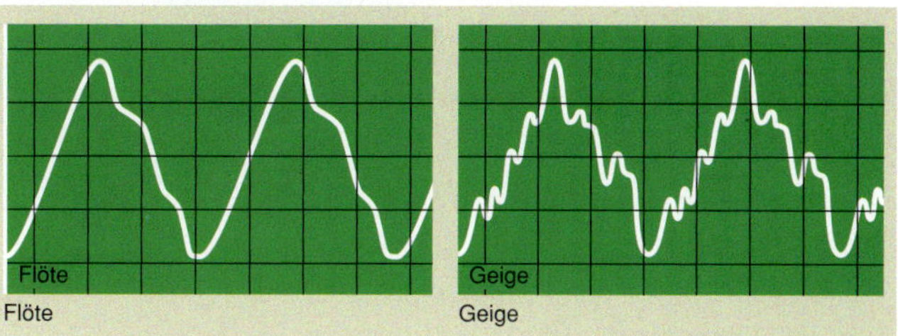

Flöte Geige
11

V1 *Probiert aus, welches Schwingungsbild eure Stimme auf dem Oszilloskop erzeugt (beim Sprechen, Singen, Summen, Pfeifen). Erprobt auch verschiedene Instrumente, die gleiche Töne spielen.*

V2 *Mit einem Oszilloskop kann man die Schwingungen von Geräuschen oder von Musikinstrumenten sichtbar machen. Skizziere die Bilder in dein Heft.*

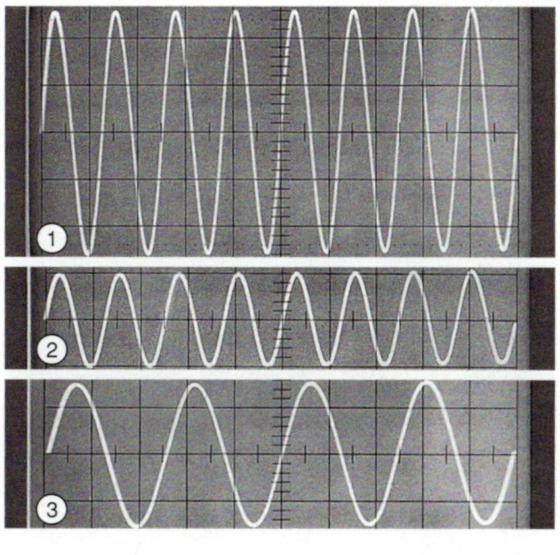

12

V3 *Welches der Schwingungsbilder in Bild 12 gehört zu einem lauten (leisen, hohen, tiefen) Ton? (Der Leuchtpunkt hat jeweils die gleiche Laufgeschwindigkeit.)*

V4 *Am Tongenerator wird der Ton a' (f = 440 Hz) eingestellt und auf dem Bildschirm gezeigt. Wer kann nun nach Gehör die Tonleiter „spielen"? Welche Frequenz hat der eine Oktave höhere Ton a''?*

Aus der Geschichte: Walzen und Schallplatten – so fing es an

Phonograph von Edison

Die ersten Geräte zur Schallaufzeichnung baute Thomas Alva Edison vom Jahr 1878 an (Bilder 1 u. 2). Wenn jemand in den Schalltrichter hineinsprach, geriet eine Membran zusammen mit einer Nadel ins Schwingen. Die Schallschwingungen wurden in Auf- und Abbewegungen der Nadel umgesetzt.

Eine *Wachswalze* wude mit einer Kurbel gleichmäßig gedreht. Die Nadel schnitt eine Rille in das Wachs. Die Tiefe der Rille änderte sich im Rhythmus der Schallschwingungen *(Tiefenschrift)*.

Edisons Phonograph war als *Diktiergerät* für Büros gedacht. Die Walzen hatten eine Spieldauer von nur zwei Minuten. Sie wurden nach der Wiedergabe mit einem Messer glatt gestrichen und so gelöscht – bis zum nächsten Diktat.

Grammophon von Emil Berliner

1887 meldete *Emil Berliner* ein Grammophon und eine Schallplatte zum Patent an (Bilder 3 u. 4).

Bei der Aufnahme wurde die Nadel von einer Membran seitlich bewegt und schnitt die Rille *(Seitenschrift)*. Zur Wiedergabe wurde ebenfalls eine Stahlnadel benutzt. Da sie sich schnell abnutzte, musste sie nach jedem Abspielen ausgewechselt werden.

Die ersten Schallplatten waren aus einem besonderen Lack hergestellt (Schellack). Später presste man die Rillen in Kunststoff. Außerdem wurden die Nadeln durch Diamanten ersetzt, sodass sie nun viele hundert Abspielstunden lang hielten.

Hinzu kamen elektronische Verstärker für fast beliebige Lautstärken. Die Schallplatten hatten Spielzeiten von bis zu 30 Minuten pro Seite.

1

3

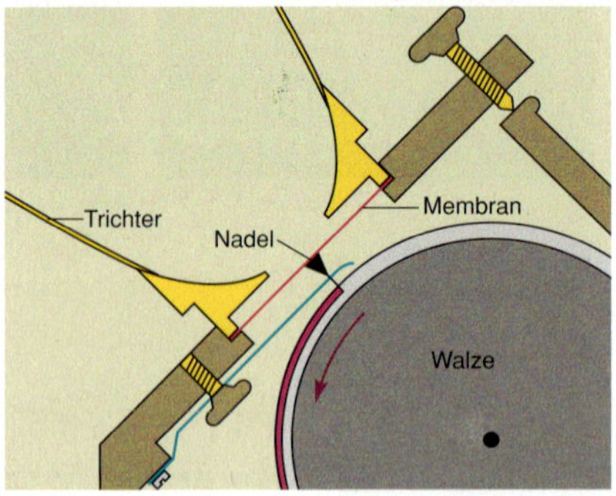

2

Phonograph (Schneiden der Rille in Wachswalze)

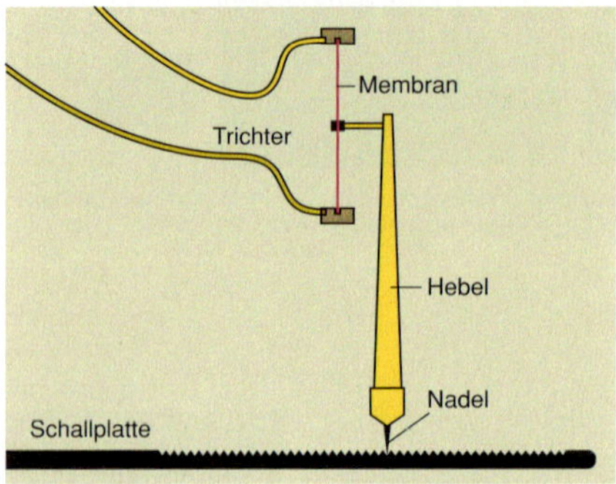

4

Grammophon (Abspielen der Schellackplatte)

A1 *Wie stellte man bei den Geräten der Bilder 1 u. 3 Lautstärke und Abspielgeschwindigkeit ein?*

A2 *Schallplatten nutzen sich bei jedem Abspielen etwas ab (Bilder 5 u. 6). Woran liegt das?*

Rille einer neuen Schallplatte
5

Schallplattenrille nach häufigem Abspielen
6

A3 *Auch Stahlnadeln und Diamanten nutzen sich beim Abspielen ab, obwohl sie viel härter sind als die Schallplatten.*
Ähnliches zeigt sich beim Bearbeiten von Holz …
Beschreibe den Zusammenhang.

63549

Aus der Geschichte: Die CD – Musik aus Nullen und Einsen

7 Ausschnitt aus einer CD mit 0,0001 mm tiefen „Löchern" (Pits) (4000fach vergrößert)

Seit vielen Jahren hat die CD (engl. *compact disc:* Kompaktschallplatte) die kratzempfindlichen Scheiben aus schwarzem Kunststoff abgelöst. Bild 7 zeigt einen Ausschnitt aus einer CD. Die „Löcher" (Pits) sind verschieden lang. Wie ist in dem Lochmuster die Musik gespeichert?

Dafür wenden die Techniker einen Trick an: *Die Schallschwingungen werden in Zahlen umgewandelt, die nur aus Nullen und Einsen bestehen.*

Du kannst dir diesen Vorgang vereinfacht so vorstellen: Nimm an, Bild 8 zeigt – auf Millimeterpapier gezeichnet – das Schwingungsbild einer Blockflöte. Eine solche Kurve nennt man ein *analoges Signal.* Die Höhe der Kurve wird in gleichen Zeitabständen gemessen. Die Messungen erfolgen in ganzen Millimetern, Zwischenwerte sind nicht zugelassen. Zum Zeitpunkt A beträgt die Höhe 31 mm, bei B 22 mm … Diese (Dezimal-)Zahlen werden in *Dualzahlen* umgewandelt (→ Tabelle rechts): Aus 31 wird die Dualzahl 011111, aus 22 die Dualzahl 010110. Die mit der Flöte erzeugten Schallschwingungen können dadurch in eine Folge von Nullen und Einsen verwandelt werden. Die Nullen und Einsen speichert man hintereinander auf einer Kunststoffscheibe. Für jede Eins könnte man z. B. *ein* Pit hineinpressen, für jede Null *kein* Pit.

In Wirklichkeit ist die Speicherung der Musik auf einer CD allerdings viel komplizierter: Die Amplituden der Schwingungen werden z. B. in jeder Sekunde 44 100-mal gemessen und die Messwerte sind 16-stellige Dualzahlen.

Beim Abspielen tastet ein *Laserstrahl* von unten die verspiegelte CD ab. Das Gerät „merkt", ob der Strahl ein Pit trifft oder nicht. Aus dem *digitalen Signal* wird die ursprüngliche Schwingungskurve berechnet. Die Schwingung wird elektronisch erzeugt – es erklingt originalgetreu der Flötenton.

Beim Abspielen können Fehler korrigiert werden: Wenn an verkratzten Stellen Dualzahlen unlesbar sind, berechnet der CD-Player die fehlenden Zahlen.

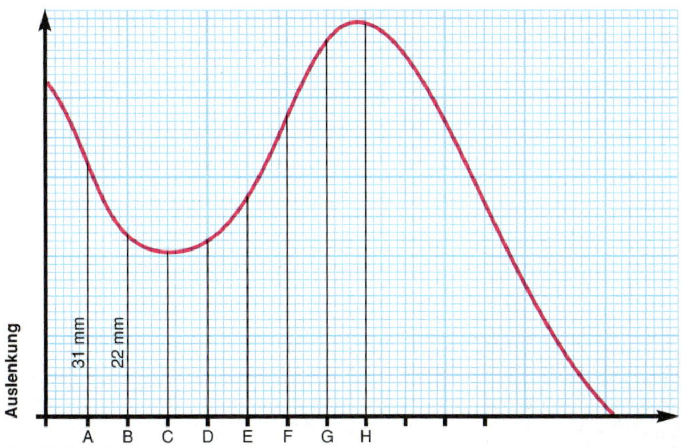

8

A1 *Miss die Höhe der Kurve in Bild 8 zu den Zeitpunkten C bis H (in Millimetern).*
Wandle die Messwerte in Dualzahlen um.

A2 *Ergänze die Tabelle rechts um drei weitere Dualzahlen.*

A3 *Welche Vorteile hat eine CD gegenüber alten Schallplatten?*

Dezimalzahl	Dualzahl
0	000000
1	000001
2	000010
3	000011
4	000100
5	000101
6	000110
7	000111
8	001000
9	001001
10	001010
11	001011
12	001100
13	001101
14	001110
15	001111
16	010000
17	010001
18	010010
19	010011
20	010100
21	010101
22	010110
23	010111
24	011000
25	011001
26	011010
27	011011
28	011100
29	011101
30	011110
31	011111
32	100000
33	100001
34	100010
35	100011
36	100100
37	100101
38	100110
39	100111
40	101000
41	101001
42	101010
43	101011
44	101100
45	101101
46	101110
47	101111
48	110000
49	110001
50	110010

Lärm und Lärmschutz

„Power“ für die Ohren?

1

„Diskothek – 1000-W-Boxen hämmern – Techno-Sound – wahnsinnig gut! ...“

Nach jedem Wochenende sitzen viele Disko-Besucher beim Arzt und klagen über ein „taubes Gefühl“ oder „Pfeiftöne“ im Ohr.

Tatsache ist: Die meisten Rockmusiker haben bleibende Hörschäden – leider inzwischen auch 30 % aller Jugendlichen.

Schall, der zu laut ist, wird als lästig oder unerträglich empfunden. Jeden störenden Schall bezeichnet man als *Lärm*.

Dauernder Lärm macht krank: Der Blutdruck steigt, man wird nervös und schläft schlecht. Lärm muss also bekämpft werden.

Aber wie macht man Lärm leiser?

V1 *Lege einen läutenden Wecker auf den Tisch. Wie kannst du den Lärm verringern?*
Welche Hilfsmittel brauchst du für deinen „Lärmschutz“?

V2 *In ein Waschbecken lässt du Wasser einlaufen (ungefähr 10 cm hoch).*
Gib ein Geschirrspülmittel hinzu und wirble das Wasser auf. Es bildet sich eine Schaumschicht.
Schiebe die Schaumschicht ein wenig zur Seite und lass einen Wasserstrahl auf die Wasseroberfläche plätschern.
Schiebe dann den Schaum unter den Wasserstrahl.
Wie ist das Versuchsergebnis zu erklären?

2

3

V3 *Messungen mit dem Schallpegelmesser (→ Info auf der nebenstehenden Seite):*

a) *Wir bestimmen die Lautstärke im Klassenraum und auf dem Schulhof (während der Pause).*

b) *Jemand hört über einen Kopfhörer Musik. Messt die Lautstärke, die eingestellt wurde (Bild 2).*

c) *Ob die Geräuschangaben in der „Allgemeinen Betriebserlaubnis“ tatsächlich stimmen (Bild 3)? Prüft es nach.*

V4 *In einer Styroporbox ohne Deckel erzeugt ein Summer Lärm.*

a) *Welchen Schall misst man in 10 cm (20 cm, 30 cm ...) Abstand?*

b) *Wie ändert sich die Lautstärke, wenn die Box mit einem Deckel verschlossen wird?*

63102

Info: Lärm kann man messen – der Schallpegel

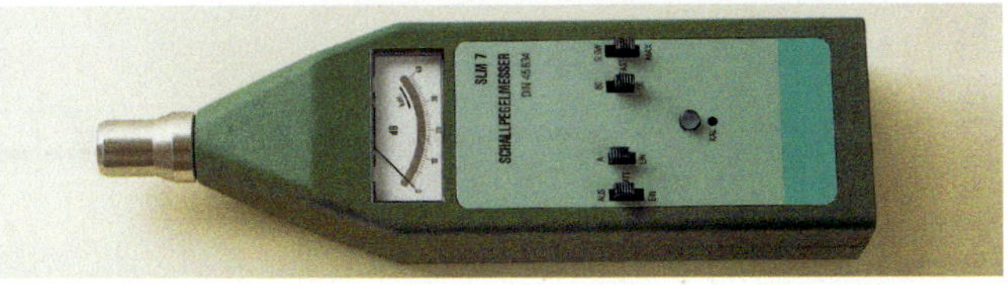

4

Wie laut ist der Lärm in der Nähe einer Autobahn? Wie viel Lärm macht ein Motorrad? Wie laut ist ein Presslufthammer in 10 m Entfernung zu hören?

Um solche Fragen beantworten zu können, muss man mit einem **Schallpegelmesser** messen (Bild 4). Das ist ein Messgerät, das dem menschlichen Ohr nachgebaut ist. Es reagiert auf Lärm oder bestimmte Frequenzen genauso empfindlich wie unser Ohr.

Man gibt den Schallpegel in der Einheit Dezibel A an. Bei 0 dB(A) hören wir nichts. Geräusche bis zu 30 dB(A) empfinden wir als ruhig. Dauernder Lärm über 85 dB(A) macht schwerhörig. (Die folgende Tabelle gibt dir einen Überblick über Schallpegel.)

Bei der Beurteilung von Schallpegelwerten sind zwei Besonderheiten zu beachten:

- Bei *einem* Rasenmäher zeigt der Schallpegelmesser z. B. 65 dB(A) an. Bei *zwei* Rasenmähern beträgt der Schallpegel aber nicht etwa doppelt so viel, sondern nur 68 dB(A).
  Durch eine zusätzliche, gleiche Schallquelle steigt der Schallpegel nur um 3 dB(A) an.
- Von zwei Mofas geht doppelt so viel Schallenergie aus wie von einem einzigen. Trotzdem empfinden wir die zwei Mofas nicht als doppelt so laut wie das eine. Erst bei *zehn* gleich lauten Mofas haben wir den Eindruck einer *doppelten* Lautstärke (Bild 5).
  Wenn der Schallpegel um 10 dB(A) steigt, empfinden wir die doppelte Lautstärke.

Wir empfinden also ein Motorrad mit 80 dB(A) doppelt so laut wie ein Mofa mit 70 dB(A). Tatsächlich erzeugt es so viel Schallenergie wie zehn Mofas zusammen.

Beispiel	dB(A)	Empfindung	
Schmerzgrenze	130	„unerträglich"	
Düsentriebwerk, Rockkonzert	120		
Hubschrauber	110		
Diskothek, Kompressor	100		
laute Fabrikhalle	90	„laut"	
Motorrad, Straßenverkehr	80		
lautes Rufen, Mofa	70		
Büro	60	„leise"	
Unterhaltung	50		
Flüstern	40		
Blättergeräusch	30	„ruhig"	
Taschenuhr	20		
Atmen	10		
Hörschwelle	0		

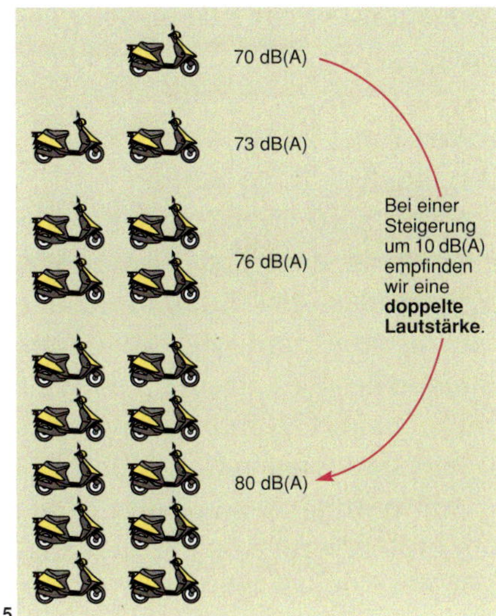

5

A1 *Bei grellem Licht kannst du einwirken …*
- *auf die Lichtquelle (Licht dimmen),*
- *auf die Lichtübertragung (Vorhang zuziehen),*
- *auf den Lichtempfänger (Augen schließen).*

Suche Beispiele für vergleichbaren Schutz vor Lärm.

A2 *Ein Staubsauger erzeugt einen Schallpegel von 80 dB(A). Jens meint, zwei solche Geräte nebeneinander würden 160 dB(A) erzeugen. Was sagst du dazu?*

A3 *Ein Kompressor mit 100 dB(A) erzeugt so viel Schallenergie wie 1000 Mofas. Begründe!*

A4 *Welche Vor- oder Nachteile hat es, Musik über Kopfhörer statt Lautsprecherboxen zu hören?*

A5 *In Versuch 4 erzeugte der Summer in der Box mit Deckel genauso viel Schall wie in der Box ohne Deckel. Mit Deckel war es draußen aber leiser. Warum?*

Praktikumsversuch

V1 *Hörst du Musik bei den Hausaufgaben? Hast du einen Walkman und setzt du ihn auch beim Radfahren auf? Mit diesem Versuch kannst du testen, wie die Konzentrationsfähigkeit durch Geräusche beeinflusst wird.*

Versuchsmaterialien: *1 Walkman, 1 Kassette, 1 Bleistift, 1 Stoppuhr; je eine Fotokopie von Bild 1.*

Versuchsdurchführung:

a) *Testreihe 1: Streiche in der Kopie jedes einzelne der folgenden Zeichen an.*
Du hast für deinen Test 30 Sekunden Zeit.

△ □ ⊖

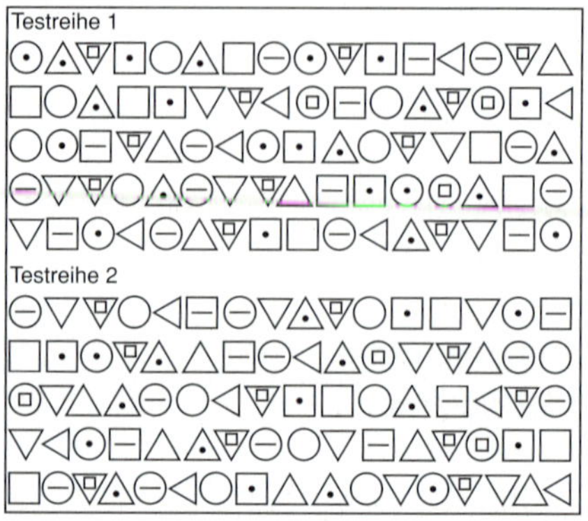

1

Zähle und notiere anschließend, wie viele „Richtige" du hast.

b) *Testreihe 2: Setze nun den Walkman auf. Wiederhole den Test mit deiner Lieblingskassette, und zwar in deiner „Lieblingslautstärke". Streiche in der Kopie jedes der folgenden Zeichen an.*

⊡ ▽ ○

c) *Vergleiche die Ergebnisse der beiden Tests. Haben die Mitschülerinnen und Mitschüler ähnliche Ergebnisse? Vergleicht die Art der Musik und die Lautstärke.*

d) *Welche Bedeutung hat das Ergebnis des Tests für dich?*

Aus der Umwelt: Lärm ist „Gift" für den Körper

Dauernder Lärm macht schwerhörig. Doch nicht nur der Lärm von Straßen, Baustellen oder Fabriken führt zu Hörschäden, sondern auch zu laute Musik.

Ohrenärzte sagen: Jeder dritte Jugendliche hat Hörschäden! Viele hören Musik über Kopfhörer oder Lautsprecher mit viel zu hoher Lautstärke. Sie „drehen" so weit „auf", bis ihre Lieblingssongs fast so laut sind wie ein Kompressor.

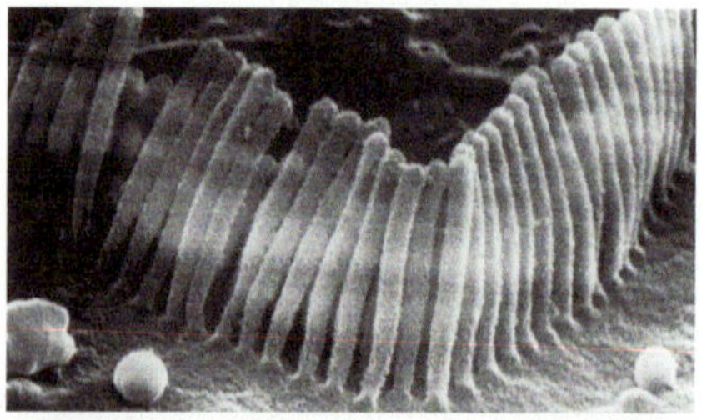
2

3

An keinem Arbeitsplatz in einer lauten Fabrikhalle muss das Gehör so leiden. Dort sind nämlich in der *„Unfallverhütungsvorschrift Lärm"* Höchstwerte für den Schallpegel festgelegt:

In Büros darf der Lärm mit 70 dB(A) dem eines Mofas entsprechen. In Fabriken darf es 85 dB(A) laut sein (wie 30 Mofas). Doch dann müssen *Gehörschützer* bereitliegen. Wer 45 Minuten lang Lärm von 90 dB(A) ertragen muss, braucht 48 Stunden Erholung für seine Ohren! Ohne diese Ruhepause kommt es im Laufe der Zeit zur *Schwerhörigkeit*.

Nur für den Privatbereich gibt es keine Beschränkungen: Jeder ist für seine Gesundheit selbst verantwortlich. Schade nur, dass durch Lärm geschädigte Hörzellen vom Körper nicht erneuert werden können. Bild 2 zeigt die Hörzellen im Innenohr, Bild 3 deren Schädigung durch Lärm.

Doch nicht nur unserem Gehör drohen Gefahren durch zu hohe Schallpegel. Der Lärm geht nämlich am ganzen Körper „unter die Haut":

Die Adern verengen sich, der Blutdruck steigt, die Atmung wird schneller, die Konzentration lässt nach, der Magen schmerzt, man wird nervös und schläft schlecht. Am Ende kann die Lärmbelastung zu *Magenerkrankungen* und zu *Herz-Kreislauf-Erkrankungen* führen.

A1 *Es gibt eine „Unfallverhütungsvorschrift Lärm". Kann es denn durch Lärm zu Unfällen kommen? Erkläre den Zusammenhang.*

A2 *Wieso kann Lärm den ganzen Körper krank machen?*

A3 *Wo gibt es Schilder wie das von Bild 4? Was bedeuten sie?*

4

63104

Aus der Technik: Lärmschutz

Stell dir vor, du sitzt in deinem Zimmer und hast eine schwere Hausaufgabe zu lösen. Das Fenster ist leicht gekippt, Straßenlärm dringt herein.

Vielleicht wirst du das Fenster schließen, um dich konzentrieren zu können. Die Fensterscheiben reflektieren dann – wie die Mauern des Hauses – den größten Teil des auftreffenden Schalls. Der Schall wird so am Eindringen ins Zimmer gehindert. Man nennt diese Art des Schallschutzes *Schalldämmung*.

Bei der Schalldämmung wird der Schall durch Reflexion fortgelenkt.

Eine Glasscheibe dämmt den Schall schon ziemlich gut. Doch dreimal besser dämmt ein spezielles *Schallschutzfenster* (Bild 5) den Schall. Ein solches Fenster schützt genauso gut vor Lärm wie ein 27 cm dickes Mauerwerk!

Harte, schwere und glatte Materialien eignen sich besonders gut zur Schalldämmung.

Bild 6 zeigt eine *Schallschutzwand* aus Betonplatten. Wände aus Stein, Holz oder Glas dämmen den Schall ebenfalls gut.

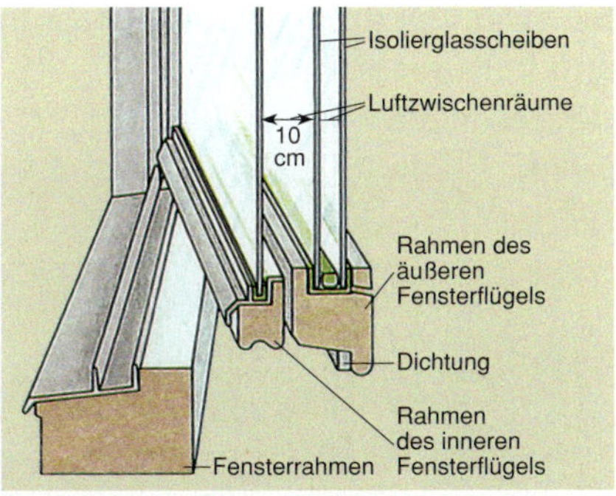

5

Eine ganz andere Art des Schallschutzes ist die *Schalldämpfung*. **Bei der Schalldämpfung werden die Schallwellen von geeigneten Stoffen absorbiert („verschluckt").**

Schalldämpfende Materialien besitzen eine lockere Oberfläche oder viele Poren (wie z. B. Schaumstoffe). Ein bekanntes Beispiel für dieses Schallschutzverfahren ist der *Schalldämpfer eines Autos*:

Zwischen Motor und Auspuff befinden sich ein oder zwei „Töpfe" (Bild 7). So nennt der Mechaniker hier die Schalldämpfer. Sie bestehen innen aus mehreren Kammern, die mit Glas- oder Steinwolle angefüllt sind. Die Schallwellen vom Motor dringen in alle Ecken dieser Kammern. Sie werden dabei immer wieder reflektiert, sodass sie sich schließlich in den Poren der Füllung „verlaufen". Die Lautstärke nimmt deutlich ab: Aus Schallenergie entsteht dabei Wärme.

Bei der Schalldämpfung wird der Schall also nicht nur an der Ausbreitung gehindert, sondern auch teilweise „vernichtet".

6

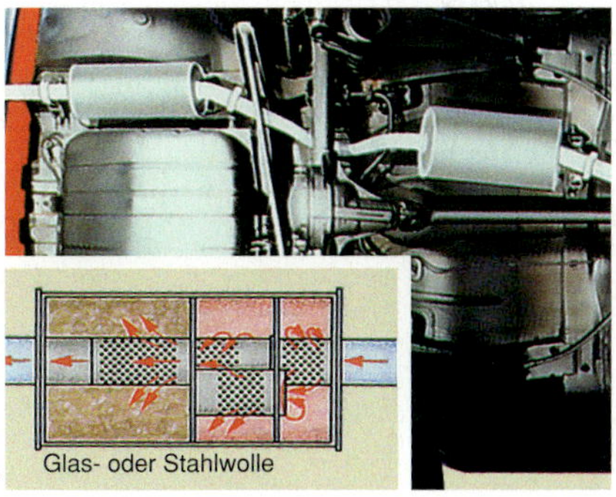

7

A1 *Bild 8 zeigt ein Beispiel für Schalldämmung und ein Beispiel für Schalldämpfung. Erkläre den Unterschied zwischen beiden Arten des Schallschutzes.*

A2 *Welche Materialien sind besonders gut zur Schalldämpfung geeignet?*
Gib dafür eine Begründung.

8

A3 *Der Schalldämpfer eines Autos kann im Laufe der Zeit durchrosten und Löcher bekommen.*
Wie wirken sich die Löcher aus?

A4 *Auspuffrohre und Schalldämpfer sind nicht an die Autokarosserie angeschraubt. Vielmehr hängen sie an Gummiringen. Weshalb?*

Projekt Karte und Kompass

Kompass im Einsatz

Steffi, Lena und Sarah machen eine Wanderung. Jeden Tag wollen sie in einer anderen Jugendherberge übernachten.

Gleich am ersten Tag verirren sie sich aber. An einem Steinbruch machen sie Rast. Sie sind etwas beunruhigt, denn nirgends finden sie ein Hinweisschild zur Jugendherberge *Torfhaus*.

Zum Glück haben die Mädchen **Wanderkarte** und **Kompass** mit. Sie schlagen die Karte auf (Bild 1) und beraten sich.

„Ich weiß, wie es weitergeht“, meint Lena. „Gib mir mal den Kompass!“ …

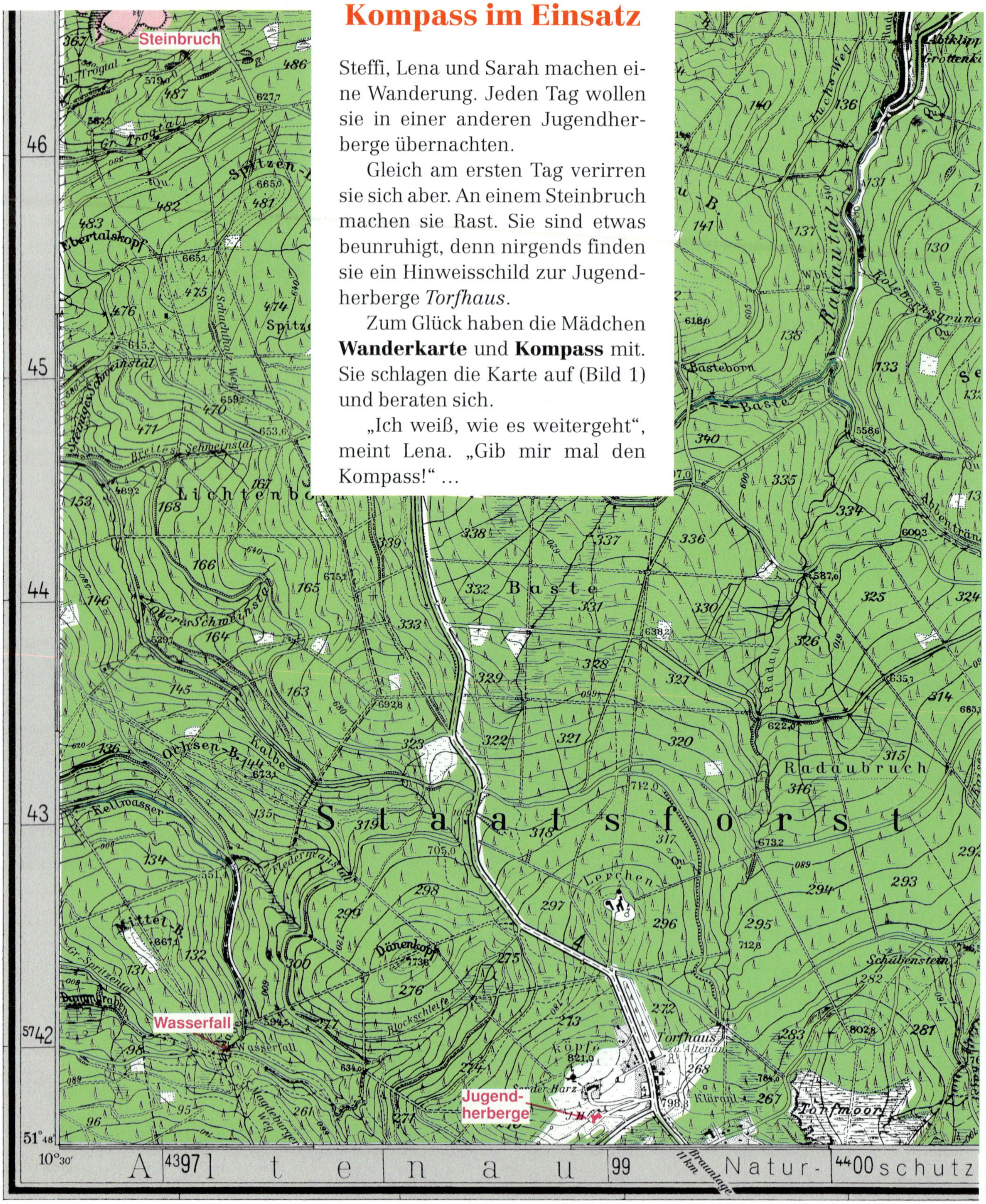

1

62059

Aus der Umwelt: Wie man mit dem Kompass umgeht

So wird die Wanderkarte mit einem runden Kompass „eingenordet“

1. Breite deine Karte – beliebig gedreht – flach aus. (Zum Üben kannst du die Karte auf der Nachbarseite benutzen.)

2. Löse am runden Kompass mit Hilfe des Hebels die fest gestellte Kompassnadel (rechts in Bild 2).

3. Lege den Kompass so auf den seitlichen Kartenrand: N und S genau in Richtung des Randes (Bild 3).

4. Drehe nun die Karte mit dem darauf liegenden Kompass so lange, bis die blaue Nadelspitze genau über der Nordmarkierung der Windrose liegt. Jetzt ist deine Karte *eingenordet*, d. h., am oberen Rand der Karte ist Norden. Die Himmelsrichtungen auf der Karte stimmen überein mit den Himmelsrichtungen in der Landschaft (wie bei Bild 6).

So findest du den richtigen Weg

5. Von deinem Standort auf der Karte aus legst du eine Schnur (ein Lineal, einen Strohhalm oder einen Stab) in Richtung auf dein Ziel.

6. Lege deinen in Nordrichtung zeigenden Kompass auf die Schnur (Bild 4). Anschließend kannst du auf der Windrose deine Wegrichtung ablesen.

So arbeitest du mit einem Wanderkompass (statt mit einem runden Kompass)

Einen Wanderkompass (links in Bild 2) erkennst du daran, dass er eine gerade Anlegekante hat; sie ist oft mit einer Zentimetereinteilung versehen. Der Wanderkompass hat außerdem einen Klappdeckel und eine drehbare Windrose. Beim Aufklappen des Deckels wird der Feststeller automatisch entriegelt.

Das Gehäuse des Wanderkompasses hat Einstellmarkierungen. Drehe die Windrose so, dass ihr N auf die Einstellmarke zeigt (Bild 5). Lege dann den Kompass mit seiner Anlegekante an den Rand der Landkarte. Führe zum Einnorden der Karte Schritt 4 der links stehenden Anleitung durch.

So findest du auf der eingenordeten Karte den richtigen Weg: Lege den Wanderkompass mit seiner Kante an die Schnur (siehe Schritt 5). Drehe die Windrose, bis die Nadel auf N zeigt. Auf der Windrose kannst du dann an der Einstellmarke ablesen, in welche Richtung du gehen musst (Bild 7).

Bei der Karte auf der Nachbarseite müssen die Mädchen etwa in Richtung Südsüdosten gehen. (Zwischen Nordrichtung und Wegrichtung liegen 160°.)

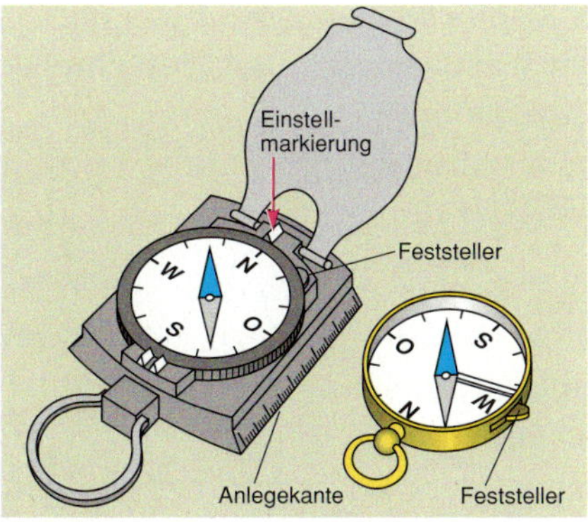

2

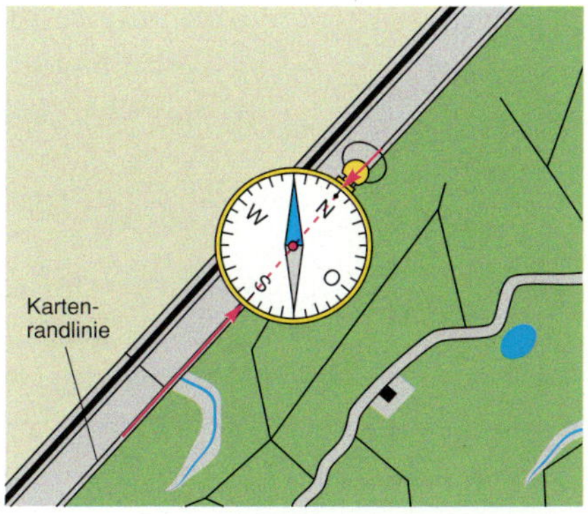

3

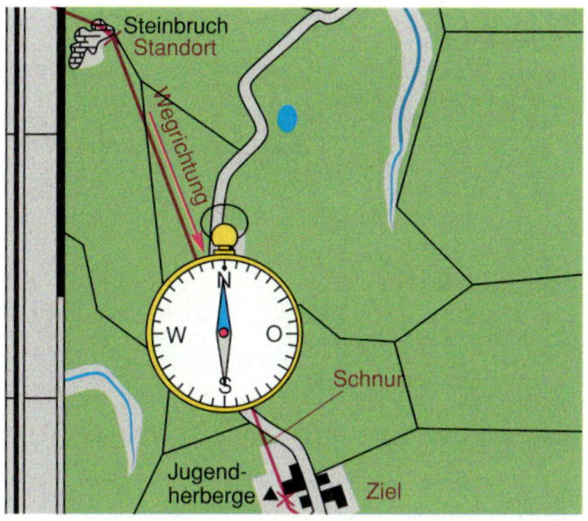

4

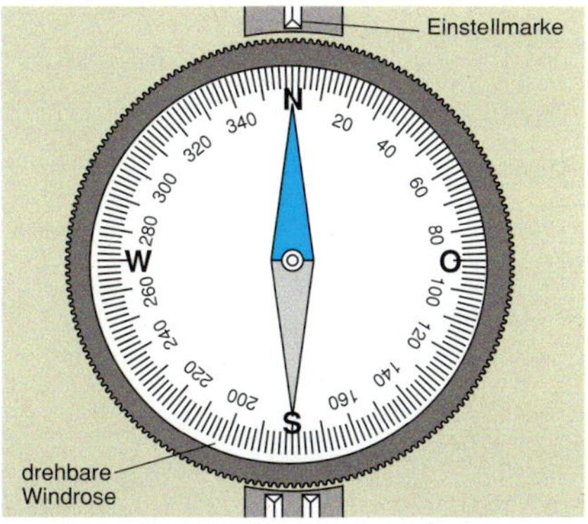

5

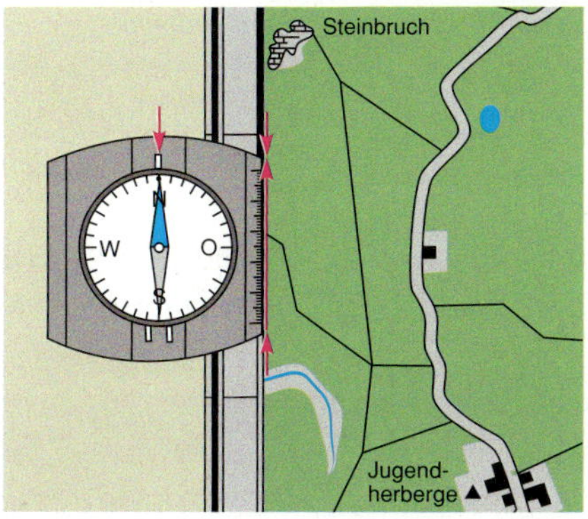

6

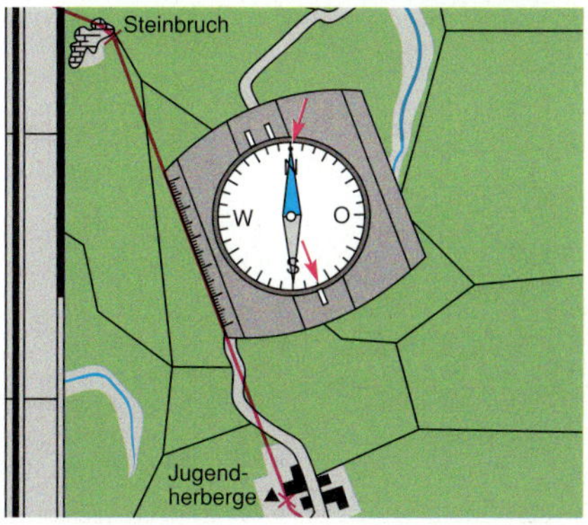

7

Bauanleitung: **MEIKO – wir bauen einen Kompass**

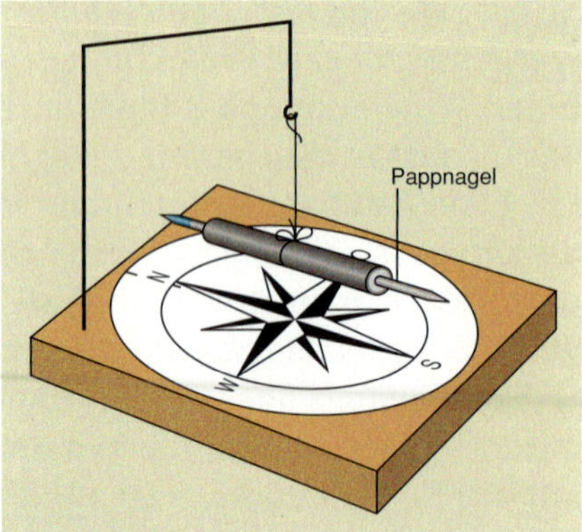

1

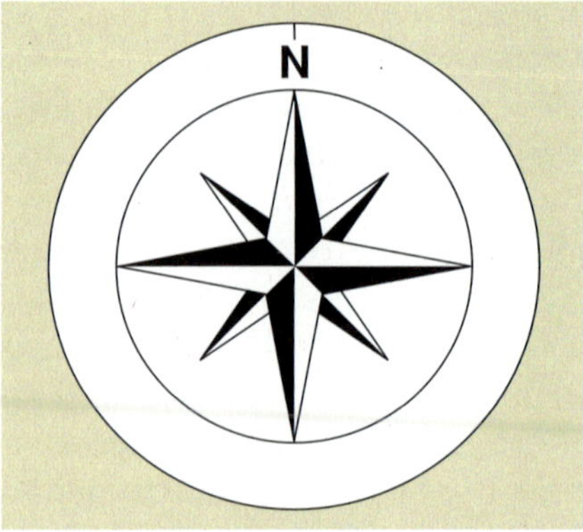

2

Steht auf deinem Schreibtisch bereits ein Kompass?

Wie wär's mit einem selbst gebauten Modell (Bild 1), das es nirgends zu kaufen gibt?

Von diesem Kompass könntest du dann sagen: „Das ist MEIKO (MEIn KOmpass)."

Du brauchst:

1 Stabmagnet, z. B. 5 mm dick, 15 bis 20 mm lang (aus Elektronik-Geschäft);
2 Eisennägel mit flachem, breitem Kopf (z. B. Dachpappnägel), 2 mm dick und 20 mm lang;
1 Holzbrettchen, z. B. 80 mm · 80 mm, 10 mm dick;
1 isolierten Kupferdraht, 20 cm lang, 1,5 mm^2 Querschnitt;
1 Stückchen Nähgarn oder -seide;
1 Windrose (Bild 2).

So wird's gemacht:

1. Übertrage Bild 2 auf ein Blatt Papier und ergänze die fehlenden Himmelsrichtungen.

2. Schneide deine Windrose aus und klebe sie auf das Brett. Die Haupthimmelsrichtungen sollen auf die Mitte der Kanten zeigen.

3. Bohre in einer Ecke des Bretts ein Loch (etwa 2,5 mm Durchmesser). Der Draht soll gerade hineinpassen. Biege ihn zu einer Aufhängung.

4. Knote um den Stabmagneten genau in der Mitte einen Faden Nähgarn.

5. Hänge den Magneten so auf, dass der Magnet 1 cm über der Windrose kreisen kann.

6. Setze auf die Pole des Magneten je einen Nagel. Der Stabmagnet wird so zur Kompassnadel.

7. Wenn sich die Kompassnadel nicht frei drehen kann, musst du den Kupferdraht passend biegen. Falls die Nadel nicht waagerecht hängt, verschiebst du den Knoten am Magneten.

Wenn der Magnet richtig hängt, kannst du den Knoten mit Klebstoff fixieren.

8. Sorge dafür, dass kein Körper aus Eisen oder Stahl in der Nähe liegt. Eine Nagelspitze wird dann dahin zeigen, wo mittags die Sonne steht. Das ist der *Südpol* der Kompassnadel.

Die andere Spitze ist der *Nordpol.* Färbe sie blau (mit einem Folienstift).

A1 *Magnete und Körper, die Eisen enthalten, ziehen einander stark an.*
Die Anziehung ist schwächer, wenn die Gegenstände Nickel enthalten.
Prüfe verschiedene Geldstücke, indem du sie vorsichtig deinem Kompass näherst. Schreibe in einer Tabelle auf, welches Metall die Münzen vermutlich enthalten.

A2 *Das Gestell, an dem beim MEIKO die Magnetnadel hängt, ist aus Kupferdraht gebogen.*
Hättest du es auch aus einer alten Fahrradspeiche biegen können? Begründe deine Meinung.

62058

Aus der Umwelt: Orientierung ohne Kompass

Orientierung nachts

Die Sterne am Himmel bewegen sich nicht. Die Erde aber dreht sich Tag und Nacht um ihre Achse.

Wenn wir nachts den Sternenhimmel beobachten, scheint er sich zu drehen – mit Ausnahme des **Polarsterns**. Die anderen Sterne sehen wir nach einiger Zeit über einer anderen Stelle des Horizonts. Die Bilder 3 u. 4 zeigen den Sternenhimmel im Abstand von 4 Stunden.

Wenn du weißt, welches am Himmel der **Große Wagen** ist, brauchst du nachts keinen Kompass. Du musst nur in Gedanken seine zwei hinteren Sterne verbinden und diese Strecke etwa 5-mal nach links verlängern. Du kommst so zu einem etwas helleren Stern, dem *Polarstern*. Senkrecht unter ihm (am Horizont) liegt die Nordrichtung.

Orientierung am Tag

An sonnigen Tagen kann man die Himmelsrichtungen mit einer Uhr (mit Zeiger) finden. Drehe die Uhr so lange, bis der kleine Zeiger zur Sonne zeigt (Bild 5). In der Mitte zwischen dem Stundenzeiger und der „12" auf dem Zifferblatt liegt die *Südrichtung*.

Im Sommer wird bei uns die Uhr um eine Stunde vorgestellt *(Sommerzeit)*. Im Sommer musst du also beim Bestimmen der Himmelsrichtung nach dieser Methode die „1" benutzen.

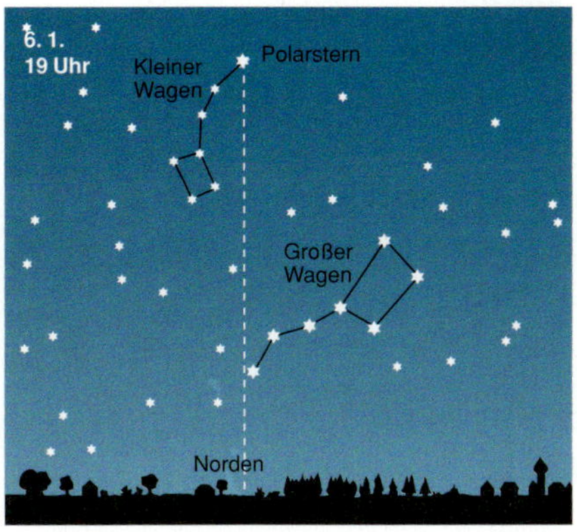

3

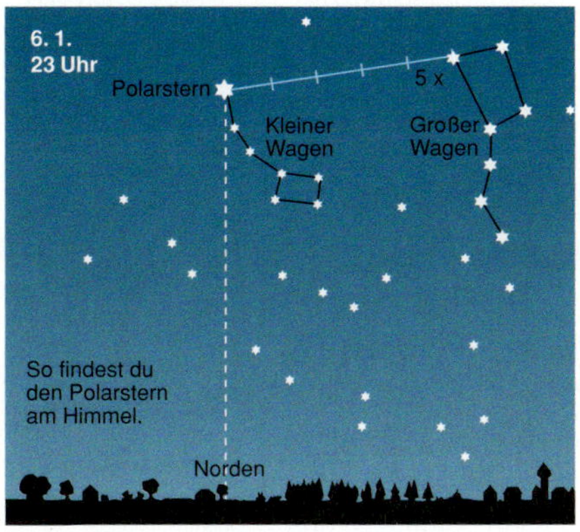

4

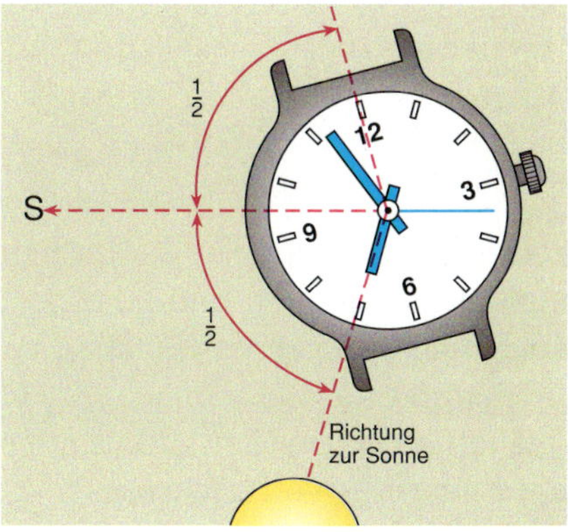

5

A3 *Die Karte auf der vorigen Doppelseite hat den Maßstab 1:50000. Das bedeutet: 1 cm auf dieser Karte entspricht 50 000 cm = 0,5 km in der Natur.*

a) *Zwei Kilometer von der Jugendherberge entfernt steht ein Sender. In welcher Himmelsrichtung?*

b) *In welche Richtung müssen die Mädchen vom Torfhaus aus gehen, wenn sie zu dem nahe gelegenen Wasserfall wollen?*

c) *In welcher Richtung liegt (von dem Wasserfall aus gesehen) der Steinbruch?*

A4 *Bild 6 zeigt einen Autokompass. Wo geht's nach Norden?*

A5 *In welcher Himmelsrichtung liegt (von deinem Platz aus gesehen) die Mitte der Tafel?*
Wie kommt es, dass einige Mitschüler andere Ergebnisse haben?

6

A6 *Nehmt nun eure Kompasse und geht mit ihnen auf den Schulhof. Dort könnt ihr für ein „Geländespiel" üben:*
Jeder bestimmt mit dem Kompass die Richtung zu irgendwelchen weit entfernten Zielen (z. B. Kirchturm, Baum, Schornstein).
Die Richtungen, die ihr feststellt, werden notiert und später miteinander verglichen.

A7 *Auch ohne Kompass kann man die Himmelsrichtungen bestimmen – jedenfalls grob. Helfen können dir dabei z. B. tagsüber die Sonne und nachts die Sterne.*
Aber auch die Bauweise alter Kirchen oder die Flechten und Moose an Bäumen können bestimmte Richtungen verraten …
Welche Möglichkeiten kennst du? Beschreibe!

Wir bauen Feuermelder

Dieser automatische Feuermelder arbeitet mit einem Bimetallstreifen (Bild 1). Wenn es in der Nähe des Melders zu heiß wird, biegt sich der Bimetallstreifen und schließt einen Stromkreis.

Ein Summer macht auf das Feuer aufmerksam. Mit einer Schraube lässt sich einstellen, bei welcher Temperatur der Stromkreis geschlossen werden soll.

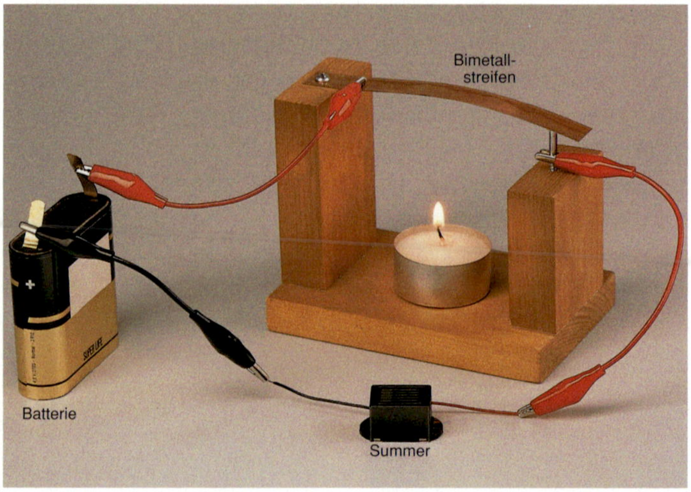

1

Setzt euch in Gruppen zusammen, um einen Feuermelder aufzubauen und zu erproben. Überlegt euch auch, was sich verbessern lässt. Wo gibt es Probleme?

Benutzt für alle Versuche als elektrische Energiequellen nur Batterien, Akkus oder Netzgeräte mit einer Spannung von höchstens 6 V.

V1 *Baut einen automatischen Feuermelder mit einem Bimetallschalter. Wie ihr kostenlos zu Bimetallschaltern kommen könnt, steht auf der rechten Seite.*

V2 *Bei Hitze verbiegen sich nicht nur Bimetallstreifen. Wachs schmilzt, Fäden verbrennen …*

Die Bilder 2 u. 3 sollen euch Anregungen zum Bau einfacher Feuermelder geben. Vielleicht erfindet ihr aber auch einen ganz anderen Feuermelder.

Materialliste für den Bau von Feuermeldern

Ihr braucht:
1 Bimetallstreifen oder Starter für Leuchtstofflampen (siehe Bauanleitung auf der rechten Seite),
1 Lämpchen mit Fassung,
1 Summer,
1 Batterie oder Netzgerät,
1 Kerze oder Teelicht,
1 durchbohrten Korken,
1 Luftballon,
1 Glasrohr (rechtwinklig gebogen),
1 leere Getränkedose,
Holzreste (z. B. Leisten),
Nägel, Holzschrauben,
Fäden, Holzleim, Klebstoff,
Verbindungsleitungen mit Krokodilklemmen.

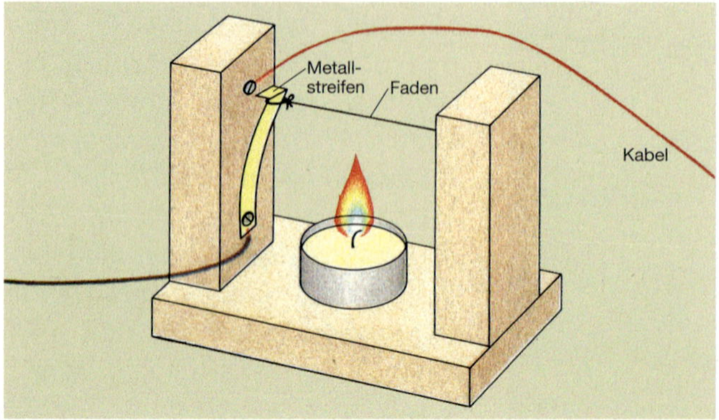

2

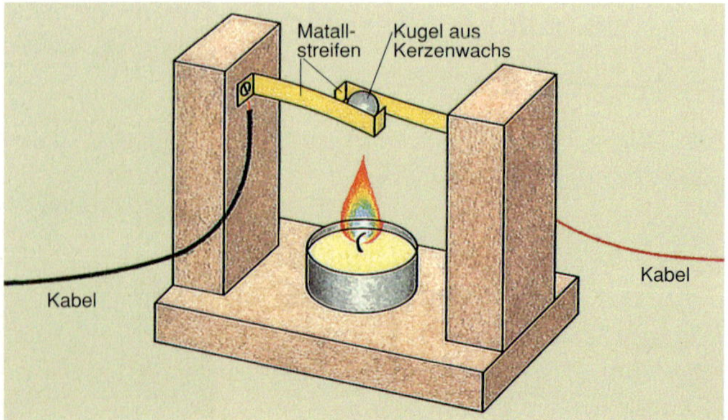

3

63551

Bauanleitung: **Bimetallschalter bekommt man geschenkt!**

Bimetallschalter könnt ihr beim Hausmeister eurer Schule oder beim Elektriker geschenkt bekommen. Fragt sie nach alten *Startern für Leuchtstofflampen.* Entfernt das Gehäuse des Starters von seiner Bodenplatte (Bild 4). Im Innern findet ihr einen Glaskolben und ein weiteres Bauteil. Dieses Bauteil wird nicht benötigt, ihr könnt es abtrennen. Nur die Drähte des Glaskolbens bleiben mit der Bodenplatte verbunden.

Der Glaskolben wird in ein Papiertaschentuch gewickelt. Zerschlagt dann den oberen Teil des Glaskolbens *vorsichtig* mit einem Hammer. Faltet das Papier auseinander und nehmt die Bodenplatte mit dem Bimetallschalter heraus. Das Papier mit den Glassplittern kommt in den Müll.

Die scharfen Bruchkanten werden mit Klebstoff eingestrichen, damit sich niemand an ihnen verletzt.

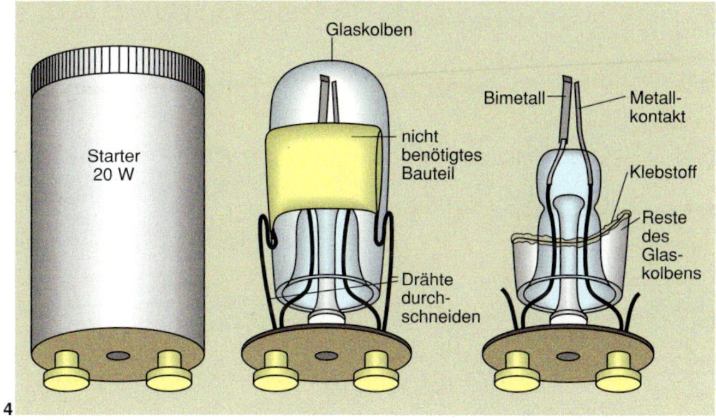

4

Bei Zimmertemperatur dürfen sich die Kontakte des Bimetallschalters nicht berühren (evtl. etwas biegen). Wenn du den Kontakt *über* eine Flamme hältst, schließt sich der Schalter.

Automatische Feuerlöscher

Wenn im Kaufhaus ein Feuer ausbricht, wird es sofort automatisch mit Wasser gelöscht. Als einfaches Modell lässt sich solch ein automatischer Feuerlöscher leider nicht nachbauen. Oder vielleicht doch? Hier die Ideen von zwei „kleinen Erfindern“:

V1 *Streichhölzer und Kerzen pustet man aus. Mit der Vorrichtung von Bild 5 kann eine kleine Flamme automatisch ausgepustet werden.*
Das Ende des Glasrohrs wird mit flüssigem Kerzenwachs (Stearin) verschlossen. Dann stellt man ein Teelicht unter das Glasrohr – und wartet.
Baut ein solches Modell und probiert es aus.
Überlegt, ob sich das Verfahren zum Löschen eines größeren Feuers eignen würde.
Könnte man den Ballon auch mit Wasser füllen?

V2 *In den Boden einer leeren Getränkedose wird ein kleines Loch gestochen. Das Loch verschließt ihr mit flüssigem Kerzenwachs (Bild 6).*
Die Dose wird mit Wasser gefüllt und auf ein Stövchen gestellt – mit dem Loch über der Flamme. Nach kurzer Zeit müsste doch eigentlich …
a) *Probiert diese Vorrichtung aus. Gebt auch eine Erklärung für das Versuchsergebnis.*
b) *Wer hat weitere Ideen für den Bau von automatischen Feuerlöschern?*

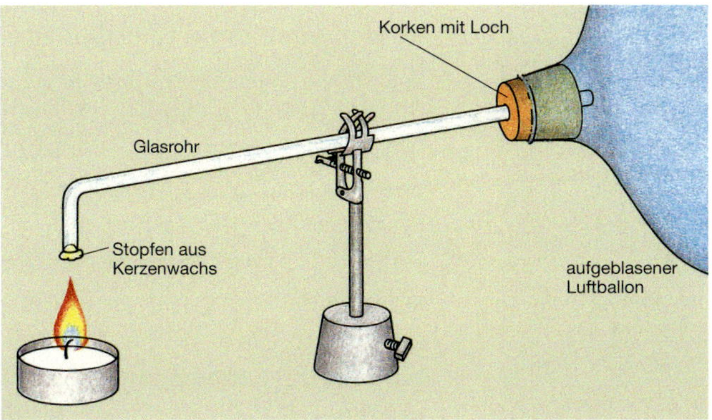

5

6

Projekt Windräder

Vom Wind und wie man ihn misst

1

2

An der Nordseeküste stehen inzwischen einige Tausend Windräder (Bild 3). Sie sind die modernen Nachfolger der Windmühlen.

Windmühlen nutzten die Energie des Windes, um Korn zu mahlen oder Wasser zu pumpen. Heute baut man Windräder, um Dynamos anzutreiben. Auf diese Weise kann man Windenergie in elektrische Energie umwandeln. Und Wind gibt's kostenlos ...

Vielleicht stehen Windräder in deiner Heimat. Oder bläst der Wind bei euch nicht stark genug? Wann lohnt es sich überhaupt, eine solche „Energiemühle" aufzustellen? Kann man sie als Modell selbst bauen?

Wie du siehst, hat das Thema „Elektrische Energie aus Windenergie" nicht nur mit dem Fach Physik zu tun. Manche Fragen gehören zur Erdkunde, Geschichte, Wirtschaftslehre oder Technik.

Deshalb bietet es sich an, das Thema in Form eines *Projekts* zu behandeln. Ein Merkmal dieser Arbeitsweise ist, dass Teibereiche des Themas in Gruppen erarbeitet werden (Bilder 1 u. 2). Die folgenden Fragen und Aufgaben sollen euch Anregungen geben, in welche Bereiche ihr das Thema „Elektrische Energie aus Windenergie" einteilen könnt.

3

Anregungen zum Thema Windräder:

- ○ Wie misst man Windstärken?
- ○ Wie stark weht der Wind in verschiedenen Gegenden Deutschlands?
- ○ Wir bauen einfache Windmessgeräte.
- ○ Welche Typen von Windmühlen gibt es?
- ○ Wir bauen und vergleichen einfache Windräder.
- ○ Wir erzeugen Strom mit unseren Windrädern.
- ○ Welche Bauarten moderner Windräder gibt es?
- ○ Wie viel Energie steckt eigentlich im Wind?

Zu all diesen Themen findet ihr Hilfen auf den folgenden Seiten. Weitere Anregungen für die Projektarbeit:

- ○ Besorgt euch auch Bücher über die Nutzung der Windenergie aus der Leihbücherei und sammelt Material z. B. von Umweltorganisationen.
- ○ Führt ein Interview mit einem Müller oder dem Energieberater der Stadtwerke (Elektrizitätswerke). Überlegt euch vorher eure Fragen und zeichnet das Gespräch mit einem Kassettenrekorder auf.
- ○ Falls ihr meint, eure Arbeiten seien besonders gut gelungen, solltet ihr eine kleine Ausstellung für die ganze Schule durchführen.

63553

Info: Die Windstärken

Der Wetterbericht meldet: „Der Wind weht aus Nordwest mit Stärke sechs.“ Was bedeutet die Angabe *Stärke sechs?*

Die Wetterforscher auf der ganzen Erde benutzen zur Angabe der Windstärke eine Skala von 0 bis 12. Die Skala hat der Engländer *Francis Beaufort* im Jahr 1806 für die Segelschifffahrt aufgestellt.

Bei Windstärke 1 lässt sich ein Schiff mit vollen Segeln gerade noch steuern. Ab Windstärke 6 wird die Segelfläche verkleinert. Man sagt dazu: „Die Segel werden *gerefft*“. Bei Windstärke 11 werden alle Segel eingeholt.

Mit dem Aufkommen der Dampfschiffe wurde die Beaufort-Skala abgewandelt: Die Einteilung der Windstärken erfolgte nach Höhe und Form der Meereswellen.

Man nutzt also die *Wirkungen des Windes,* um seine Stärke einzuschätzen. Später wurde Beauforts Tabelle auch für den Wind über Land erweitert. Mit Hilfe der Beaufort-Tabelle kannst du Windstärken und Windgeschwindigkeiten schätzen.

4

5

Wetterforscher benutzen zur Bestimmung der Windgeschwindigkeit ein Messgerät (Bild 4). Die Schalen dieses Windmessers drehen sich bei stärkerem Wind immer schneller. Die Windgeschwindigkeit wird immer in 10 m Höhe gemessen.

Bei einer Windgeschwindigkeit von mehr als 90 Kilometer pro Stunde (oder 25 Meter pro Sekunde) solltest du möglichst im Haus bleiben. Sonst könnten dir herabfallende Ziegel und Äste oder umstürzende Bäume gefährlich werden. Bild 5 zeigt Schäden durch einen Sturm der Stärke 10.

A1 *Sammelt Zeitungsausschnitte mit Berichten und Bildern von Schäden, die durch Wind verursacht wurden.*

Windstärke	Symbol	Bezeichnung	Windgeschwindigkeit	Auswirkungen
0	◎	Windstille	bis 1 km/h	Rauch steigt senkrecht nach oben
1		leichter Zug	1 bis 5 km/h	Rauch steigt schräg empor, Blätter bewegen sich nicht
2		leichte Brise	6 bis 11 km/h	Wind im Gesicht spürbar, Blätter säuseln
3		schwache Brise	12 bis 19 km/h	Blätter und dünne Zweige bewegen sich
4		mäßige Brise	20 bis 28 km/h	Wind bewegt Zweige sowie dünne Äste und hebt Staub und loses Papier hoch
5		frische Brise	29 bis 38 km/h	kleine Bäumchen schwanken, Schaumkronen auf See
6		starker Wind	39 bis 49 km/h	starke Äste bewegen sich, Drähte beginnen zu pfeifen, Regenschirme kaum noch zu halten
7		steifer Wind	50 bis 61 km/h	Bäume bewegen sich, Gehen gegen den Wind schwierig
8		stürmischer Wind	62 bis 74 km/h	Zweige brechen von Bäumen, Gehen stark behindert
9		Sturm	75 bis 88 km/h	Dachziegel lösen sich, Äste brechen ab
10		schwerer Sturm	89 bis 102 km/h	Bäume werden entwurzelt, größere Gebäudeschäden
11		orkanartiger Sturm	103 bis 117 km/h	überall große Schäden
12		Orkan	ab 118 km/h	schwere Verwüstungen

Aus Umwelt und Technik: Der Wind bläst, wie er will ...

An manchen Tagen herrscht völlige *Windstille,* meist jedoch bewegt sich die Luft etwas und spielt mit den Blättern der Bäume. Bei einer *frischen Brise* schwanken schon kleine Bäume. Bei *Sturm* sehen wir, wie viel Energie im Wind stecken kann: Autos können umgekippt, Bäume entwurzelt und Dächer abgedeckt werden. Ein *Orkan* zerstört alles, was ihm im Weg steht und nicht fest genug gebaut ist.

Mit Hilfe der Beaufort-Tabelle (→ Vorseite) kannst du Windstärken oder Windgeschwindigkeiten schätzen – durch Beobachtung von Blättern, Zweigen und Ästen. Dabei musst du allerdings bedenken, dass die Windgeschwindigkeit immer in 10 m Höhe in freiem Gelände gemessen wird. Auch die Angaben in der Tabelle gelten für diese Höhe. In Bodennähe ist die Windgeschwindigkeit stets kleiner.

Mit einem Kompass kannst du die Windrichtung bestimmen. Der Wind bekommt seinen Namen immer von der Richtung, *aus* der er kommt. Der Westwind weht also aus Westen.

Die Bilder 2 u. 3 zeigen, wie du einfache Geräte zur Windmessung selbst bauen kannst. Der Wind bleibt selten über längere Zeit gleich, sondern er ändert sich oft innerhalb von Sekunden. Der Wind ist eben nicht berechenbar und auch nicht zu beeinflussen. Er bläst, „wann und wo und wie er will".

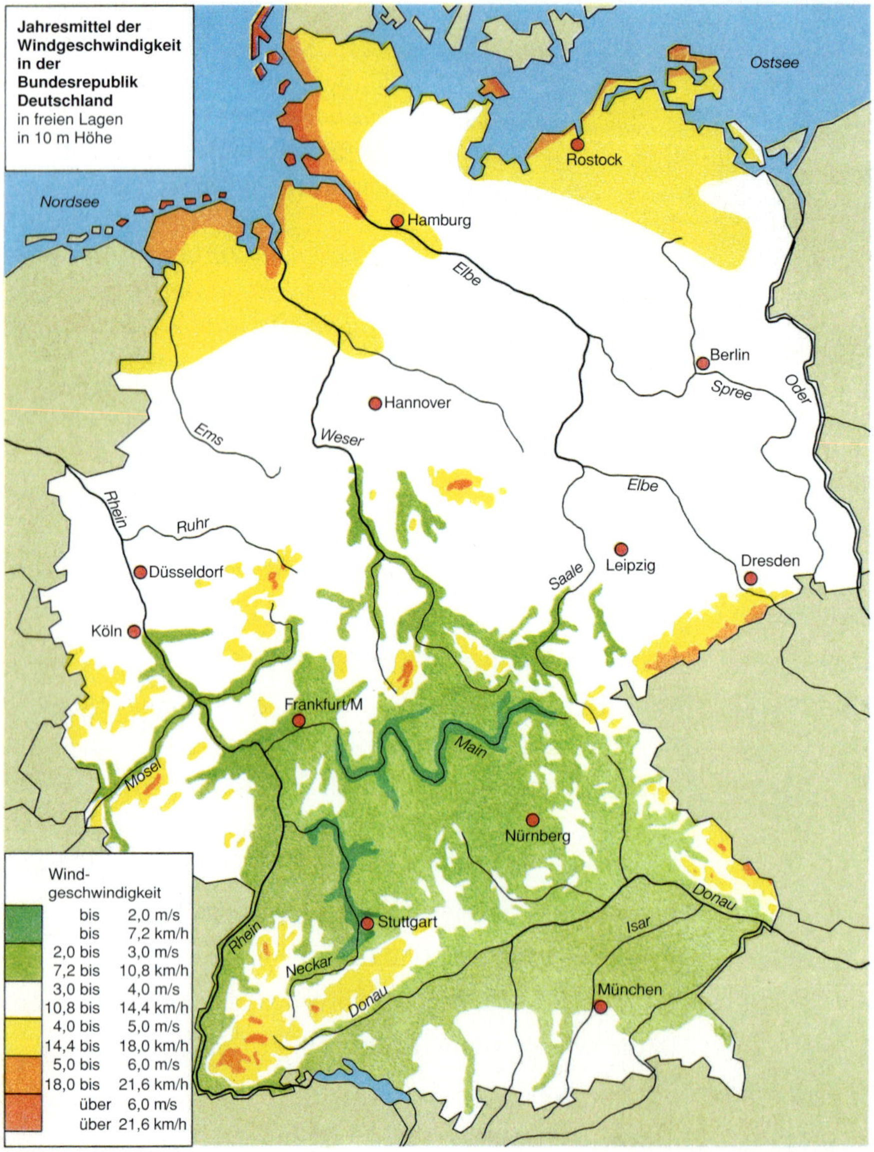

1

Die Windkarte

Aus Erfahrung kennt man einige *Windregeln,* die fast immer stimmen:

- An der Küste bläst der Wind stärker als im Binnenland.
- Je höher man auf Berge steigt, desto stärker weht der Wind.
- Bei uns in Deutschland gibt es häufig Westwinde. Sie kündigen meist unbeständiges Wetter an.

Seit über 100 Jahren sammelt der *Deutsche Wetterdienst (DWD)* in Offenbach die täglichen *Wetterdaten:* Lufttemperatur, Luftdruck, Luftfeuchtigkeit, Niederschläge, Bewölkung, Windrichtung und Windstärke.

Wie hoch im Durchschnitt die Windgeschwindigkeit in den einzelnen Regionen Deutschlands ist, zeigt die *Windkarte* (Bild 1).

Aus dieser Karte kann man z. B. ablesen, wo eine durchschnittliche Windgeschwindigkeiten von mehr als 18 km/h (also wenigstens Windstärke 3) zu erwarten sind. Die Gebiete sind orange und rot gefärbt. Nur dort lohnt es sich, Windräder aufzustellen und elektrische Energie zu erzeugen.

63555

Bauanleitung: **Windplatte und Windfahne**

Mit der *Windplatte* lässt sich die Windstärke feststellen.

Ihr benötigt:
1 Leiste, etwas Pappe, 1 Stricknadel, 1 Trinkhalm und 1 Korken.

So wird's gemacht:
Baut die Windplatte nach Bild 2 auf. Überlegt, wie ihr das Gerät mit einer Skala für die Windstärken versehen könnt.

Wie ließe sich zusätzlich erreichen, dass sich die Windplatte von selbst in den Wind stellt?

Die *Windfahne* gibt die Windrichtung an und zeichnet sie auf Papier auf.

Ihr benötigt:
1 Grundbrett, etwas Pappe, 1 Stricknadel, 1 Trinkhalm und 1 Bleistift.

So wird's gemacht:
Bild 3 zeigt, wie die Windfahne gebaut wird. Alle benutzten Teile werden mit Heißkleber verbunden.

Die Halterung für den Bleistift könnt ihr aus den Kappen von verbrauchten Filzstiften herstellen.

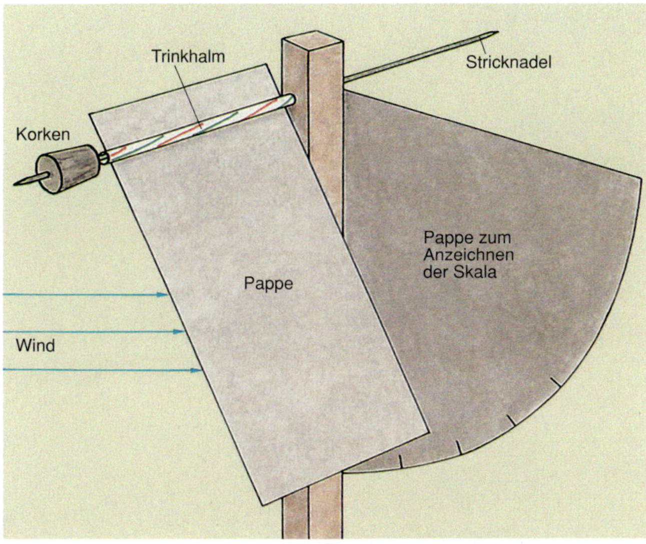

2

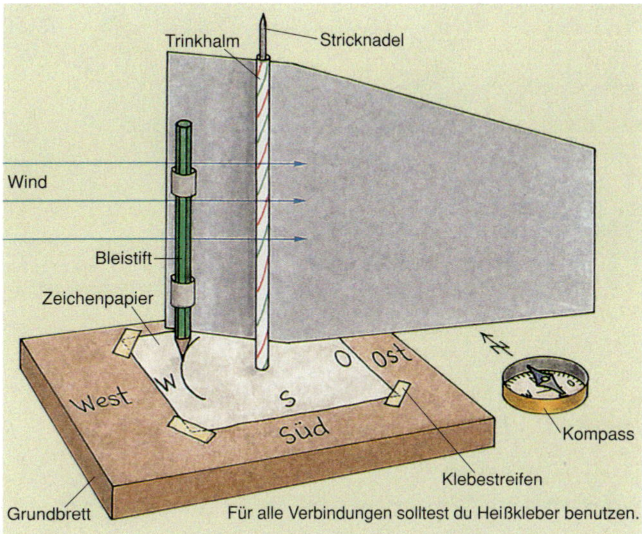

3

Die folgenden Aufgaben eignen sich für Gruppenarbeit im projektorientierten Unterricht

A1 *Schätzt mehrmals am Tage zu festgelegten Zeiten die Windstärke. Ermittelt auch die Windrichtung und schätzt, wie stark die Bewölkung ist. Stellt eure Beobachtungen mit den Zeichen dar, die in Wetterkarten verwendet werden (Bild 4).*

A2 *Vergleicht die Wettervorhersagen von Rundfunk oder Fernsehen mit denen in der örtlichen Tageszeitung. Überprüft, ob sie für euren Wohnort stimmen.*

A3 *Welche Wetter- und Windregeln kennt ihr? Fragt auch Landwirte oder Segelflieger nach einfachen Wetterregeln und schreibt sie auf.*

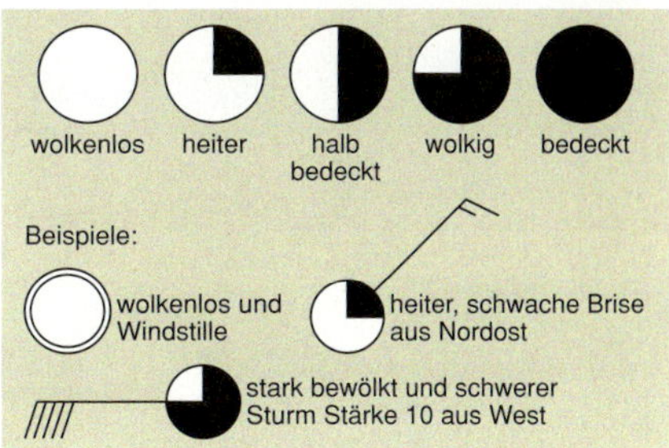

4

5

A4 *Erkundet, wo in eurer Heimat Windsäcke aufgestellt sind (Bild 5). Was können sie anzeigen? Welche Aufgaben erfüllen sie?*

A5 *Lies aus der Windkarte (Bild 1) ab: In welchen Gegenden Deutschlands könnte es sich lohnen, die Windenergie zur Energiegewinnung zu nutzen?*

Windmühlen, Windräder, Windgeneratoren

Aus der Geschichte: Windmühlen

Die Energie des Windes nutzten zuerst die Seefahrer. Um 300 v. Chr. fuhren schon Segelboote auf dem Nil. Es ist nicht sicher, ob es damals bereits Windmühlen gab, um Wasser zu pumpen oder Korn zu mahlen. Da man sich auf den Wind nicht verlassen kann, setzte man für diese Arbeiten lange Zeit die Kraft von Tieren und Menschen (Sklaven) ein.

1

2

Überliefert ist, dass um 900 n. Chr. in Persien mit Windenergie Mühlsteine gedreht wurden, um Korn zu mahlen. In Europa gibt es seit dem 12. Jahrhundert Windmühlen. Wegen der symmetrischen Gewichtsverteilung besitzen fast alle Windmühlen vier Flügel.

Die Mühle auf Bild 1 ist aus Holz gebaut und steht drehbar auf einem pyramidenförmigen Bock – ebenfalls aus Holz. Man nennt sie daher *Bockwindmühle*. Je nach Windrichtung dreht der Müller das ganze Mühlenhaus an einem langen Balken (dem „Stert“) von Hand in den Wind.

Im 17. Jahrhundert setzt sich eine in Holland erfundene Bauweise durch: Das Mühlengebäude ist aus Stein gemauert und bleibt fest stehen, nur die „Kappe“ mit den Flügeln wird von Hand gedreht. Man spricht von einer *Kappenwindmühle*.

Damit der Müller die Kappe bequem drehen kann, führt oft ein Balkon – die Galerie – um das Mühlenhaus herum (Bild 2). Solche Mühlen heißen *Galerie-Holländer*. Sie werden benutzt um Korn zu schroten oder zu mahlen, Wasser zu pumpen, Holz zu sägen, Gewürze oder Raps (für Öl) zu mahlen.

63557

3

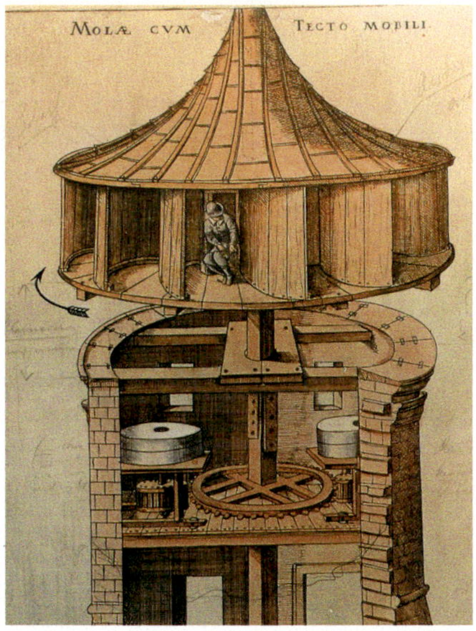

4

5

In etlichen Ländern rund ums Mittelmeer stehen heute noch *Segelstangen-Windmühlen* (Bild 3).

Häufig ist ihre Kappe nicht drehbar, weil der Wind in vielen Ländern beständiger aus einer Richtung weht als bei uns.

Bild 4 zeigt den Entwurf für eine *Horizontal-Windmühle* aus dem Jahr 1615 (das Windrad mit seiner senkrechten Achse dreht sich horizontal). Die runden Windschaufeln haben Ähnlichkeit mit einer modernen Wasserturbine.

Der *„Tjasker“* auf Bild 5 ist eine kleine Windmühle aus den Niederlanden. Er wurde ausschließlich zum Pumpen von Wasser eingesetzt. Die Flügel sind direkt mit einer „archimedischen Schraube“ (in dem Holzrohr) verbunden.

Die folgenden Aufgaben eignen sich für Gruppenarbeit im projektorientierten Unterricht.

A1 *Beschreibt die Besonderheiten der verschiedenen Mühlentypen. Wie wurde ihre Leistung an wechselnde Windstärken und -richtungen angepasst? Welche Mühlenantriebe gibt es noch – außer Wind?*

A2 *Wenn nicht gemahlen wurde, benutzten viele Müller die Flügel zur Übermittlung von Nachrichten. Bild 6 zeigt einige Beispiele. Erkundigt euch, ob es etwas Ähnliches auch bei euch gab.*

A3 *Wo es eine Mühle gab, durfte kein Bauer sein Getreide von Hand mahlen. Er wurde vom jeweiligen Landesherrn gezwungen die Mühle zu benutzen. Gab es auch in deiner Heimat solchen Mühlenzwang? Wo lassen die Bauern heute ihr Korn mahlen?*

A4 *Sammelt Geschichten und Sagen aus eurer Heimat, in denen Mühlen oder Müller eine Rolle spielen.*

A5 *Möller, Miller, Möhlmann, Mylius, …*
Sucht nach Familiennamen, die etwas mit Mühlen zu tun haben.

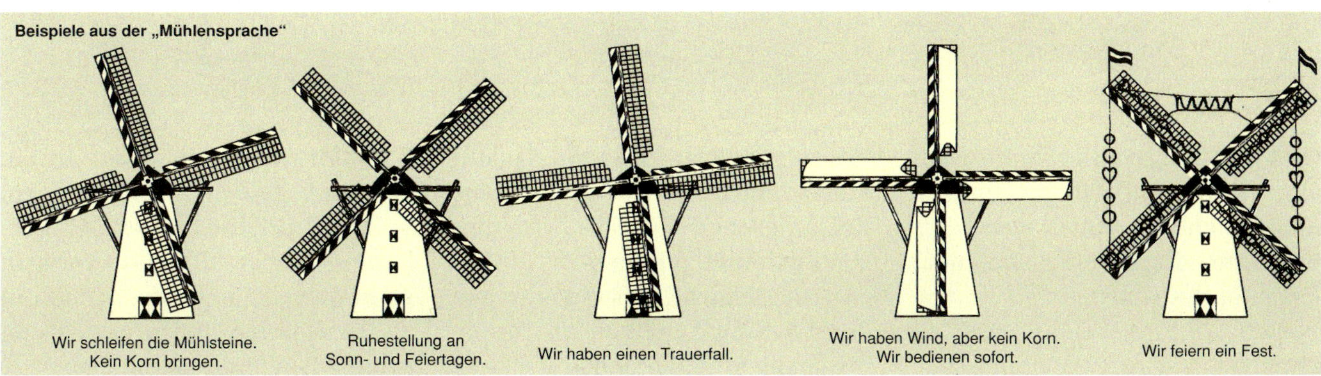

6

Bauanleitung: **Windräder**

Verschiedene *Windräder* könnt ihr aus einfachen Materialien leicht selbst herstellen.

Ihr braucht:
1 Holzleiste, 1 m lang, Querschnitt: 1 cm · 2 cm,
1 Stricknadel (21 cm lang),
Papier, Pappe, Korken, Joghurtbecher und Getränkedosen, Leim oder Klebstoff, Heißkleber, Reißzwecke.

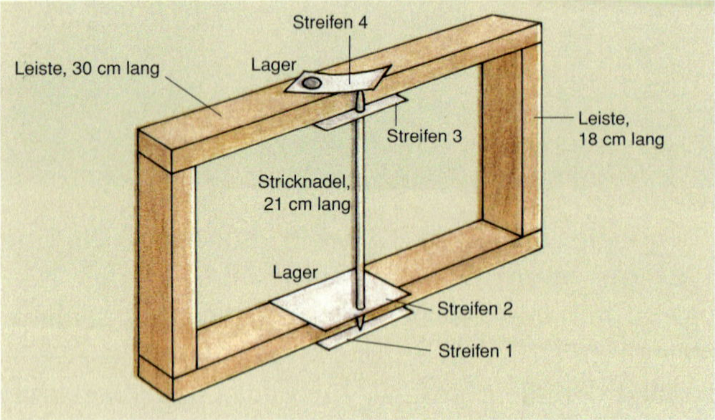

1

So wird's gemacht:
Um eure Modelle vergleichen zu können, solltet ihr als Achsen gleich lange Stricknadeln verwenden. Wichtig ist auch, dass sich die Achsen leicht und ohne viel Reibung in den Lagern drehen.

Alle Windräder sollten in den gleichen *Rahmen* passen. Er wird aus Leisten mit Leim oder Klebstoff zusammengefügt (Bild 1). Für alle übrigen Verbindungen eignet sich Heißkleber aus einer Klebepistole.

In die Mitte der langen Seiten kommen die *Lager* für die Achse. Schneidet dazu vier Streifen aus einem Joghurtbecher. Die Streifen 1 und 2 für das untere Lager werden fest verklebt. Beim oberen Lager wird nur der Streifen 3 geklebt. Den Streifen 4 befestigt ihr mit einer Reißzwecke. So könnt ihr ihn zur Seite drehen und die Achse einsetzen oder austauschen.

Schließlich müsst ihr noch mit einem heißen Nagel in die Streifen 2 und 3 je ein Loch schmelzen. Vorsicht, benutzt dabei eine Zange!

Die Bilder 2–8 geben Anregungen für den Bau verschiedener Windräder.
Vielleicht fallen euch noch ganz andere Bauweisen ein.
Wenn jeder ein Windrad baut, könnt ihr später ihre Eigenschaften testen und vergleichen.

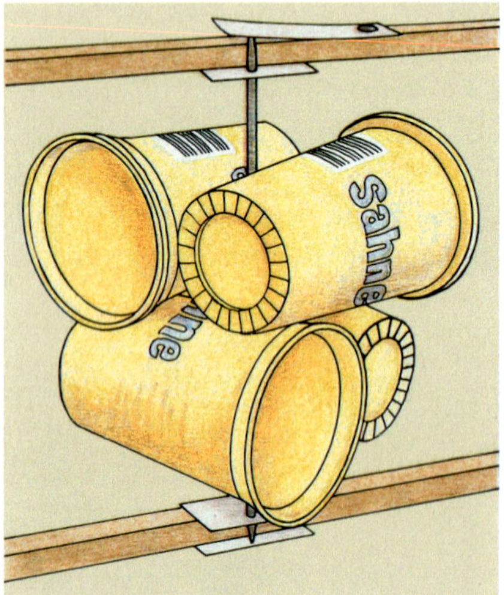
2

Dieses Windrad (Bild 2) wird aus vier Kunststoffbechern zusammengeklebt. Geeignet sind auch halbierte Tischtennisbälle oder Esslöffel aus Kunststoff.

Das Windrad sieht dann so ähnlich aus wie ein Windmesser.

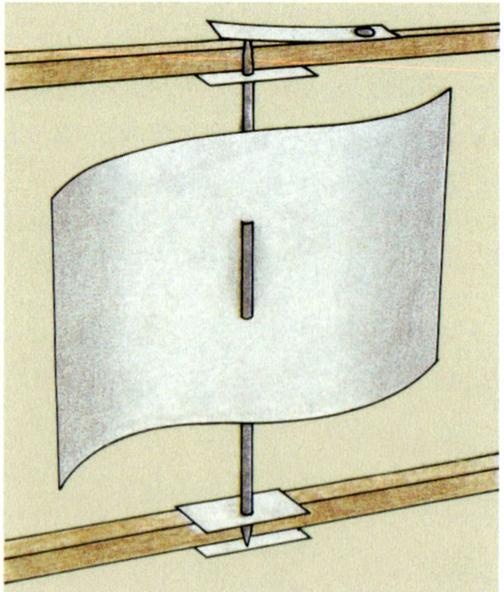
3

Ein solches Windrad (Bild 3) sieht man manchmal als rotierendes Reklameschild. Es lässt sich besonders einfach bauen.

Das Windrad besteht nur aus einer S-förmig gebogenen Pappe, durch die man die Achse steckt.

4

Aus Getränkedosen könnt ihr ein Windrad bauen, dessen Form 1920 in Finnland von *Savonius* erfunden wurde (Bild 4). Vorsicht beim Durchschneiden der Dose!

Die Ränder sind scharf. Bittet eventuell jemanden um Hilfe.

63559

5
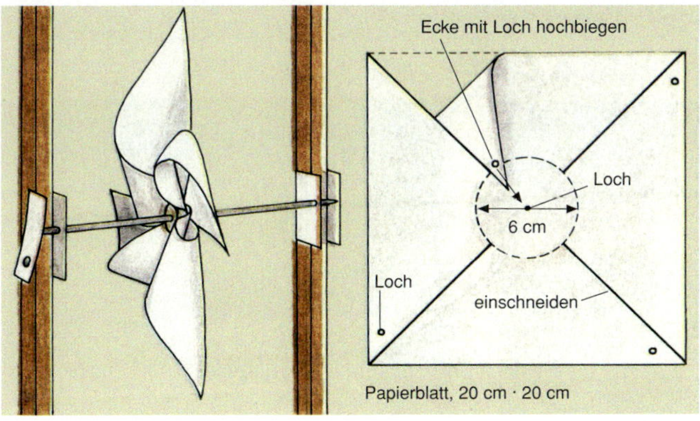

6

Windmühlen wie die von Bild 5 gibt es auch als Spielzeug. Man schneidet sie aus einem quadratischen Stück Papier oder Pappe (ca. 20 cm · 20 cm).

Die gelochten Zipfel werden hochgebogen, übereinander gelegt, auf die Achse gesteckt und dort mit Heißkleber befestigt.

Mit einem Messer wird ein Korken ringsum schräg eingeschnitten. Die Flügel werden aus einem Joghurtbecher gefertigt. Heißkleber hält das Ganze zusammen (Bild 6). Falls das Windrad nicht „rund" läuft, muss es durch Abschneiden der Flügelenden ausgewuchtet werden.

7
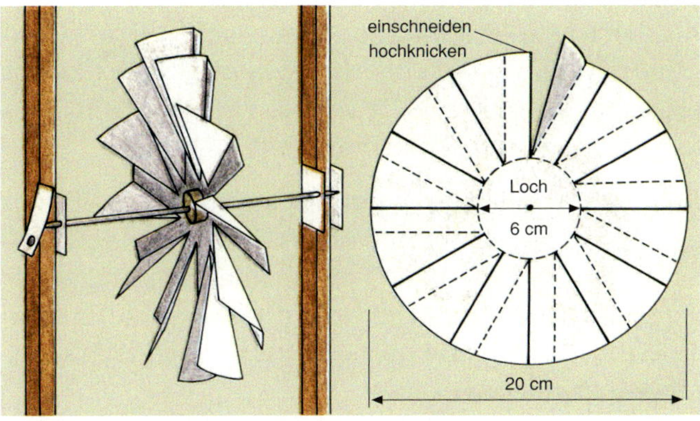

8
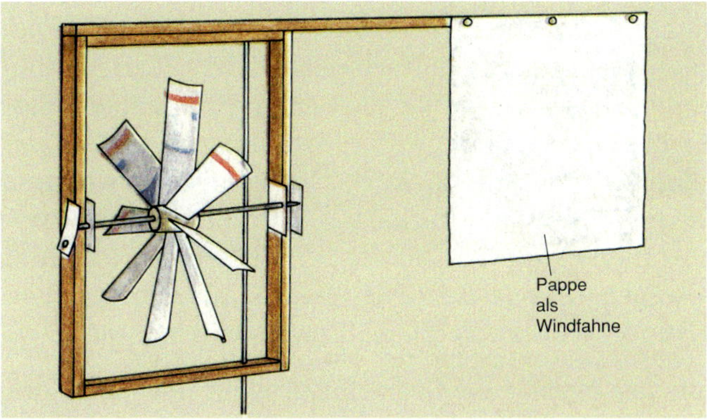

Diese zwölfteilige *Windturbine* (Bild 7) wird aus Pappe geschnitten und zwischen zwei Scheiben aus Kork geklebt. Solche Windturbinen standen früher in Nordamerika auf jeder Farm zum Pumpen von Wasser oder zur elektrischen Energieversorgung.

Wenn ihr eine Windfahne an den Rahmen klebt und das Ganze auf eine zweite Achse steckt (Bild 8), dreht sich euer Windrad von selbst in den Wind.

Das „feste" Lager muss auf der gleichen Seite wie die Windfahne liegen.

Info: Warum sich Windräder drehen

Wenn der Wind auf ein Hindernis trifft, übt er auf das Hindernis eine Kraft aus.

Bei einem windschnittigen Hindernis ist die Kraft gering. Das ist z. B. der Fall, wenn der Wind auf die gewölbte Seite einer Halbkugel bläst. Trifft er von vorn in eine offene Halbkugel, ist die Kraft groß.

9
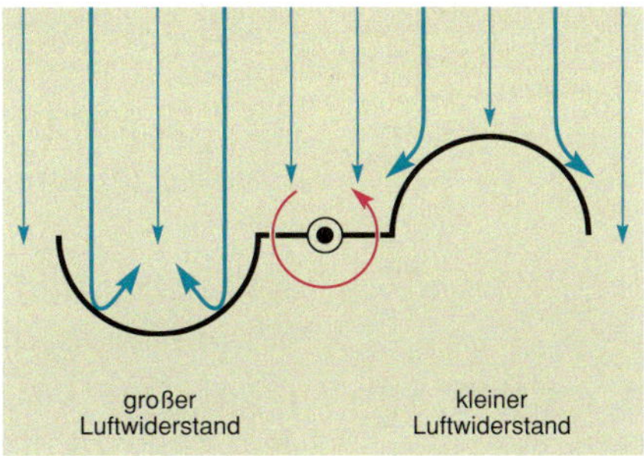

Bild 9 zeigt den Unterschied am Beispiel eines Windmessers.

Bei vielen Windmühlen sind Flächen als „Hindernisse" *schräg in den Wind* gestellt sind. Der Wind wird dadurch aus seiner Richtung abgelenkt. Diese Umlenkung des Windes setzt das Hindernis „rückwärts" in Bewegung.

Aus Umwelt und Technik: Elektrische Energie aus Windenergie

1

2

3

Schon vor mehr als 100 Jahren liefen auf vielen Farmen in Amerika Windturbinen (Bild 1). Man pumpte damit Grundwasser auf die Felder. Und man erzeugte elektrische Energie für den Eigenbedarf, wenn man vom Elektrizitätswerk zu weit entfernt wohnte.

Ein besonderer Vorteil der amerikanischen Windturbine ist, dass sie bereits bei Windstärke 1 anläuft – wegen ihrer großen Flügelfläche. Aus dem gleichen Grund wird sie von einem Sturm leicht zerstört.

An der Nord- und Ostseeküste weht der Wind das ganze Jahr über – im Durchschnitt herrscht wenigstens Windstärke 3. Das reicht aus, um mit Windrädern große Dynamos (Generatoren) zu drehen, die elektrische Energie erzeugen (Bild 2).

An der Küste und anderen windreichen Orten sind Windräder mit zwei oder drei *Propeller-Flügeln* weit verbreitet. Ihre Flügel sind 7 bis 15 m lang und drehen sich automatisch in den Wind.

Keine Rolle spielt die Windrichtung bei dem nach seinem Erfinder benannten *Heidelberg-Rotor* (Bild 3). Seine Flügel sind wie die Tragflächen eines Flugzeugs geformt. Solche Rotoren liefern elektrische Energie ab Windstärke 3 und müssen erst bei Windstärke 11 abgestellt werden.

Seit 1991 arbeiten Heidelberg-Rotoren in den bayerischen Alpen und am Südpol. Sie haben bereits Temperaturen von −55 °C und Stürme mit mehr als 220 km/h ohne Schaden überstanden.

Die folgenden Aufgaben eignen sich für Gruppenarbeit im projektorientierten Unterricht.

A1 *Bild 4 zeigt, dass die Windgeschwindigkeit in unterschiedlichen Höhen nicht gleich ist (gemessen an einem Sendemast). Was bedeutet das für die Flügel eines großen Windrads? Wie schützt man Windräder bei Sturm?*

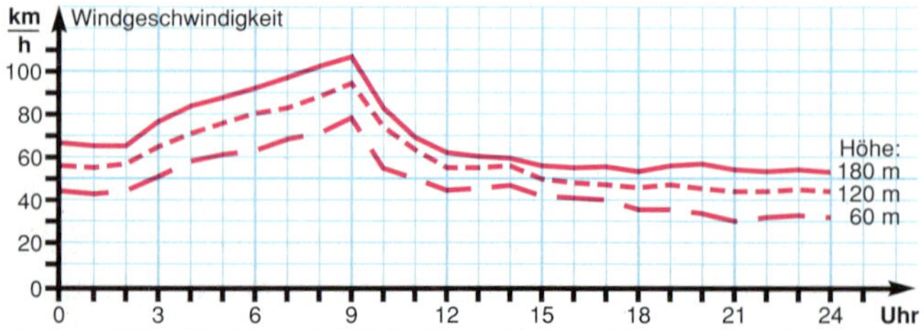

4 Durchschnittliche Windgeschwindigkeiten in verschiedenen Höhen an einem Sturmtag

A2 *Fragt bei eurem Elektrizitätswerk nach: Plant oder betreibt es Windenergieanlagen?*
Fragt nach den Vor- und Nachteilen und den Kosten.

A3 *Um ein Kohlekraftwerk zu ersetzen, sind 2500 Windräder wie in Bild 2 nötig. Überlegt die Folgen.*

A4 *Windräder laufen nicht geräuschlos und sie benötigen möglichst gleichmäßigen Wind. Deshalb plant man vor den Küsten große Windanlagen im Meer. Erkundigt euch danach.*

63561

Bauanleitung: **Wir bauen ein kleines Windkraftwerk**

Ob die von euch gebauten Windräder einen kleinen Generator antreiben können? Zum Ausprobieren benötigt ihr einen passenden Dynamo. Ein Fahrraddynamo ist leider völlig ungeeignet, denn er lässt sich zu schwer drehen.

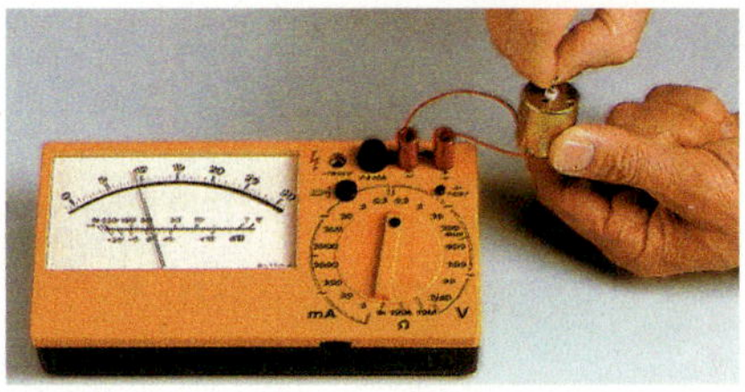

5

Für das Windrad ist ein *Solarmotor* der geeignete Dynamo. Nanu, wirst du jetzt wohl denken, wieso ein Motor? Im Prinzip kann jeder Elektromotor als Generator verwendet werden. Man muss nur die Motorwelle mit der Hand drehen. Dabei führt man dem Motor Energie zu und er gibt elektrische Energie ab.

Die Spannung, die der kleine *Solardynamo* erzeugt, lässt sich dadurch verändern, dass man die Welle schneller oder langsamer dreht. Du kannst es mit einem Messgerät ausprobieren (Bild 5).

Bild 6 zeigt, wie ihr das Windrad umbauen müsst: Der Solardynamo wird am festen Lager des Windrads befestigt (Bild 7). Seine Achse wird mit der Achse des Windrads durch ein Stückchen Schlauch verbunden (Schrumpfschlauch oder Ventilgummi).

Achtet darauf, dass beide Achsen auf einer Linie liegen und nicht verkantet sind. Prüft, ob sich die Achse des Dynamos mitdreht, wenn das Windrad läuft.

Jetzt fehlt nur noch die Verbindung zu einem empfindlichen elektrischen Messgerät. Stellt euer kleines Elektrizitätswerk in den Wind und beobachtet den Zeiger des Messgeräts.

6

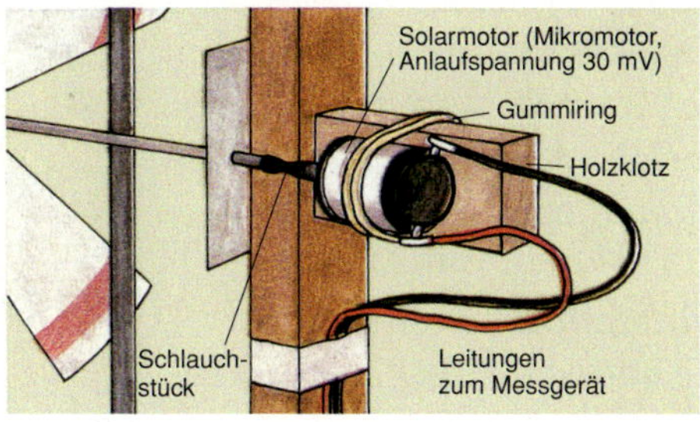

7

Info: **Wie viel Energie steckt im Wind?**

Wie viel Energie im Wind steckt, hängt von seiner Geschwindigkeit ab. Bei doppelter Windgeschwindigkeit strömt in jeder Sekunde achtmal ($2 \cdot 2 \cdot 2$-mal) so viel Energie vorbei. Bei dreifacher Windgeschwindigkeit ist es die 27fache ($3 \cdot 3 \cdot 3$-mal) Energie!

Beispiel: Trifft der Wind mit einer Geschwindigkeit von 15 km/h (Windstärke 3) senkrecht auf eine $1\,m^2$ große Fläche, so würde die Windenergie ausreichen, um *eine* 50-Watt-Lampe leuchten zu lassen.

Bei Windstärke 7 ist die Windgeschwindigkeit viermal so groß (60 km/h). Auf die gleiche Fläche wird nun so viel Energie übertragen, wie man für 64 Lampen ($4 \cdot 4 \cdot 4$-mal) oder für drei Staubsauger braucht.

Außerdem ist die Größe der Fläche wichtig, auf die der Wind trifft. Je größer sie ist, umso besser. Bei jedem Windrad in Bild 2 reicht Windstärke 6, um 100 Einfamilienhäuser mit elektrischer Energie zu versorgen (theoretisch sogar für 300 Häuser).

Projekt Einfache Musikinstrumente

Zupfinstrumente – selbst gebaut

Die Zither war früher in der Hausmusik sehr beliebt.

Du kannst dir leicht einfache Zupfinstrumente selber bauen.

1

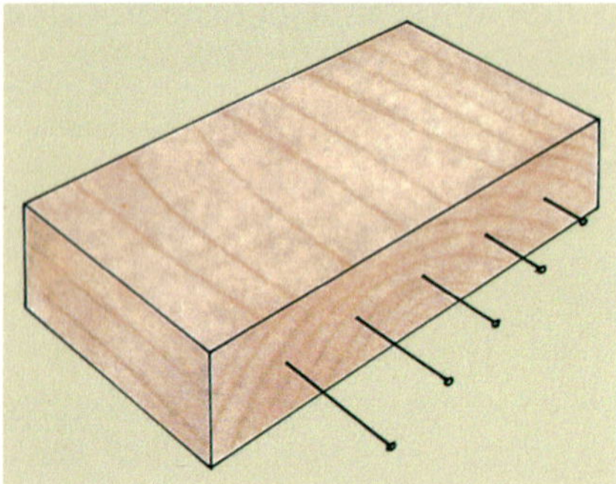
2

V1 *Du brauchst lange Stecknadeln, wie sie zum Dekorieren verwendet werden. Schlage sie vorsichtig in ein Stück Holz (Bild 2). Zupfe mit dem Daumen an ihren Enden.*
*Wenn du diese **„Nadelzupfe"** gegen eine Tischplatte oder eine Tür drückst, wird der Klang viel lauter.*

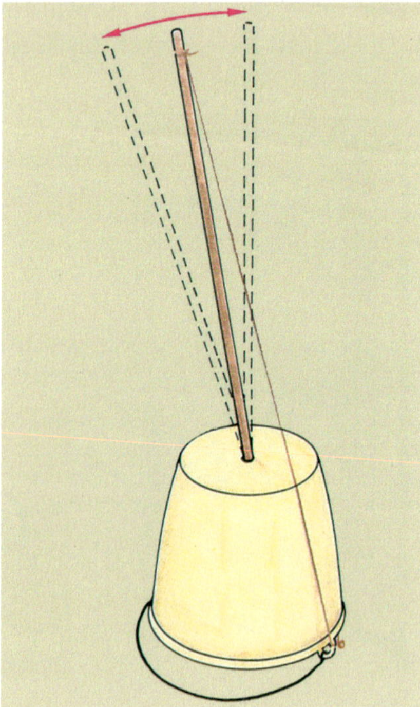
3

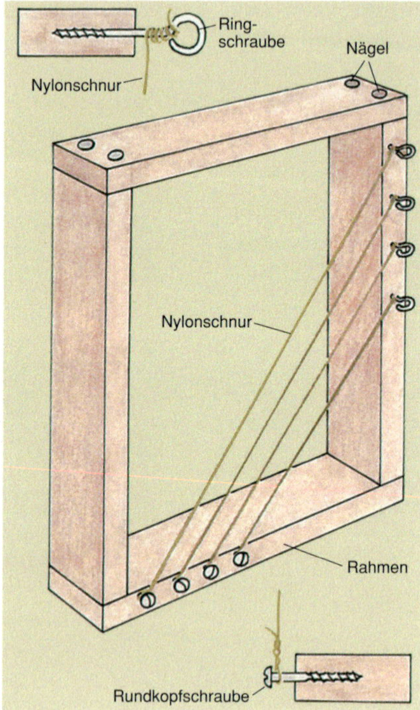

4

V2 *Spanne Gummiringe unterschiedlicher Dicke und Länge über eine Eiscreme- oder Tiefkühldose. Wenn du an den Gummiringen zupfst, klingt dieses Instrument ähnlich wie eine **Gitarre**.*

V3 *Aus einem Eimer und einem Besenstiel (oder aus einer Leiste) kannst du auf einfache Weise einen **Zupfbass** bauen (Bild 3). Als Saite eignet sich ein Nylonfaden, z. B. eine Angelschnur.*
Durch Neigen des Holzes kann die Saite unterschiedlich straff gespannt werden.
Musiker zupfen aber nicht nur die Saiten eines Kontrabasses – sie streichen sie mit einem Bogen. Leider lässt sich solch ein Bogen nicht so leicht basteln; er muss nämlich mit Pferdehaaren bespannt werden.

V4 *Aus Holzleisten (Dachlatten) wird ein Rahmen zusammengenagelt. Zwischen den Rundkopfschrauben und den Ringschrauben werden Nylonfäden gespannt (Bild 4). Sie sind die Saiten dieser **Harfe**. Damit das Holz nicht splittert, sollten die Löcher für die Schrauben vorgebohrt sein (Hilfe von Erwachsenen). Mit den Ringschrauben kannst du die Spannung der Saiten ändern.*

Schlaginstrumente – selbst gebaut

5

Auf solch einem Schlagzeug zu spielen – wäre das nicht auch für dich ein Traum?

Sicher wird es dir Spaß machen, eines der folgenden *Schlaginstrumente* selbst zu bauen.

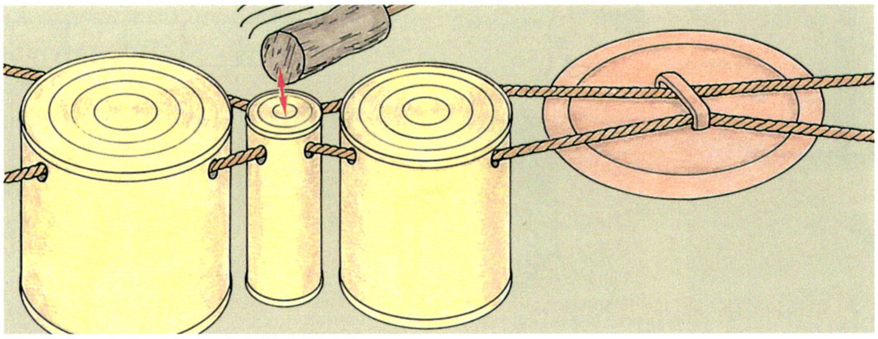
6

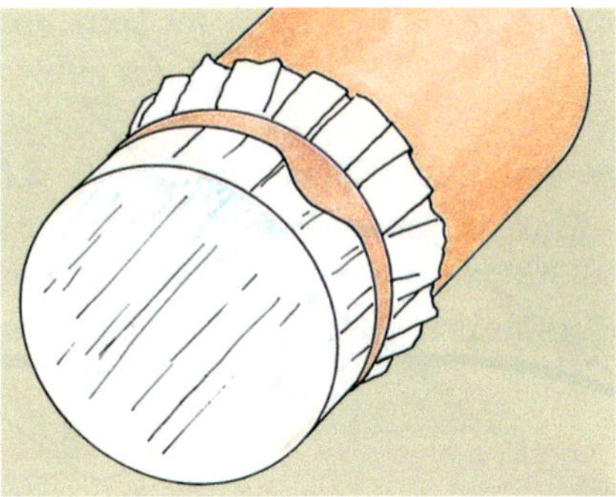
7

V1 *Du brauchst Dosen in unterschiedlicher Größe. Stich jeweils vier Löcher in ihren Außenmantel nahe am Boden. Hänge die Dosen sowie einen oder mehrere Topfdeckel an zwei dicken Bindfäden auf (Bild 6) – und fertig ist dein* ***Schlagzeug****.*
Aus einem Rundholz und einer angebohrten Holzkugel kannst du dir einen ***Schlägel*** *basteln. (Anstelle der Holzkugel kannst du auch einen großen Flaschenkorken nehmen.)*

V2 *Besorge dir Abschnitte von verschieden dicken Papprohren (z. B. von Teppichrollen). Auch Dosen mit glattem Rand sind geeignet.*
Ziehe die Folie einer Plastiktüte straff über die Öffnung. Befestige sie mit dem Gummiring von einem Einkochglas (Bild 7). Spiele die ***Trommel*** *mit dem Schlägel von V 1 oder – ganz vorsichtig am Rand – mit den Fingerspitzen.*

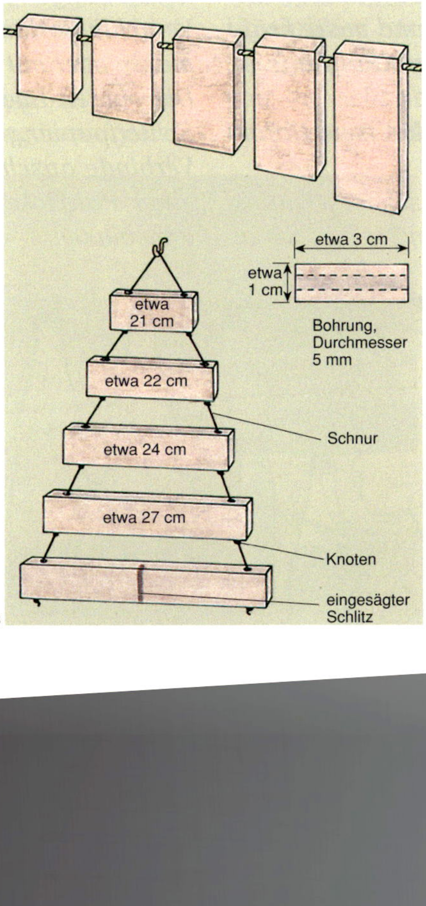

8

V3 *Hänge unterschiedlich hoch gefüllte Sprudelflaschen an Fäden auf – und du hast ein einfaches* ***Xylophon****. Schlage es an.*

V4 *Bild 8 zeigt dir zwei weitere Bauanleitungen für ein hängendes* ***Xylophon****.*
Am besten lässt du dir von einem Erwachsenen helfen die Löcher in die Holzleisten zu bohren. Von den schmalen Seiten her ist das nämlich gar nicht so einfach.
Angeschlagen wird das Xylophon mit dem Schlägel von V 1.
Wie ändert sich die Tonhöhe beim Spielen, wenn du das Holz vorher in der Mitte eingesägt hast?
Hast du eine Erklärung dafür?

Sonnenenergie fürs Haus – ein erster Überblick

Fast die Hälfte unseres Energiebedarfs entsteht,
weil wir Häuser und Wohnungen heizen sowie Wasser erwärmen müssen.
Zum Heizen wird vor allem Öl, Kohle, Holz und Erdgas verwendet.
Die Bilder 1–4 zeigen, wie man Sonnenenergie zum Heizen und Erwärmen benutzen kann.

1

Der **Wintergarten** wird von der Sonne beheizt.

2

Mit den **Sonnenkollektoren** wird Wasser erwärmt.

3

4

Dieses Haus wird über die Fassade geheizt. Bild 3 zeigt die **Energiewand** in „Sommerstellung". In Bild 4 wird im ersten Stockwerk geheizt, nicht im Erdgeschoss.

Ihr könnt das Projektthema „Sonnenenergie" in Unterthemen aufteilen und dann gruppenweise arbeiten. Die folgende Aufstellung soll euch einige Anregungen geben.

- Sonnenenergie beim Wintergarten
- Bau eines Sonnenkollektors
- Wie funktioniert eine Energiewand?
- Sonnenöfen – ideal für Entwicklungsländer?
- Welche Probleme gibt es, wenn man mit Öl, Kohle oder Erdgas heizt?
- Zusammenstellen von Tipps, wie man Energie beim Heizen, Kochen und Duschen sparen kann

Zu den ersten vier Unterthemen findet ihr Hilfen auf den folgenden Seiten.

Hier noch einige **Tipps zur Projektarbeit**:

- Besorgt euch Prospekte und Broschüren über Sonnenkollektoren, Wintergärten, Nutzung von Sonnenenergie, Energiesparen beim Heizen ... (von Umweltbehörden, Energieunternehmen, Stadtwerken und Installateuren).
- Fragt Besitzer von Solar-Heizungsanlagen; vielleicht könnt ihr ein „Interview" aufzeichnen.
- Vielleicht bereitet ihr in eurer Schule eine Ausstellung zum Thema „Sonnenenergie fürs Haus" vor.

61138

Wintergärten nutzen die Sonnenenergie

Bauanleitung: **„Wintergärten" für Pflanzenwachstum in der kalten Jahreszeit**

Ihr braucht:
Schuhkarton oder Margarinebecher,
Plastikfolie (klar) und Gummiring,
schwarze Pappe und ein Thermometer.

So wird's gemacht:
Die Bilder 5 u. 6 zeigen zwei Möglichkeiten, wie ihr „Wintergärten" für Versuchszwecke basteln könnt.

Statt eines Glasdachs wird eine durchsichtige Plastikfolie verwendet.

Das Thermometer müsst ihr durch ein kleines Loch der Seitenwand schieben.

Die schwarze Pappe wird so zugeschnitten, dass sie auf den Boden des „Wintergartens" gelegt werden kann. Sie kann als Ersatz für schwarze Blumenerde dienen.

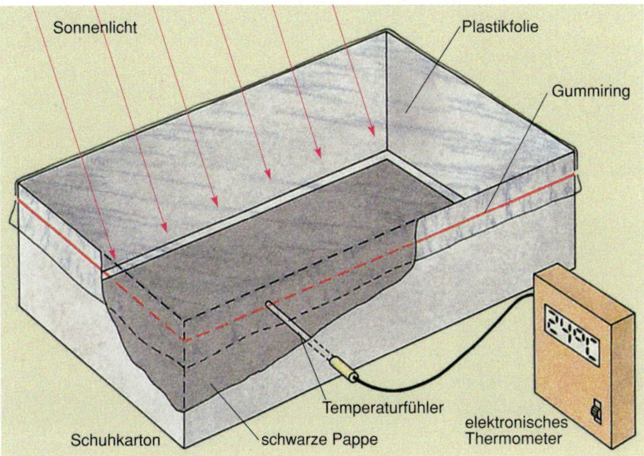

5

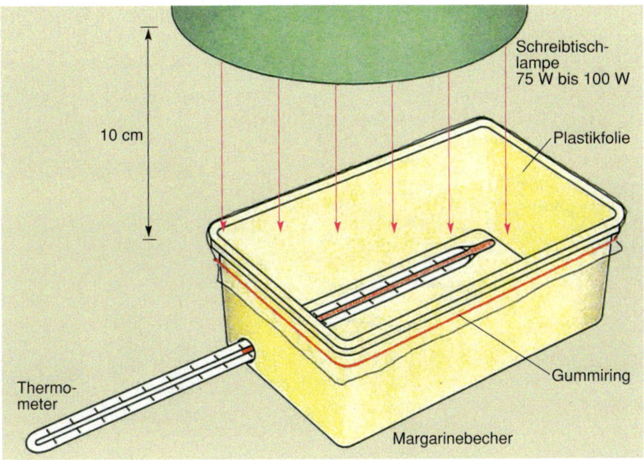

6

Bevor ihr Versuche mit den „Wintergärten" durchführt, solltet ihr eine Tabelle anlegen (→ Muster).

V1 *Der Schuhkarton (Bild 5) wird als „Wintergarten" in die Sonne gestellt. Die Dose (Bild 6) könnt ihr auch unter eine Lampe legen. Lest die Temperatur nach $2\frac{1}{2}$, 5, 10, 20 Minuten ab.*

V2 *In einem wirklichen Wintergarten stehen die Pflanzen meist in dunkler Blumenerde.*
Untersucht, ob ein dunkler Boden Einfluss auf die Temperatur hat. Nehmt dazu die dunkle Pappe.
Wenn ihr richtige Erde einsetzen wollt, füllt nur eine dünne Schicht ganz trockener Blumenerde in den Kasten oder die Dose.
Messt, wie sich die Temperatur im Laufe der Zeit ändert. Tragt eure Ergebnisse in die Tabelle im Heft ein.

V3 *Müsste die Temperatur im „Wintergarten" nicht ohne das Dach stärker steigen? Die Sonnenwärme könnte doch dann völlig ungehindert eindringen …*
Entfernt die Folie und wiederholt die Temperaturmessung. Tragt auch diese Messergebnisse ein.
Was fällt euch auf, wenn ihr die Messergebnisse der Versuche 2 u. 3 vergleicht?

Versuch	Temperatur nach …			
	$2\frac{1}{2}$ min	5 min	10 min	20 min
V 1 (z. B. Karton mit Folie im Sonnenlicht)	?	?	?	?
V 2 …	?	?	?	?

Info: Der Wintergarten – ein kleines Treibhaus

Der Erdboden wird durch Sonnenstrahlung erwärmt. Der Boden absorbiert die Strahlung und nimmt so Energie auf.

Das gilt für den Wintergarten genauso wie für ein Gartenbeet. Die Sonnenstrahlung durchdringt das Glasdach ja fast ungehindert.

Der erwärmte Boden gibt Energie ab: Er sendet aufgrund seiner Temperatur eine unsichtbare Strahlung aus (Infrarotstrahlung). Außerdem geht Wärme vom Boden auf die umgebende Luft über. Auch hier gibt es keinen Unterschied zwischen Wintergarten und Beet.

Abstrahlung wird verringert

Glas lässt die unsichtbare Strahlung nur teilweise durch (Bilder 1 u. 2).

Die vom Boden ausgehende Strahlung kann das Glasdach nur teilweise durchdringen. Der andere Teil der Strahlung wird vom Glasdach reflektiert und bewirkt eine etwas stärkere Erwärmung von Boden und Luft im Wintergarten (Bild 3).

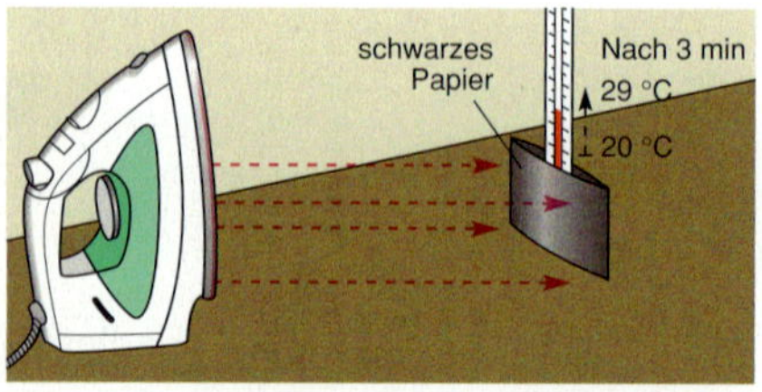

1

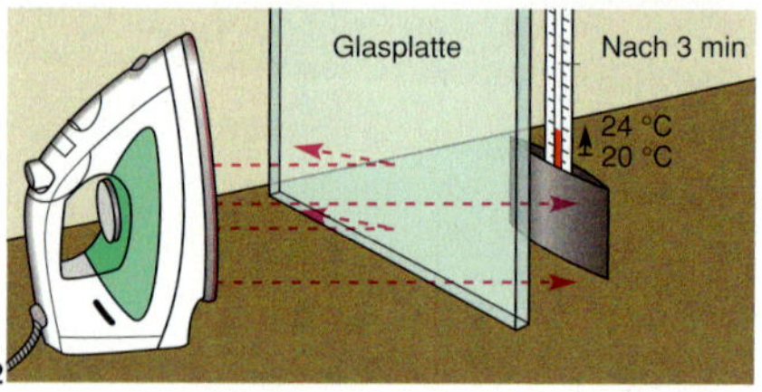

2

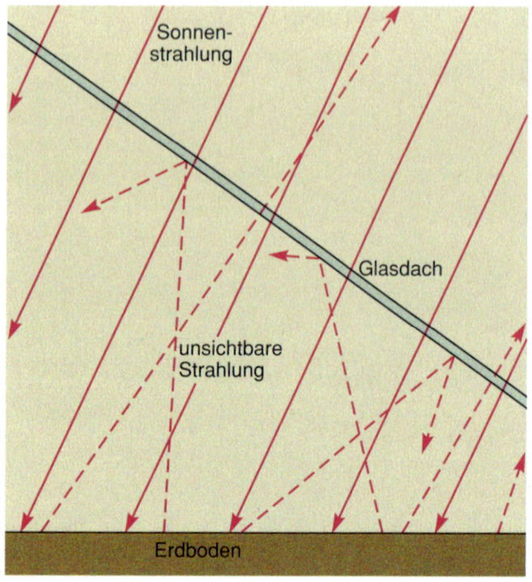

3

Verhinderung von Konvektion

Ohne die Glasabdeckung kommt es zur Konvektion: Die am Boden erwärmte Luft ist leichter als die kühlere Umgebungsluft. Die schwere kalte Luft sinkt nach unten und drückt die erwärmte Luft nach oben. Die erwärmte Luft entweicht.

Durch die Glasabdeckung wird die Konvektion auf den Wintergarten beschränkt. Die Energieabgabe an die Umgebung wird stark verringert.

Auch die Treibhäuser in Gärtnereien verringern die Abstrahlung und verhindern die Konvektion. Die stärkere Erwärmung durch die Sonnenstrahlung unter einem Glasdach nennt man daher *Treibhauseffekt*.

Die folgenden Aufgaben eignen sich für die Gruppenarbeit. Sie sollen euch helfen, die Ergebnisse eurer Arbeit darzustellen.

A1 *Ermittelt Vorteile und mögliche Nachteile von Wintergärten. Stellt sie in einer Liste zusammen.*

A2 *Schreibt einen Bericht über die Versuche, die ihr durchgeführt habt. Gebt auch die Ergebnisse an (mit Zeichnungen).*

A3 *Fertigt Fotos von Wintergärten für eine Ausstellung an.*
Führt Interviews mit Personen durch, die Wintergärten nutzen. Überlegt euch dazu Fragen. Zum Beispiel:
„Warum haben Sie den Wintergarten gebaut?“
„Sparen Sie durch ihren Wintergarten Heizkosten?“
„Ist es darin im Sommer nicht zu heiß?“

A4 *Schreibt einen Bericht: „Wintergarten – warm ohne Heizung!“.*

63515

Sonnenkollektoren zum Warmwasserbereiten

Bauanleitung: **Wir bauen einen Sonnenkollektor**

Ihr braucht:
1 Spanplatte (ca. 50 cm · 50 cm),
1 Dachlatte (ca. 2 m lang),
1 Glas- oder Plexiglasplatte (ca. 50 cm · 50 cm) oder Klarsichtfolie,
5 m Gartenschlauch, Nägel, Holzleim, Alufolie, Dachnägel, schwarzen Karton, schwarze Wandfarbe.

So wird's gemacht:
Stellt die Latten hochkant auf der Grundplatte auf und befestigt sie mit Leim und Nägeln (Bild 4). An den Stellen A und E lasst ihr Platz für den Schlauch.

Der Schlauch wird als Spirale auf der Grundplatte verlegt und mit Dachnägeln befestigt. Die Enden werden in die Lücken A und E zwischen den Dachlatten geklemmt.

An einer nach Süden gerichteten Wand stellt ihr den Kollektor senkrecht zum Sonnenlicht auf. Verbindet den Wasseranschluss über einen Schlauch mit dem Wasserhahn und lasst den Schlauch im Kollektor voll laufen.

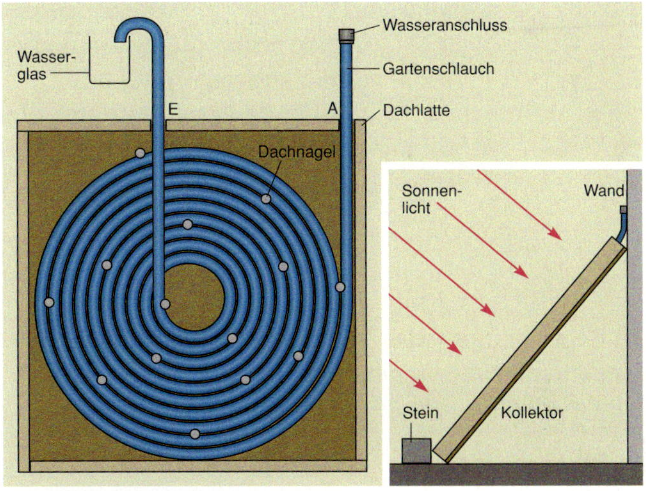

4

Hinweis zu den Versuchen:
Vor und nach jedem Versuch müsst ihr die Wassertemperatur messen. Öffnet kurz den Wasserhahn und lasst aus dem Schlauch etwas Wasser in ein Glas laufen. Notiert die Messwerte in einer Tabelle (→ Muster).

Versuch	Anfangs-temperatur	End-temperatur	Temperatur-unterschied
V1	?	?	?

V1 *Stellt den Kollektor (ohne Glasabdeckung) so in die Sonne, dass er senkrecht bestrahlt wird. Nach 30 Minuten messt ihr die Wassertemperatur.*

V2 *Der Sonnenkollektor kann verbessert werden:*
- *Bedeckt den Schlauch und die Grundfläche mit schwarzer Pappe.*
- *Streicht Schlauch und Platte mit schwarzer Farbe.*
- *Drückt Alufolie dicht um den Schlauch und auf die Grundfläche; streicht dann alles schwarz an.*

Probiert die so veränderten Modelle aus.

V3 *Der Sonnenkollektor wird dicht mit der Glasplatte oder Folie abgedeckt. Probiert ihn aus.*

V4 *Klemmt den Schlauch ab und legt den Kollektor auf den Boden. Das Sonnenlicht fällt dann schräg ein.*

Diese Aufgaben eignen sich für die Gruppenarbeit im projektorientierten Unterricht.

A1 *„Richtige" Sonnenkollektoren werden ähnlich wie in den Versuchen getestet. Darüber werden Prüfberichte angefertigt. Schreibt zu eurem Kollektor einen Prüfbericht. Nennt darin die Versuchsergebnisse.*

A2 *Im Kapitel „Die Strahlung" wurde ein Sonnenkollektor beschrieben, der auf Hausdächern eingesetzt wird. Vergleicht diesen Kollektor mit eurem. Was fällt euch auf? Vielleicht ergeben sich noch weitere Verbesserungsvorschläge …*

A3 *Schneidet aus Prospekten Bilder von Sonnenkollektoren aus. Beschreibt, wie sie funktionieren.*

A4 *Zeichnet ein Haus mit Sonnenkollektor im Querschnitt (→ Kapitel „Die Strahlung"). Beschreibt, wie mit Sonnenenergie das Wasser im Haus erwärmt wird.*

Die „Energiewand“

In Bild 1 ist der Aufbau einer „Energiewand“ dargestellt. Einige Fragen dazu:
- Warum ist die gemauerte Wand schwarz angestrichen worden?
- Warum ist das Rollo weiß? Wann wird es heruntergelassen?
- Welche Aufgaben hat die Schicht aus Spezialmaterial vor der schwarzen Wand?
- Liefert die „Energiewand“ nur bei direkter Bestrahlung durch die Sonne Energie?
- Welche Rolle spielt es, wie schräg die Sonne auf die Wand scheint?

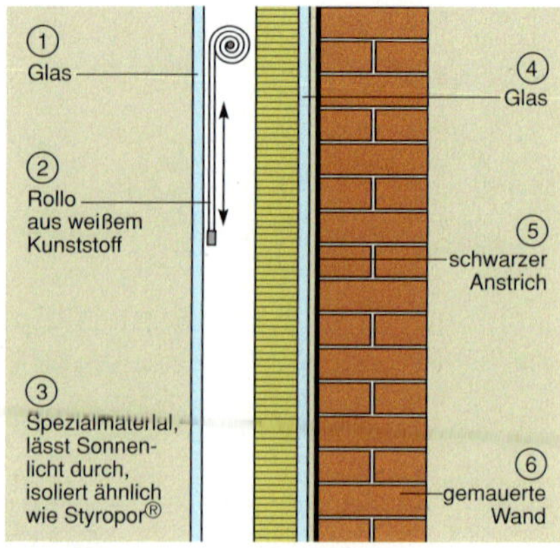

1

Zu Beginn eines jeden Versuchs sollte die gleiche Anfangstemperatur angezeigt werden.
Legt euch eine Tabelle nach folgendem Muster an:

Versuch	Anfangstemperatur	Endtemperatur	Temperaturunterschied
V1	?	?	?

V1 *Bild 2 zeigt den Versuchsaufbau. Die schwarze Pappe entspricht der schwarz angestrichenen Wand. Lest die Temperatur zu Beginn und nach 3 min ab.*

V2 *Legt weiße Pappe (statt des Rollos) über die schwarze Pappe. Messt wieder die Anfangstemperatur und die Temperatur nach 3 min Bestrahlung.*

V3 *Untersucht, welchen Einfluss es hat, ob die Sonne senkrecht oder schräg einfällt (Bild 3).*

V4 *Oft ist der Himmel bewölkt. Erwärmt sich die Wand auch ohne direkte Bestrahlung? Wir ersetzen die Wolken durch drei Lagen Butterbrotpapier, die vor die Lampe gehalten werden (Bild 4).*

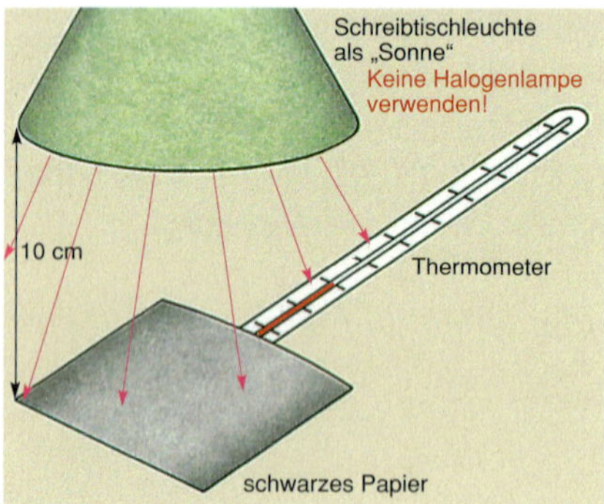

2

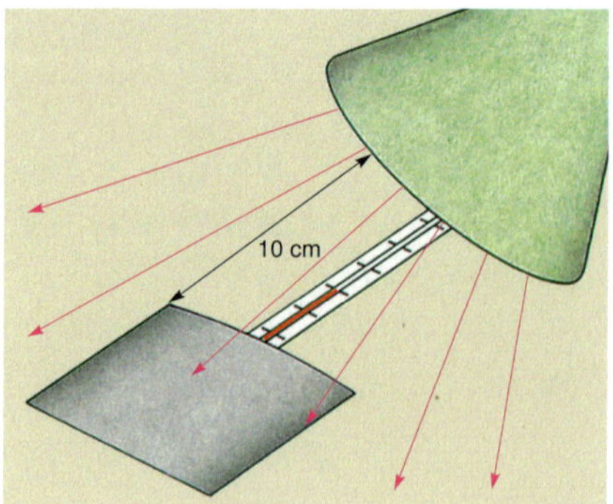

3

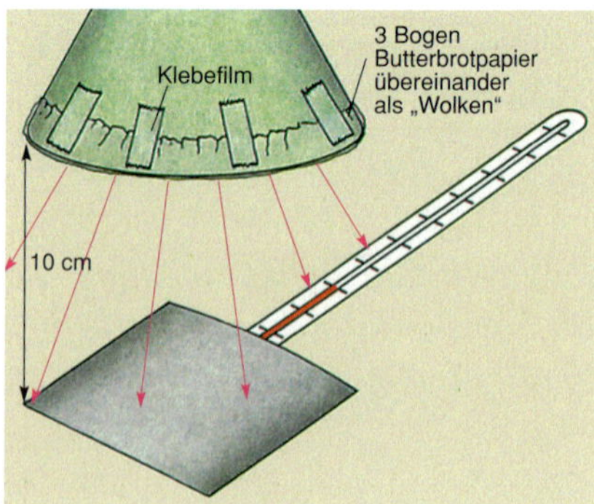

4

Aufgaben zur Gruppenarbeit und Vorstellung der Arbeitsergebnisse:

A1 *Seht euch verschiedene Hauswände an. Lasst euch ihren Aufbau erklären. Zeichnet Querschnitte. Kann man auch mit gewöhnlichen Wänden Energie sparen? Tipp: Schlagt im Kapitel „Wärmeleitung und Wärmedämmung“ nach.*

A2 *Beschreibt die Funktionsweise der „Energiewand“. Zeichnet dazu die Energiewand auf (Bild 1) und nummeriert die einzelnen Schichten.*
Erklärt, welchen Zweck die Schichten erfüllen.
Beispiel: ③ Schicht aus Spezialmaterial:
Die Strahlung der Sonne trifft auf die Energiewand. Die Schicht aus Spezialmaterial lässt die Sonnenstrahlung fast ungehindert durch …

61142

Sonnenöfen

5

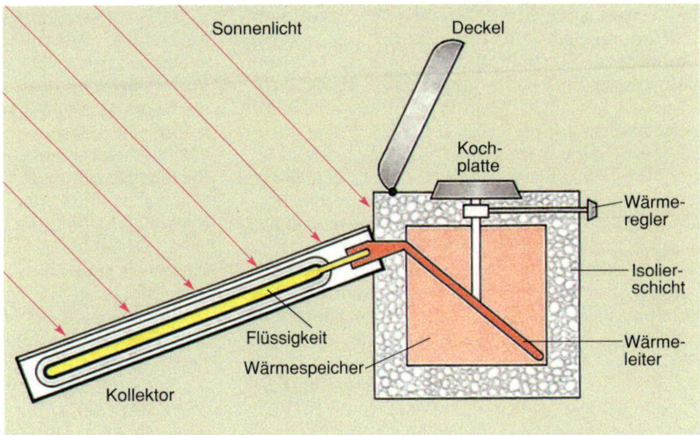

6

In vielen Entwicklungsländern wird mit Holz gekocht. Holz ist knapp und wächst nicht so schnell nach, wie es verbraucht wird. Bäume und Büsche werden vernichtet, Steppen und Wüsten breiten sich aus.

Zum Kochen könnte auch Sonnenenergie genutzt werden – mit Hilfe von **Sonnenöfen** (Bild 5).

Solche Sonnenöfen wurden nach Afrika geschickt. Zum Kochen konnte man sie dort aber nicht gebrauchen. In heißen Ländern wird nämlich nicht mittags gegessen, sondern abends, wenn es kühler ist.

Inzwischen wurden deshalb andere Sonnenöfen entwickelt – solche, die die Energie bis zum Abend *speichern* können: Bei ihnen wird die Sonnenenergie in einem Kollektor eingefangen und in einen Wärmespeicher geleitet. Der Wärmespeicher ist von einer dicken Isolierschicht umgeben (Bild 6).

Leider sind diese Sonnenöfen sehr teuer. Vielleicht gelingt es, Sonnenöfen mit Wärmespeicher so zu bauen, dass sie in den Entwicklungsländern mit einfachen Mitteln hergestellt werden können.

Bauanleitung: **Wir bauen einen Sonnenofen**

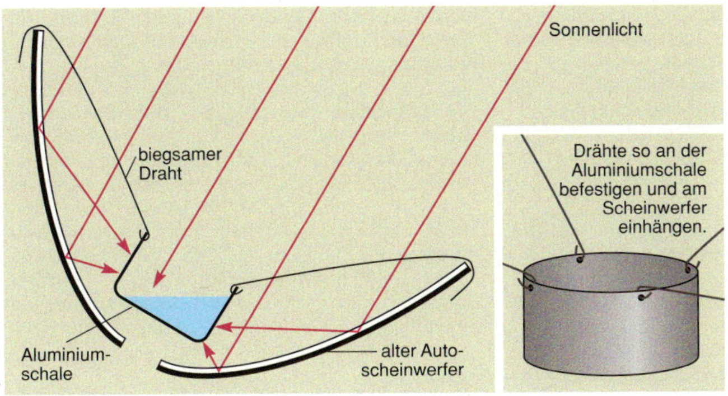

7

Ihr braucht:

1 Reflektor eines Autoscheinwerfers, biegsamen Draht, Aluminiumschale (vom Teelicht) oder Gummibärchen.

So wird's gemacht:

Befestigt den „Topf" oder ein Gummibärchen mit Draht im Reflektor (Bild 7). Der Fleck, in dem der Reflektor das Sonnenlicht sammelt, soll darauf fallen. Im Topf mit etwas Wasser könnt ihr die Temperatur zu Beginn, nach 3, 6 und 9 Minuten messen.

Diese Aufgaben eignen sich für die Gruppenarbeit im projektorientierten Unterricht.

A1 *Wie funktioniert der Sonnenofen von Bild 6?*

A2 *Stellt den selbst gebauten Sonnenofen in eurer Schule aus. Beschreibt, wie er funktioniert, und berichtet über eure Versuchsergebnisse.*

Lösungen der Aufgaben „Alles klar?“

Zu Seite 13:

1. Vorher war das Leben der Menschen weitgehend vom Tageslicht abhängig. Im Dezember und Januar steht die Sonne bei uns nur ca. acht Stunden am Himmel, im Juni mehr als 16 Stunden. Durch künstliche Lichtquellen können vor allem die kurzen Tage im Winterhalbjahr länger genutzt werden.

2. Der Mond wird von der Sonne beleuchtet. Von der Mondoberfläche wird Sonnenlicht ins Weltall geworfen. Das Licht, das so in Richtung Erde gelangt, macht den Mond für uns sichtbar und beleuchtet zugleich die Erdoberfläche.

3. Das Lichtbündel, das durch das Loch in der Alufolie austritt, erhältst du auf folgende Weise: Zeichne jeweils einen Strahl, der vom Mittelpunkt der Glühlampe durch die gezeichneten Ränder des Lochs führt.

4. Beim Blick durch den Schlauch kannst du die Zeilen lesen – jedoch nur, wenn der Schlauch nicht gekrümmt ist; Licht breitet sich nämlich geradlinig aus. Das Licht kann dann vom Text ins Auge gelangen, ohne dass es auf die Ränder des Schlauchs trifft.

5. Licht sieht man nur, wenn es in die Augen fällt. Durch klares Wasser tritt es geradlinig hindurch. Befinden sich aber kleine Körper im Wasser, streuen diese das Licht in alle Richtungen. Ein Teil davon fällt in unsere Augen, sodass wir es sehen können.

6. Nachts ist nur wenig Licht vorhanden. Gegenstände sind daher schlecht zu sehen. Nur wenn sie möglichst viel Licht zurückwerfen, sind sie noch deutlich sichtbar. Kleidung in hellen Farben (am besten Weiß) wirft das Licht besser zurück als dunkle Kleidung. Im Straßenverkehr kann helle Kleidung Leben retten, weil sie auch bei wenig Licht gut sichtbar ist.

Zu Seite 25:

1. Schatten hängen nicht von der Farbe der Kleidung ab. Vielmehr entstehen sie dann, wenn Licht auf Körper fällt und es durch diese an der (geradlinigen) Ausbreitung gehindert wird.

2. Die Schattenränder links und rechts sind unscharf, oben und unten sind sie dagegen scharf. In waagerechter Richtung muss die Lichtquelle deshalb eine große Ausdehnung haben, in senkrechter Richtung eine kleine: Bei der Lichtquelle handelte es sich um eine röhrenförmige Lampe, die waagerecht angeordnet war (→ Bild).

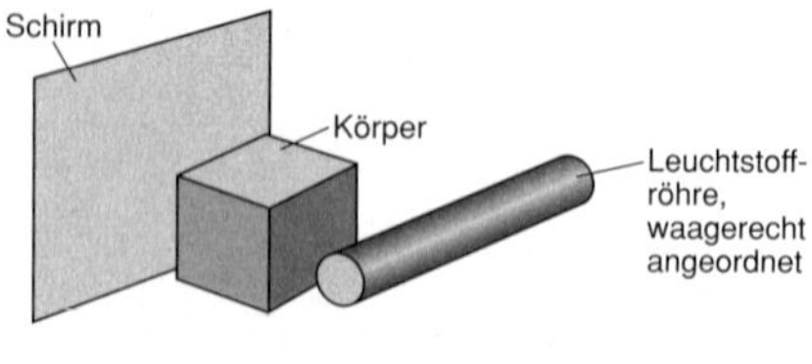

3. Wenn du dich dicht bei der Lampe befindest, steht sie hoch über dir. Dein Schattenbild ist dann kurz (→ linkes Bild). Bist du weiter von der Lampe entfernt, ist dein Schattenbild länger (→ rechtes Bild). Wenn gleichzeitig das Licht zweier Lampen auf dich fällt, entstehen zwei Schattenbilder.

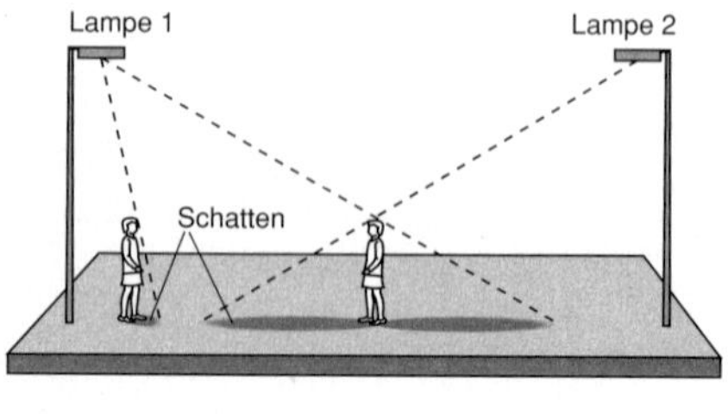

4. Von „Schatten“ sprechen wir immer dann, wenn auf einen Teil der Umgebung weniger Licht fällt als außerhalb dieses Bereichs. Die beiden Meinungen gehen von verschiedenen Standpunkten aus:
Vom *Weltall* aus gesehen (z. B. beim Blick aus einer Raumfähre) liegt die Sonne im Erdschatten. Auf dieser Hälfte ist es Nacht. Die Umgebung im Weltall ist aber vom Sonnenlicht durchflutet. Von diesem Standpunkt aus kann man also sagen: „Nacht ist dort, wo sich die Erdoberfläche im Erdschatten befindet.“
Wenn wir uns aber auf der *Erdoberfläche* befinden, sieht man in der Umgebung keine Grenzen zum beleuchteten Teil; da wir demnach keine Grenzen zum Licht wahrnehmen, sprechen wir auch nicht von „Schatten“. Von diesem Standpunkt aus kann man also sagen: „Wo kein Licht ist, ist auch kein Schatten. Nachts, ohne Licht, gibt es deshalb keine Schatten.“

5. a) Bei einem Linkshänder sollte die Lampe auf der rechten Seite des Tisches stehen. b) Bei einem Rechtshänder sollte sie links stehen.
Begründung: Die Schreibtischlampe erzeugt auf dem Tisch beim Schreiben ein Schattenbild der Hand. Dieses Schattenbild sollte nicht auf die Fläche fallen, auf der man gerade schreibt.

Zu Seite 33:

1. Mehrere Lichtquellen waren in Form einer Eins angeordnet. Ihr Licht fiel durch eine quadratische Lochblende auf den Schirm.

2. Jedes Loch der Lochreihe erzeugt ein Bild der Sonne: Von jedem Punkt der Sonnenoberfläche fällt ein Lichtbündel durch das Loch auf die Wand oder den Fußboden und erzeugt einen Lichtfleck. Alle Lichtflecken, die zu einem Loch gehören, ergeben zusammen einen „Sonnentaler“, ein Bild der Sonne.
Bei einer Sonnenfinsternis haben die Taler die gleiche Form wie die Sonne am Himmel. Solange die Sonne teilweise verdeckt ist, haben sie also die Form einer Sichel.

3. Die Lichtbündel von den Gegenstandspunkten laufen hinter der Lochblende auseinander. Man erhält daher zu jedem Gegenstandspunkt auf dem Schirm keinen Bildpunkt, sondern einen „Bildfleck“. Das Bild ist unscharf.
Wenn man die Blendenöffnung verkleinert, wird der Bildfleck kleiner. Das Bild wird schärfer.
Bei einer kleineren Blendenöffnung fällt weniger Licht auf den Schirm. Das Bild wird dunkler.

Zu Seite 39:

1. Unser Temperatursinn ermöglicht nur die Unterscheidung von Temperaturen zwischen ca. 15 und 45 °C. Höhere und niedrigere Temperaturen können wir nur mit Hilfe eines Messgeräts (eines Thermometers) unterscheiden.
Der Temperatursinn meldet, wie wir uns verhalten müssen, damit unser Körper nicht auskühlt oder überhitzt wird.
Ob wir Temperaturen als kalt oder warm wahrnehmen, hängt von der Umgebungstemperatur *und* von der Temperatur der Hautoberfläche ab. Diese Temperatur kann verschieden sein, je nachdem ob wir vorher in einer kalten oder warmen Umgebung waren.
Um Temperaturen unabhängig vom Zustand unserer Hautoberfläche zu bestimmen, brauchen wir Thermometer.

2. Unterscheidung der Thermometer nach der Bauart: Flüssigkeitsthermometer (Alkohol- oder Quecksilberthermometer), Digitalthermometer. Unterscheidung nach dem Einsatzgebiet: Zimmerthermometer, Badethermometer, Laborthermometer, Fieberthermometer.

3. Sowohl Frank als auch Tina können Recht haben, denn beide Temperaturangaben drücken dieselbe Temperatur aus.

4. Der Temperaturfühler muss guten Kontakt zu dem Körper haben, dessen Temperatur wir bestimmen wollen. (Er muss z. B. ganz in Wasser eingetaucht sein.) Erst ablesen, wenn sich die Temperaturanzeige nicht mehr verändert! Bei Flüssigkeitsthermometern müssen sich unsere Augen in Höhe der Flüssigkeitssäule befinden. (Wenn man schräg auf das Thermometer blickt, kann man die Skala und den Stand der Flüssigkeitssäule nicht genau vergleichen.)

5. Die abgebildeten Thermometer zeigen unterschiedliche Temperaturen an. Ihre Skalen haben nämlich unterschiedliche „Schrittweiten“ (unterschiedliche Abstände zwischen 2 Gradmarken).

6. Die Zahlen des Thermometers ändern ihre Farbe, wenn die jeweilige Temperatur erreicht wird.

7. Vorteil: Man kann mit den Tonkegeln sehr hohe Temperaturen messen. Nachteil: Die Kegel können nur ein einziges Mal zur Messung verwendet werden.

Zu Seite 45:

1. Flüssigkeiten dehnen sich aus, wenn sie erwärmt werden. Sie ziehen sich zusammen, wenn man sie abkühlt.

2. Bei Erwärmung ändert sich nur das Volumen der Flüssigkeit, nicht ihr Gewicht.
Möglicher Versuch: Fülle Wasser in ein Gefäß, das mit einem Steigrohr versehen ist. Wiege Gefäß und Flüssigkeit auf einer möglichst empfindlichen Waage. Erwärme das Wasser im Wasserbad, bis es sich – im Steigrohr deutlich sichtbar – ausgedehnt hat. Trockne das Gefäß sorgfältig ab und wiege es erneut. Du wirst feststellen, dass es durch die Temperaturerhöhung nicht schwerer geworden ist.

3. Ein Fieberthermometer wird nur zum Messen der Körpertemperatur (um 37 °C) benötigt – es reicht ein Messbereich, der kleiner als der eines Zimmerthermometers ist.

4. Die Lage der Fixpunkte und ihr Abstand auf der Skala hängen von der Bauart des Thermometers ab. Es kommt auf den Querschnitt der Kapillare, die Größe der Thermometerkugel und die Füllmenge der Thermometerflüssigkeit an.

5. Um die größere Ausdehnung des Alkohols auszugleichen, kann man die Thermometerkugel kleiner machen, sodass eine geringere Alkoholmenge hineinpasst. Dadurch wird das Volumen, um das sich der Alkohol bei der Erwärmung um z. B. 1 °C ausdehnt, ebenfalls kleiner. Eine andere Möglichkeit besteht darin, den inneren Durchmesser des Steigrohrs größer zu machen als bei dem Quecksilberthermometer. Bei der Ausdehnung um ein bestimmtes Volumen verlängert sich die Flüssigkeitssäule in dem weiteren Rohr weniger als in dem engeren.

Zu Seite 51:

1. Für die meisten Flüssigkeiten ist es normal, wenn sie sich beim Abkühlen und beim Erstarren zusammenziehen. Wasser macht aber eine Ausnahme, verhält sich also nicht normal oder anomal: Beim Abkühlen unter 4 °C (bis 0 °C) dehnt es sich aus. Beim Erstarren nimmt sein Volumen sogar um etwa ein Zehntel zu.

2. In einem der Gefäße hat das Volumen der Flüssigkeit beim Erstarren zugenommen – das muss das Wasser sein. In dem anderen Gefäß hat das Volumen der Flüssigkeit (Wachs) während des Erstarrens abgenommen.

3. Wenn Wasser gefriert, dehnt es sich aus. Dabei kann das zu Eis werdende Wasser das Gefäß sprengen. Das gilt auch z. B. für Saftflaschen, da Saft überwiegend aus Wasser besteht.

4. In den durch Umgraben gelockerten Boden kann viel Wasser eindringen. Dieses gefriert im Winter. Beim Gefrieren dehnt es sich aus und die größeren Erdschollen werden in kleine Krümel „gesprengt".
5. Wasser ist als Thermometerflüssigkeit ungeeignet, weil es bei Temperaturen unter 0 °C gefrieren würde. Da es sich dabei ausdehnt, würde die Thermometersäule platzen.
Außerdem sollte sich eine Thermometerflüssigkeit bei Temperaturänderungen gleichmäßig ausdehnen bzw. zusammenziehen, damit die Abstände auf der Thermometerskala im ganzen Messbereich gleich bleiben können. Wasser, das abgekühlt wird, ändert aber unterhalb von 10 °C sein Volumen nicht mehr gleichmäßig. Unterhalb von 4 °C dehnt es sich sogar wieder aus. Das heißt: Die Flüssigkeitssäule würde dann wieder steigen, obwohl das Wasser kälter wird.
6. a) Solange man Wasser bis auf 4 °C abkühlt, zieht es sich (wie andere Flüssigkeiten auch) zusammen. Kühlt man es weiter ab, so dehnt es sich wieder aus. Deshalb ist Wasser von 4 °C schwerer als Wasser von jeder anderen Temperatur. In Wasser, das kälter als 4 °C ist, sinkt das schwerere Wasser (von 4 °C) nach unten.
b) Da das Wasser in einem tiefen See unten nicht kälter als 4 °C wird, bleibt es dort flüssig. Auch der Boden des Sees gefriert nicht. Tiere und Pflanzen können dort also auch im Winter leben.

Zu Seite 61:
1. a) Die Spalten schaffen den Raum, den die Brücke braucht, wenn sie sich bei hohen Temperaturen im Sommer *ausdehnt*. Daher der Name „Dehnungsfugen".
b) Bild 12 zeigt die Fuge im Sommer, Bild 13 im Winter. Weil die Brücke im Sommer um einige Zentimeter länger ist als im Winter, ist der Spalt zwischen Brücke und anschließender Fahrbahn im Sommer schmaler.
2. a) Der Streifen biegt sich nach oben.
b) Wenn der Bimetallstreifen bei Zimmertemperatur gerade ist, biegt er sich im Kühlschrank in die entgegengesetzte Richtung (hier also nach unten). Das Material, das sich beim Erwärmen stärker als das andere ausdehnt, zieht sich beim Abkühlen stärker als das andere zusammen.
3. a) Wenn die Krieger ihre Kugel im Schatten oder mit kaltem Wasser abkühlen, passt sie wieder ins Kanonenrohr.
b) Wenn die Kanone ebenfalls von der Sonne erhitzt worden wäre, wäre der Durchmesser des Kanonenrohrs innen und außen größer geworden. (Das kannst du dir an einer massiven Blechscheibe klarmachen: Ihr Durchmesser wird beim Erwärmen größer. Jeder Punkt der Scheibe ist dann weiter vom Mittelpunkt entfernt als im kalten Zustand. Ein auf die Scheibe gezeichneter Kreis hätte also nach dem Erwärmen einen größeren Durchmesser als vorher.)
4. Legt man den Tischtennisball in warmes Wasser, so dehnt sich die Luft in seinem Innern stärker aus als der Ball selbst. Dabei drückt die Luft die „Delle" nach außen.
5. Vielleicht denkst du, das warme Wasser dehnt sich aus und dringt dadurch in die Flasche ein. Wenn du aber diesen einfachen Versuch durchführst, stellst du fest, dass dies nicht richtig ist. Die Luft in der Flasche wird nämlich ebenfalls erwärmt. Sie dehnt sich dabei viel stärker aus als das Wasser. Die Luft in der Flasche verdrängt daher das von unten eingedrungene Wasser. Bei starker Erwärmung treten sogar Blasen aus der Flasche aus.

Zu Seite 69:
1. Für das Heizen von Gebäuden werden viele Rohstoffe verbraucht (z. B. Erdöl, Erdgas, Kohle). Die Abgase belasten unsere Luft. Deshalb ist es wichtig, möglichst wenig Heizmaterial zu verbrennen. Durch eine gute Wärmedämmung werden auch die Kosten für den Brennstoffverbrauch niedriger.
2. Der Temperaturunterschied zwischen zwei Innenräumen ist meistens sehr gering. Deshalb wird wenig Energie von einem Raum in einen anderen geleitet. Eine Wärmedämmung ist somit nicht erforderlich. Im Winter dürfen auch in einem unbeheizten Zimmer keine Frosttemperaturen auftreten; sonst könnten z. B. Wasserleitungen und Heizungsrohre einfrieren. Bei abgeschaltetem Heizkörper übernimmt die Trennwand zum beheizten Nachbarraum die „Frostschutz-Heizung".
3. Styropor® enthält viele Hohlräume, in denen sich Luft befindet. Luft ist ein schlechter Wärmeleiter. Deshalb ist Styropor ein guter Dämmstoff.
4. Die Luft in den Hohlräumen der Hohlblocksteine dient der Wärmedämmung.
5. Durch die eingeschlossene Luft ist der Teppich ein schlechter Wärmeleiter. Von deinen Fußsohlen wird über den Teppich wenig Wärme fortgeleitet. Da die Haut durch den Teppich isoliert wird, empfindest du ihn als warm. Fliesen leiten die Energie sehr viel besser als der Teppich. Daher kühlen deine Fußsohlen ab und du empfindest die Fliesen als kühl.
6. Der Pullover wärmt nicht wie eine Wärmequelle, denn er erzeugt keine Energie. Der Pullover hält den Körper warm, denn er dient der Wärmedämmung. Die im Gewebe eingeschlossene Luft verhindert, dass zu viel Energie vom Körper an die Umgebung abgegeben wird.
7. a) Vögel und Säugetiere können ihre Körpertemperatur auf einem bestimmten Wert halten. Die nötige Energie nehmen sie mit der Nahrung auf. Zur Wärmedämmung haben sie ein Gefieder, ein Fell oder eine Speckschicht. Fische, Reptilien und andere Tiere gleichen ihre Körpertemperatur der Umgebung an.
b) Eisbären und Pinguine halten die Temperatur im Körperinnern durch die Nahrungsaufnahme und den Stoffwechsel hoch. Ihre Körperflüssigkeiten bleiben warm und dünnflüssig. Echsen und Schlangen würden in den Polargebieten auf die tiefe Temperatur der Umgebung abkühlen. Die Körperflüssigkeiten würden dickflüssig oder gar gefrieren. Die Tiere würden nicht überleben.
8. Während des Winterschlafs der Fledermäuse wird deren Stoffwechsel (Verdauung, Atmung, Herzschlag) stark verringert. Dadurch wird auch wenig Energie im Körper erzeugt. Die Körpertemperatur sinkt bis in die Nähe der Umgebungstemperatur ab.

Zu Seite 75:
1. Bei der Wärmeleitung breitet sich die Energie in den Körpern aus, ohne dass sich die Stoffe bewegen, aus denen die Körper bestehen. Bei der Konvektion bewegen sich die Stoffe und führen dabei die Energie mit.
2. Bei der Weihnachtspyramide wird Luft z. B. durch Kerzen erwärmt. Die Luft dehnt sich aus und wird dadurch leichter als die Umgebungsluft. Kalte Umgebungsluft drückt nach unten und hebt die leichtere Umgebungsluft an. Die aufwärts strömende Warmluft streicht durch das Windrad und dreht dieses.
3. Der Mäusebussard kreist in aufsteigender warmer Luft und wird mit dieser nach oben getragen.
4. Die erwärmte, leichtere Luft am Heizkörper wird von der kühleren Luft im Zimmer verdrängt; sie steigt über den Heizkörpern auf. An der Zimmerdecke wird die Luft umgelenkt und strömt in den Raum hinein. Die Luft führt Staubteilchen mit, die sich vorwiegend dort absetzen, wo die aufsteigende Warmluft zuerst an die Zimmerdecke stößt.
5. Der Golfstrom führt ebenso Energie mit wie das Wasser in den Heizungsrohren. Diese Energie wird im Golf von Mexiko zugeführt und dann zu einem großen Teil an den europäischen Küsten abgegeben.
6. Das warme Wasser im Becherglas ist leichter als das Wasser im Becken. Das kalte Wasser dringt durch die tiefste Öffnung in das Becherglas ein und verdrängt dort das warme Wasser. Das angefärbte warme Wasser strömt aus dem oben herausragenden Röhrchen heraus. Im Becken breitet es sich über dem kalten Wasser aus. Nach kurzer Zeit bildet das gefärbte warme Wasser oben im Becken eine Art „Wolkendecke".

Zu Seite 79:
1. Bei der Wärmeleitung breitet sich die Energie in Körpern aus, ohne dass sich die Stoffe bewegen. Bei der Konvektion wird die Energie mit den Stoffen mitgeführt. Dagegen breitet sich die Strahlung ohne Beteiligung von Stoffen aus.
2. Die Sonne ist ein heißer Körper; sie sendet deshalb viel Strahlung aus. Diese Strahlung durchdringt den leeren Weltraum. Ein Teil davon trifft die Erde und erwärmt diese.
3. Der schwarze Stoff absorbiert (verschluckt) einen größeren Teil der Sonnenstrahlung als der weiße. Dadurch erwärmt sich der schwarze Körper schneller.
4. Die Wand der Thermosflasche ist für die Energie kaum durchlässig; das gilt von außen nach innen wie von innen nach außen. So werfen z. B. die Spiegelflächen in der Thermosflasche auch die Strahlung zurück, die von außen auf die Thermosflasche trifft.
5. Die Sonnenstrahlung fällt auf eine gekrümmte Spiegelfläche und wird dort reflektiert (zurückgeworfen). Durch die Form der Spiegelfläche wird die reflektierte Sonnenstrahlung in einem kleinen Bereich vor dem Spiegel gebündelt. Hält man an diese Stelle ein Kochgefäß oder eine Bratpfanne, werden diese stark erhitzt.
6. Helle Kleidung reflektiert auftreffende Sonnenstrahlung. Dadurch erwärmt sich die hellere Kleidung weniger stark als die dunklere.
7. Die glänzende Metallschicht der Folie reflektiert die Strahlung, die vom Körper des Verletzten ausgeht, wieder zu seinem Körper zurück. Dadurch verliert der Körper des Verletzten nicht so viel Energie.
8. Die weiße Farbe der Kühlfahrzeuge wirft die meiste Sonnenstrahlung wieder zurück. Dadurch wird das Kühlgut im Fahrzeug nur wenig von der Sonne erwärmt.
9. Im Winter scheint in den Polargebieten fast keine Sonne. Ein dunkles Fell könnte deshalb kaum Sonnenstrahlung absorbieren, um den Körper zu erwärmen. Das dunkle Fell würde aber viel Energie in die Umgebung abstrahlen. Deshalb würde der Polarfuchs im Winter mit einem dunklen Fell stärker auskühlen. (Außerdem wäre er auch weniger gut getarnt.) Im Sommer scheint die Sonne in den Polargebieten sogar länger als bei uns. Durch die dunkle Färbung des Rückenfells wird viel Sonnenstrahlung absorbiert; der Polarfuchs gewinnt dadurch Energie.

Zu Seite 91:
1. Beide Aussagen sind richtig: Die Büroklammer, die vom Magneten angezogen wird, besteht aus Metall, die andere aus Kunststoff. Es kommt auf den Stoff (Eisen) an, aus dem der Körper (Büroklammer) besteht.
2. Manche Geldstücke – außen Kupfer oder Messing – enthalten einen Kern aus Eisen.
3. Magnetisieren lassen sich diejenigen Körper, die von einem Magneten angezogen werden: also die Stahlstricknadel und das Eisenblech.
4. a) Lena wird die Schere gleichmäßig (in einer Richtung) mit einem Magneten bestrichen haben.

b) Lenas Mutter stellt fest, dass Nähnadeln und Stecknadeln an der Schere hängen bleiben.
5. Wenn man Magnete fallen lässt, können sie zerspringen oder (durch die Erschütterung) ihre magnetische Kraft verlieren.
6. Wenn man die magnetisierte Nadel in der Mitte durchkneift, erhält man zwei Magnete – jeder mit einem Nordpol und einem Südpol.
7. Der Magnet würde die Magnetisierung der Schichten verändern.
8. Tinas Trick: Sie hält die Spitze der ersten Nadel auf die Mitte der zweiten; nur wenn die erste Nadel angezogen wird, ist sie selbst die magnetisierte.
9. Der Nordpol der Kompassnadel wird vom magnetischen Südpol der Erde angezogen, der in der Nähe des geographischen Nordpols liegt.

Zu Seite 103:
1. a) Die Lampe ist nur an einen Pol der Batterie – statt an zweien – angeschlossen. b) Schaltplan:

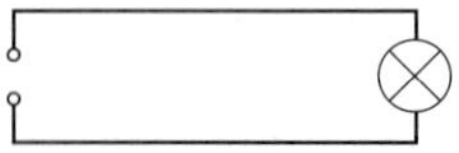

2. Der Metallrahmen des Fahrrads ersetzt das zweite Kabel.
3. a) Schaltung wie in Bild 8. b) Wenn eine der Lampen ausfällt, muss die andere weiterleuchten. Das ginge bei einer Schaltung wie in Bild 7 nicht. c) Die Schaltungsarten heißen Reihenschaltung (Bild 7) und Parallelschaltung (Bild 8).
4. Das Armband in einen Stromkreis einbauen: Nur wenn die Lampe leuchtet, besteht es aus Silber, denn Silber leitet den elektrischen Strom, Plastik nicht.
5. 1. Tabellenspalte („Leiter"): Eisendraht, Aluminiumblech, Bleistiftmine, nasser Bindfaden, Badewasser sowie z. B. Gold, Silber, Kupfer.
2. Tabellenspalte („Nichtleiter"): Öl, Glasstab und z. B. trockenes Holz, Plastiklöffel, Gummiband.
6. Der Bindfaden könnte feucht und dadurch zu einem Leiter geworden sein.

Zu Seite 107:
1. Sowohl Schalter als auch Taster öffnen und schließen Stromkreise.
2. Schalter: Stehlampe, Radio; Taster: elektrische Brotschneidemaschine, Papierschneidemaschine. Bei der Brotschneidemaschine soll die freie Hand den Taster bedienen, damit sie nicht versehentlich ans Schneideblatt gerät.
3. Es gehören zusammen: Klingelschaltung – Taster – Parallelschaltung – ODER-Schaltung bzw. Reihenschaltung – UND-Schaltung.
4. a) UND-Schaltung. b) Schaltplan:

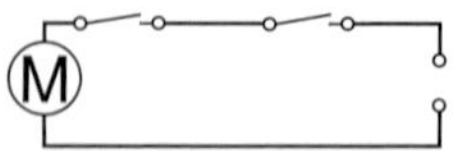

c) Der Deckeltaster verhindert, dass die Kaffeemühle bei offenem Deckel läuft.
5. a) Neben dem Schalter, der die Maschine mit dem Stromnetz verbindet, gibt es zwei weitere Schalter:
1. den Türtaster; er verhindert, dass Wasser bei offener Tür in die Spülmaschine einläuft;
2. die Wasserzufuhr; wenn die Maschine ohne Wasser liefe, könnte es zu Schäden an der Maschine kommen.
b) Es handelt sich um eine UND-Schaltung.
6. a) S_1 geschlossen: Der Ventilator für Kaltluft läuft. b) S_1 und S_2 geschlossen: Der Ventilator läuft und gleichzeitig erhitzt sich der Heizdraht. c) Das Gebläse läuft nicht, da der Stromkreis nicht geschlossen ist. Der Heizdraht wird nicht heiß, da S_1 und S_2 für den Heizdraht eine UND-Schaltung darstellen. d) Mit S_1 kann man Gebläse und Heizdraht gleichzeitig ausschalten.

Zu Seite 115:
1. Die Fahrradlampe leuchtet nicht. Die Leuchtdiode brennt sofort durch.
2. Vorteile von Akkus: bis zu 1000-mal wiederaufladbar, billiger bei häufiger Benutzung; weniger Müll.
Nachteile von Akkus: Anschaffung teurer als Batterie, schadstoffhaltig (Sondermüll).
3. a) Solarzellen, Dynamo.
b) Solarbetrieb an Tagen mit genügend hellem Licht, Akkubetrieb bei Dunkelheit oder bei zu wenig Licht, Dynamobetrieb bei Dunkelheit oder „leeren" Akkus.
4. Der Fühler besteht aus den beiden Metallen Zink und Kupfer, die feuchte Blumenerde enthält gelöste Salze. Der Fühler im Blumentopf stellt also eine Batteriezelle dar. Eine zusätzliche Energiequelle ist nicht erforderlich.
Nachteil: Die Oberflächen der Metalle verändern sich durch den Betrieb. Nach einiger Zeit wird der Fühler in der Blumenerde nicht mehr als Energiequelle wirken.
5. Er hat vermutlich nicht darauf geachtet, in welcher Lage die Akkus in das Gerät eingesetzt werden müssen.
6. Sonnenenergie wird durch die Solarzellen in elektrische Energie umgewandelt. Mit der elektrischen Energie wird der Akku aufgeladen.

Zu Seite 127:
1. Dass elektrischer Strom fließt, erkennt man an seinen Wirkungen, z. B. an der Wärme- und Lichtwirkung (Toaster, Glühlampe).
2. Aufgabe des Ventilators ist es, den Apparat zu kühlen. Die Lampe wird nämlich sehr heiß.
3. Die Glühdrähte dürfen auch bei hohen Temperaturen nicht schmelzen. Die Schmelztemperatur von Wolfram liegt bei 3418 °C, also über der Temperatur des Glühdrahts.
4. Die Erwärmung des Drahtstücks hängt ab von Länge und Dicke des Drahtes, vom Material (Konstantan erhitzt sich stärker als Kupfer) und von der Größe des elektrischen Stroms.
5. a) Der Glühdraht der Glühlampe ist Teil des Stromkreises; wenn er durchschmilzt, wird der Stromkreis unterbrochen. b) Der Glühdraht ist dünner als die Haltedrähte; deshalb erhitzt er sich stärker als diese.
6. Wenn sich zwei blanke Drähte berühren, gibt es einen Kurzschluss. Der Strom in den Leitungen ist dann so groß, dass sie sich stark erhitzen. Der Schmelzdraht in der Sicherung schmilzt durch; damit wird der Stromkreis unterbrochen.
7. Die Sicherung soll den Stromkreis unterbrechen, bevor die Leitungen Feuer fangen. Nach einem Kurzschluss muss die Ursache des Kurzschlusses beseitigt und dann die Sicherung ausgewechselt werden (bei Automatiksicherungen den Hebel umlegen).
8. Im Haushalt gibt es mehrere Stromkreise, die (jeder für sich) mit einer Sicherung versehen sind. Bei einem Kurzschluss spricht nur die Sicherung des betreffenden Stromkreises an.
9. In beiden Fällen fließt ein großer elektrischer Strom; die Leitungen erhitzen sich und die Sicherung spricht an.
10. Bei beiden Schaltungen fließt ein großer Strom durch die Leitungen, die die Glühlampen „überbrücken" (bzw. an diesen vorbeiführen). Die Sicherungen schmelzen deshalb durch.

Zu Seite 135:
1. Der Körper (oder ein Teil davon) muss Schwingungen ausführen.
2. *Schlaginstrumente:* Triangel, Gong, Becken, Pauke, Trommel, Kastagnetten, Glockenspiel, Xylophon, Klavier. *Blasinstrumente:* Blockflöte, Querflöte, Klarinette, Saxophon, Oboe, Fagott, Trompete, Posaune, Horn, Tuba, Mundharmonika, Akkordeon, Orgel. *Streichinstrumente:* Geige (Violine), Bratsche (Viola), Violoncello, Kontrabass, Fiedel, Gambe. *Zupfinstrumente:* Gitarre, Mandoline, Banjo, Laute, Zither, Harfe, Cembalo.
3. Die Zinken einer Stimmgabel schwingen ganz gleichmäßig. Sie erzeugt einen Ton.
4. Den größten Ausschlag des schwingenden Körpers bezeichnet man als seine Amplitude. Die *Frequenz* gibt an, wie viele Schwingungen in einer Sekunde stattfinden.
5. Hunde können Töne mit erheblich höheren Frequenzen (bis 40 kHz, also im Ultraschallbereich) wahrnehmen als wir Menschen (bis 20 kHz). Mit Hundepfeifen werden Töne im Ultraschallbereich erzeugt, die zwar die Hunde hören können, wir aber nicht.
6. Das Flattern eines Schmetterlings hören wir nicht, seine Frequenz liegt unterhalb unserer Hörgrenze. Wir hören sowohl den Summton von Hummeln als auch den der Mücken – Letzterer ist höher als der der Hummeln.
7. Frauen haben kürzere Stimmbänder (16 bis 20 mm) als Männer (20 bis 24 mm). Je kürzer die Stimmbänder, desto höher die durch ihr Schwingen erzeugten Töne.
8. Wasserwellen breiten sich nur in einer Ebene (an der Wasseroberfläche) aus. Schallschwingungen breiten sich nach allen Richtungen (auch nach oben und unten) aus. Gemeinsames: Wellen unterschiedlicher Quellen können sich gegenseitig überlagern und durchdringen.

Zu Seite 141:
1. Prinzipiell gehen beide richtig vor um die Entfernung des Gewitters zu ermitteln. Der Schall (Donner) legt nämlich in drei Sekunden etwa 1 km zurück. Wenn man einen Blitz sieht, kann man also die Sekunden zählen und so feststellen, wie weit das Gewitter entfernt ist: Man teilt die gezählten Sekunden durch 3 um die Entfernung des Gewitters in Kilometern zu erhalten.
Gabis Zählweise ist aber besser als die von Petra, denn das Wort „einundzwanzig" zu sprechen dauert etwa eine Sekunde lang.
2. Der Schiffsrumpf wird auf Materialfehler untersucht: Ein Sender im Prüfkopf sendet Schallwellen aus. Diese durchlaufen das Material, werden von der Schiffswand an der Innenseite reflektiert und dann von einem Schallempfänger (ebenfalls im Prüfkopf) aufgenommen.
3. Da Schall in 3 s 1 km zurücklegt, muss er in 6 s 2 km zurückgelegt haben: 1 km für den Weg zur Felswand und 1 km von ihr zurück. Die Felswand ist also 1 km entfernt.
4. Erdboden und Schienen leiten den Schall besser als Luft.
In der Schiene breiten sich die Schallwellen nur in eine Richtung aus, deswegen kann der Schall über weitere Strecken wahrgenommen werden. Beim Boden kommt es auf die Beschaffenheit an, wie weit man Schall hören kann.
5. Die Schallgeschwindigkeit beträgt 1200 km/h.
6. Im Tunnel werden Motorenlärm und Fahrgeräusche mehrfach von den Wänden reflektiert.
7. Durch mehrfache Reflexion im Innern des enger werdenden Hörrohrs wird die Energie auf eine kleine Fläche konzentriert. Dort ist es dann entsprechend lauter.

Zum Nachschlagen

Tabellen

Ausdehnung flüssiger Körper bei Erwärmung

Körper ($1\,l = 1\,dm^3$)	Ausdehnung bei Erwärmung um 1 °C
Wasser	0,2 cm^3
Quecksilber	0,2 cm^3
Heizöl	ca. 0,9 cm^3
Alkohol	1,1 cm^3
Benzol	1,2 cm^3

Ausdehnung fester Körper bei Erwärmung um 1 °C

Körper (1-m-Stab)	Ausdehnung bei Erwärmung um 1 °C
Normalglas	0,009 mm
Beton	0,012 mm
Eisen	0,012 mm
Kupfer	0,016 mm
Messing	0,018 mm
Aluminium	0,024 mm
Zink	0,027 mm
Eis	0,037 mm

Ausdehnung fester Körper bei Erwärmung um 100 °C

Körper (1-m-Stab)	Erwärmung von 0 °C auf 100 °C
Porzellan	0,3 mm
Granit	0,5 mm
Glas	0,9 mm
Platin	0,9 mm
Sandstein	1,0 mm
Beton	1,2 mm
Eisen (Stahl)	1,2 mm
Emaille	1,2 mm
Gold	1,4 mm
Kupfer	1,6 mm
Messing	1,8 mm
Silber	1,95 mm
Aluminium	2,4 mm
Zink	2,7 mm
Asphalt	20,0 mm

Ausdehnung gasförmiger Körper bei Erwärmung

Wird ein Gas um 1 °C erwärmt, so nimmt sein Volumen um $\frac{1}{273}$ seines Volumens bei 0 °C zu.

Schmelz- und Siedetemperaturen einiger Stoffe

Stoff	Schmelztemperatur	Siedetemperatur
Alkohol	−115 °C	78 °C
Aluminium	660 °C	2467 °C
Benzol	5,5 °C	80 °C
Blei	327 °C	1740 °C
Eisen	1535 °C	3070 °C
Ether	−116 °C	35 °C
Graphit	3650 °C	4827 °C
Gold	1063 °C	2807 °C
Iod	114 °C	184 °C
Kochsalz	801 °C	1413 °C
Milch	−0,5 °C	100 °C
Paraffin ca.	50 °C	230 °C
Petroleum	−70 °C	150 °C
Quecksilber	−39 °C	357 °C
Schwefel	119 °C	445 °C
Spiritus	−98 °C	65 °C
Wasser (destilliert)	0 °C	100 °C
Wolfram	3410 °C	5700 °C

Einige Schaltzeichen (Schaltsymbole)

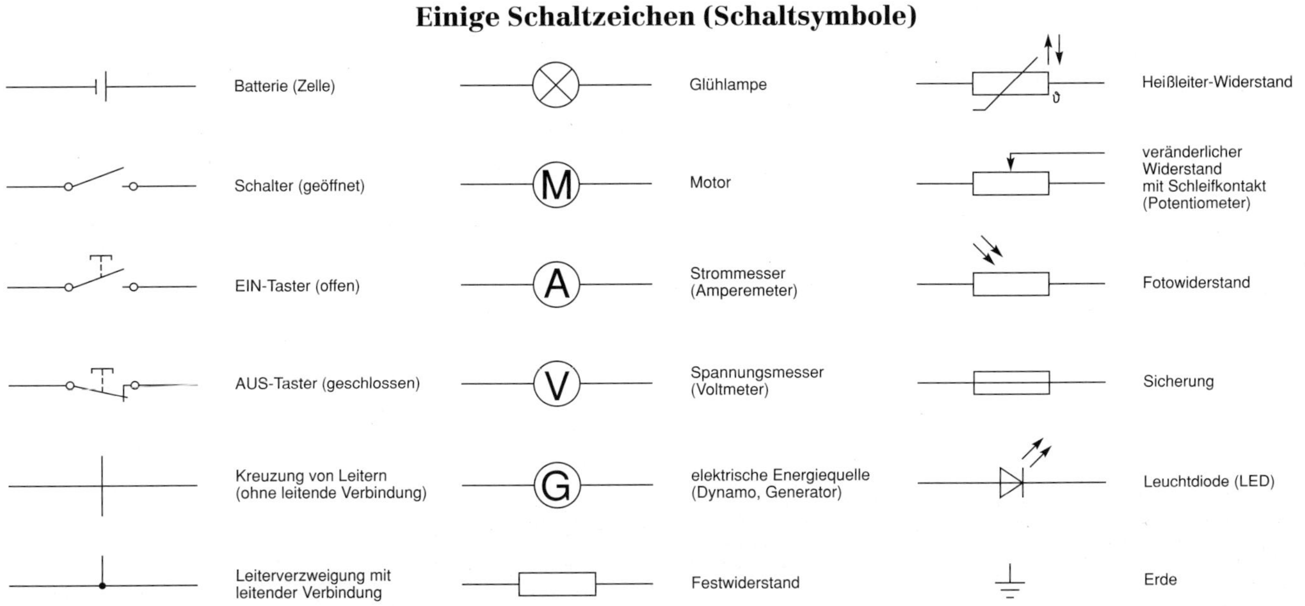

Bauanleitung: **Ein Styroporschneider – selbst gemacht**

Du benötigst:
1 Laubsägebügel,
2 Lüsterklemmen,
1 Stück Konstantandraht (0,2 mm dick, ca. 16 cm lang),
2 Litzendrähte (0,5 mm dick),
2 Bananenstecker,
1 Flachbatterie (besser: 1 Trafo).

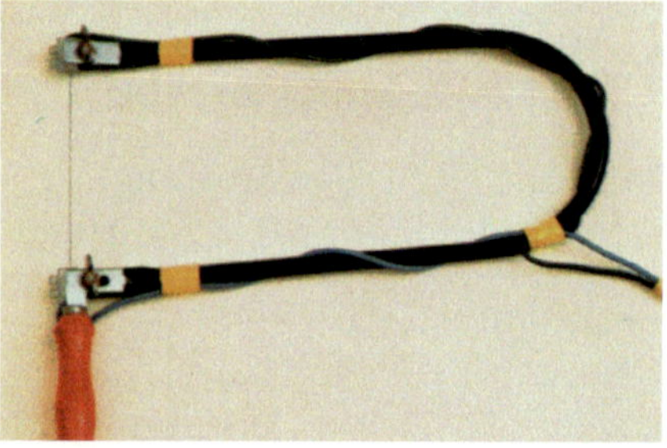
1

So wird's gemacht (Bild 1):
Schneide die Lüsterklemmen auseinander. Entferne sauber die Verbindungsstege. Löse die Flügelmuttern am Laubsägebügel und setze die Lüsterklemmen ein. Den Konstantandraht befestigst du in einer Lüsterklemme; durch die andere fädelst du ihn dann hindurch. So kannst du den Draht spannen, indem du ihn in der zweiten Lüsterklemme festschraubst. Schneide den überstehenden Drahtrest ab.
Verbinde jeden der Litzendrähte an einem Ende mit einer Lüsterklemme. Das andere Ende führt jeweils zu einer Batterie oder einem Netzgerät.

Bauanleitung: **Feuchtigkeitsanzeiger und Lügendetektor**

Du benötigst:
1 Transistor, Typ BC 547 (Bild 2),

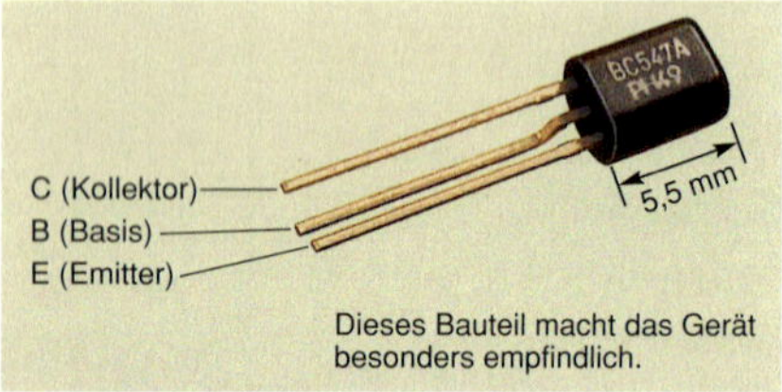

2

1 Leuchtdiode (Bild 3),

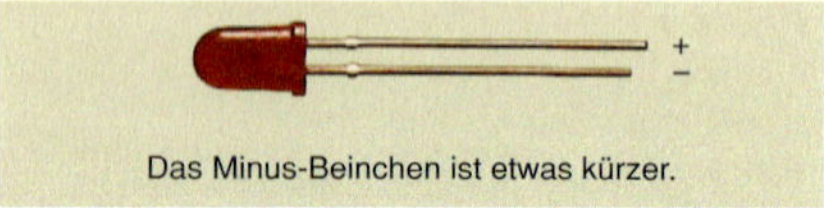

3

1 Widerstand, 330 Ohm (Bild 4),

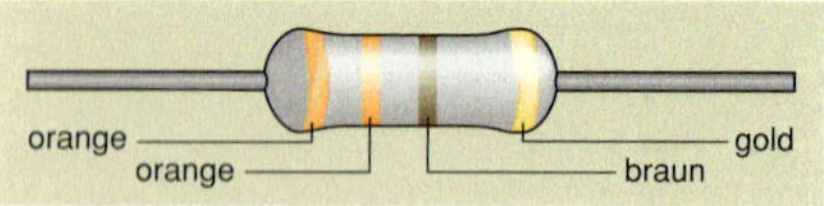

4

1 Widerstand, 1 Kiloohm (Bild 5),

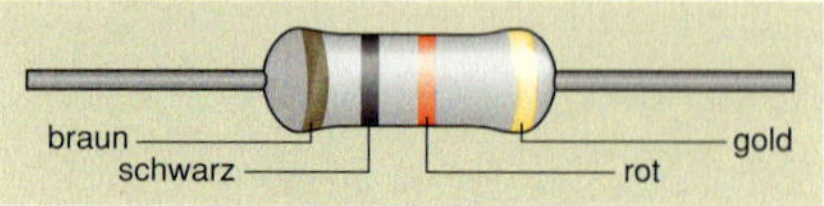

5

1 Lüsterklemmenleiste (sechsteilig, s. Bild 6),
2 Lüsterklemmen (einzeln),
1 9-Volt-Blockbatterie,
1 Anschlusskabel für die Batterie,
2 Stricknadeln oder abisolierte Drähte,
2 Litzendrähte.

So wird's gemacht:
Baue die Schaltung nach Bild 6 auf und probiere sie so aus:
- Fasse beide Stricknadeln mit je einer Hand an.
- Nimm eine der Stricknadeln in eine Hand und halte die andere an die Wange.
- Die ganze Klasse bildet eine Menschenkette. Dabei fasst die erste Person die eine Stricknadel an und die letzte die andere.
- Das Gerät eignet sich als *Leitfähigkeitsprüfer* für alle festen und flüssigen Stoffe. Vielleicht leiten ja Holz, Kunststoff, Öl … doch ein bisschen?
- Das Gerät taugt auch als *Feuchtigkeitsanzeiger*. Die Stricknadeln werden in einen Blumentopf gesteckt.
- Wollt ihr das Gerät als *Lügendetektor* einsetzen? Dann muss eine Person beide Drähte fest anfassen und dabei Fragen beantworten. Leuchtet die Leuchtdiode bei einer Antwort hell auf, hat die Person gelogen; leuchtet sie schwach auf, war die Antwort ehrlich.

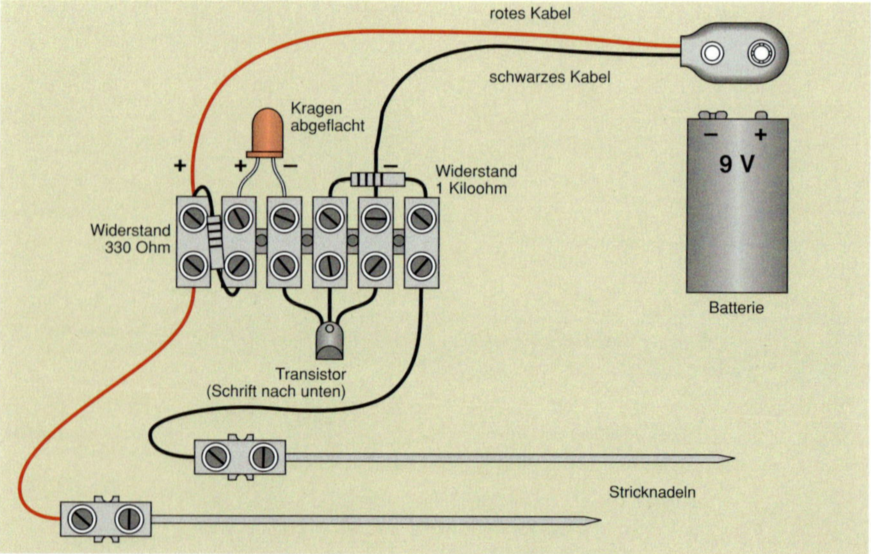

6

Auswahl physikalischer Größen mit ihren Einheiten

Größe	Formelzeichen	Einheit		Weitere Einheiten		Beziehung
Länge	l	Meter	m	Seemeile	sm	1 sm = 1852 m
Fläche	A	Quadratmeter	m^2	Ar Hektar	a ha	1 a = 100 m^2 1 ha = 100 a
Volumen	V	Kubikmeter	m^3	Liter	l	1 l = 1 dm^3 1 m^3 = 1000 l
Zeit	t	Sekunde	s	Minute Stunde Tag	min h d	1 min = 60 s 1 h = 60 min 1 d = 24 h
(Celsius-) Temperatur	ϑ	Grad Celsius				
Energie	W, E	Joule	J			
Leistung (Energieaufnahme durch Zeit)	P	Watt	W			$1\,\mathrm{W} = 1\frac{\mathrm{J}}{\mathrm{s}}$
Masse	m	Kilogramm	kg	Gramm Tonne	g t	1 kg = 1000 g 1 t = 1000 kg
Geschwindigkeit	v	Meter durch (pro) Sekunde	$\frac{\mathrm{m}}{\mathrm{s}}$	Kilometer durch (pro) Stunde Knoten	$\frac{\mathrm{km}}{\mathrm{h}}$ kn	$1\frac{\mathrm{km}}{\mathrm{h}} = \frac{1}{3{,}6}\frac{\mathrm{m}}{\mathrm{s}}$ $1\,\mathrm{kn} = 1{,}852\frac{\mathrm{km}}{\mathrm{h}}$
Frequenz	f	Hertz	Hz			$1\,\mathrm{Hz} = \frac{1}{\mathrm{s}}$

Vielfache und Teile von Einheiten

Vorsatz	Kilo-	Hekto-	Dezi-	Zenti-	Milli-
Vorsatzzeichen	k	h	d	c	m
Faktor, mit dem die Einheit multipliziert wird	1000	100	$\frac{1}{10}$	$\frac{1}{100}$	$\frac{1}{1000}$

Sach- und Namenverzeichnis

Verzeichnis der Bild- und Textquellen

AEG, Hamburg: 113.3 u. 4; Ammon, Schönau: 138.2; Archiv für Kunst und Geschichte, Berlin: 21.6, 29.8; Astrofoto, Leichlingen: 22.1-6, 22.8; Baader Planetarium, München: 12.2 u. 3; Bavaria, Gauting: Titelbild, 7.13, 17.6, 63.9, 64.2, 72.1, 128.1 u. 2, 146.1, 161.3, 164.1, 170.1; Bayer, Leverkusen: 4.6; Bundesanstalt für Materialprüfung (Haid), Berlin: 94.6; Dargaud Editeur by Morris, 1985: 15.7; Demag, Wetter: 125.4; Deutsch-Verlag, Frankfurt/Main: 61.15; Deutsches Museum, München: 28.5, 44., 119.5, 124.3, 144.1 u. 3, 161.4; dpa, Frankfurt/Main: 6.10, 24.2, 76.1, 78.2; Electronic Sound/Potaco News, Zürich: 144.5 u. 6; ESA/Meteosat, Darmstadt: 24.1; Frank, Ravensburg: 15.8; Fraunhofer-Institut, Freiburg: 170.3 u. 4; Fröde, Erkelenz: 161.5; Fujifilm, Düsseldorf: 29.11; gettyone PhotoDisc, Hamburg: 30.1; Gronefeld, München: 83.7 u. 9; Grünzweig+Hartmann, Ludwigshafen: 64., 69.7; Hagemeister, Berlin: 61.12 u. 13; Heidelberg Motor, Starnberg: 164.3; IFA, München: 72.2, 75.6; Ikan, Frankfurt/Main: 4.5, 5.5; Irmer, München: 4.9, 5.9, 21.7, 175.5; KPM, Berlin: 39.10; Krautkrämer, Köln: 141.8; Krupp Atlas Elektonik, Bremen: 140.2; Kuchel, Berlin: 27.4-6; KWU, Erlangen: 110.1; Liebermann, Hagen-Riegsee: 15.9; Mauritius, Mittenwald: 7.12, 68.4, 74.1, 139.4, 141.10, 149.5; Moos, München: 86.5; Museo di Storia della Scienza, Florenz: 44.2; Niedersächsisches Landesverwaltungsamt - Landesvermessung - B5-640/81, Hannover: 150.1; Okapia, Frankfurt/Main: 5.6; Osram, München: 118.1; Pfeiffer, Kirchentellinsfurt: 23.11; Philips, Hamburg: 140.4; Preussag Bauwesen, Hannover: 40.1, 42.1; Preußischer Kulturbesitz, Berlin: 74.2; Rollei, Braunschweig: 29.10; Roth-Technik, Gaggenau: 149.6; Schlichting, Hasbergen: 29.6 u. 7, 29.9; Schott, Mainz: 38.6; Schott Zwiesel Glaswerke, Zwiesel: 38.5; Siemens, München: 100.4, 140.5; Silvestris, Kastl: 6.1, 7.11, 48.3, 67.7, 139.6, 156.3, 164.2, 166.1, 168.1, 170.2; Sonopress, Gütersloh: 145.7; Süddeutscher Verlag, München: 53.9; Teves, Frankfurt/Main: 63.8; Transglobe, Hamburg: 4.7, 5.7; U-Bahn-Referat d. Landeshauptstadt München (überarbeitet): 8.4; Ullrich, Berlin. 4.4, 5.4, 42.2, 48.4; USIS, Bonn: 11.6; Walther, Köln: 40.2-5; Westfälisches Freilichtmuseum, Detmold: 160.1 u. 2; Wilhelm-Foerster-Sternwarte, Berlin: 18.1, 22.7; Zefa, Düsseldorf: 19.5, 76.2, 79.7, 157.5; Zentralbild, Berlin: 129.6.

Alle anderen Fotos: Cornelsen, Berlin.